第一部分“过失心理学”有三讲，讨论了口误、笔误、误读、误听及遗忘等日常生活现象，以具体事例为主，指出失误动作绝非偶然而是有意义的，进而揭示了它的心理机制和潜意识根源。第二部分“梦”有十一讲，讨论了精神分析中有关梦的学说。以“梦是一种心理现象”入题，分析了梦的实质、梦的显隐以及梦的审查作用、梦的象征渊源、梦的工作原理，由此得出结论，认为梦是人的潜意识里“愿望的满足”。第三部分“神经症通论”有十三讲，用精神分析解释过失和梦，阐述了神经症的理论及其相应的治疗技术。

这三个部分的论述顺序与弗洛伊德的心理学发现过程正好相反。作为一个精神病医师，他的探索和发现是从神经症开始的，然后推及健康人的日常心理活动。如果说健康人的过失和梦与神经症有着共同的特点，即冲动的压抑、替代的形成以及意识与潜意识的斗争，那么精神分析就不再是精神病理学领域的一个分支，而是深入了解正常人心理状态所必不可少的、崭新且深邃的心理科学根基。这应该是弗洛伊德通过他的论述结构和这本书的全部论述所要告诉我们的。

1930 年，弗洛伊德在本书的希伯来语译本序中说，这本书不只是提供精神分析的引论，而且囊括了这门学科的精要部分。但这些理论在后来不断发展，加入了一些重要部分，例如自我个性的划分，超我和本我，本能理论的急剧转变，良心的起源和内疚感的发现等。也就是说，弗洛伊德旨在通过精神分析来理解人类，并将人类的文化、艺术、科学和宗教理解为人

A GENERAL INTRODUCTION TO PSYCHOANALYSIS

Sigmund Freud

L O F T
有质量的心理阅读

精神分析引论

[奥] 西格蒙德·弗洛伊德 著
黄珊 译

上海译文出版社

译者序

西格蒙德·弗洛伊德(1856—1939)，奥地利人，精神
师，也是20世纪最伟大的心理学家和思想家之一。他出生
地利弗莱堡(今捷克的普莱波)的一个犹太家庭，1873年进
也纳大学医学院学习，1881年获医学博士学位。1885年
国神经学家让-马丁·沙尔科，运用催眠术治疗神经症，
年回维也纳开设专门治疗精神病的私人诊所，在临床实践
立了精神分析学说，对人类精神世界和社会文化生活的
域产生了深远的影响。

在弗洛伊德众多著述中，《精神分析引论》是流传
之一，是弗洛伊德1915年至1916年、1916年至1917年
纳大学的两个冬季学期(10月至3月)给医生和一般听众
精神分析课程的忠实再现。本书前两部分是对第一学期
授内容的课后追记，于1916年出版；第三部分则是在第
开课前写好的讲稿，于1917年出版。之后，两书合二为
次再版，而且时有细节上的修订。

类天性的一部分。就此宏大宗旨而言，本书倒是成了名副其实的“引论”。

这部引论在其绪论中谈到精神分析学说的两大发现惹恼了全世界。其一是“心理活动本身其实是潜意识的，只有部分心理活动或某些单独行为才是有意识的”；其二是“引起性的本能冲动，无论是在狭义还是广义的层面，都是神经性疾病和心理疾病的重要起因……更进一步说，精神分析学认为正是这些性冲动，为人类在精神领域取得最高的文化、艺术和社会成就做出了不可估量的贡献”。这两大发现也是弗洛伊德整个精神分析理论的前提。由此引起的争论或誉毁，迄今犹未有穷期。

在弗洛伊德看来，较之哥白尼的日心说、达尔文的进化论，潜意识学说对人类的妄自尊大的打击有过之而无不及，而泛性论及其俄狄浦斯情结更是文明的大忌。因此，出于自我本能的保护，在个体内部必然表现出压抑、冲突，甚而导致神经症形成，在社会层面则势必表现为对它的批判与诋毁。也就是说，对弗洛伊德学说的种种批判，在其本人看来，更应该视为精神分析征候的社会文化版本，而非正常的学术对话。《弗洛伊德》的作者、美国学者乔纳森·里尔认为，弗洛伊德的理论源自他对前来问诊的痛苦的神经症患者的倾听，是从临床细节中产生的，而对他学说的批判大多却是在与临床实际相脱离的空洞术语层面过招，并不能形成真正的学术对话。早年曾求教于弗洛伊德的波普尔，后来成了弗洛伊德的怀疑者和批判者，他认为理论不能被证实，只能被证伪，可证伪性是科学必备的特征，但精神分析的那些学说却是不可证伪的，所以它不是科学。

各种看法都不无道理，但是如果真的想了解或认清这一20世纪重要的思想遗产，最为有益的做法还是先搁置各种判断包括本能的抵抗，进入文本。而进入文本的顺序，当然宜从这本《精神分析引论》开始。

黄　珊

2016年2月

英译本序

少有人能想到(尤其是在我国)，在美国心理学会没能占得一席之地的弗洛伊德理论，已然受到极大的、持续增长的关注；并且被文学、史学、传记文学、社会学、道德美学、人类学、教育学和宗教学专业的学生频繁阐释。该理论以全新的理念解读了婴幼儿时期和青少年时期，并对性格学做了很多阐释；提供给我们一个崭新且更为清晰的视角去了解睡眠、梦和幻想，揭示出正常的和病态的状态及过程所共有的、迄今仍不为人知的心理机制，它将因果律的应用扩展到最不相干的行为，甚至是精神错乱的重复言语；还延伸至癔症的未知领域；教我们识别病态的症状，多为处在萌芽状态的神经症和精神病；展示原始心态是如何运作的，它们被掩盖和压抑得如此之深，以至于几乎消失在我们的视线之外；还创造并运用象征主义的方法解决了过去的许多神秘论问题；此外，它还影响了数以千计的治疗案例，建立起一种新的疾病预防方法，提出了测试性格、倾向和能力的新方法。总之，它将实践与理论相结合，并提升到了一个罕见的有益高度。

这二十八讲对门外汉而言都是些基础知识，讲述方式几乎都是对话式的。弗洛伊德以坦诚的态度将这些几乎令人震惊的难题和精神分析学的局限娓娓道来，也描述了解决它们的主要方法和结果，而这只有这一全新思想流派的集大成者和创始人才能做到。同时，这些内容又是浅显易懂和几乎不为人知的，它追溯了三十年来全情投入和潜心研究的轨迹，也是对研究结果的总结。当然，它们也并非都存在争议，在这位大师和他一些杰出弟子的身上我们偶尔能窥见一些明显差别。本书的出现是最合时宜的，或多或少会自然地取代其他所有对精神分析学一般性论题的介绍。作为一本有意义的和成功的普及读物，它展现出作者是如何以新眼光来看待问题的，这肯定不只会受到国内越来越多的精神分析学专业的学生的欢迎，还会受到大量希望在其他各地开展精神分析研究的学者的欢迎。

事实上，就连弗洛伊德门下最中立的弟子也无需同意他的所有结论，即便本文作者，或许也做不到像弗洛伊德那样，认为性是过去和现在的心理活动中的全权主导因素，却不得不承认弗洛伊德的确是我们这一代心理学人中最具原创性和创造力的一位。尽管人们对性的憎恶超过了对偏见的憎恶，他所持有的关于性的观点令他得不到学术上的认同，还或多或少被社会排斥，但他的观点吸引并启发了精神病领域以及其他诸多领域一大批见识非凡的人，这些人共同为世界文化奉献了更多崭新的和富有意义的理念，超过了广阔的人文主义领域内的其他研究者。

冯特(Wundt)以前的一名学生和追随者，意识到他的全部理论为我们的科学研究做出了不可估量的贡献，于是不免进行了某些比较。冯特数十年来一直在学术界极具威望，他建立了世界上第一个实验心理学实验室，吸引了世界各地不少极富天赋并有一定造诣的学子。他提出了统觉理论，令心理学永远地超越了之前的联想主义理论，使其不再富有成效。他还将心理学从生理学中独立出来，并以其渊博的学识、场场爆满的讲座乃至玄妙的演讲内容极大地促进了精神科学各分支的发展，更把心理学的影响扩展到了民俗学、风俗、语言和原始宗教领域。他那些优秀的著述将成为每一位心理学家都稔熟的研究典籍。

他也如弗洛伊德那般鼓励自己的学生(如维尔茨堡学派的人和内省者)超越他，但后者的研究方法和结果他却不能接受。他的局限性表现得越来越明显，他基本不用无意识或反常这样的说法，而是更多地注重人类进化前的时期，并总是很轻视遗传学的观点。他也从未超越过传统理论的限制，就像他在处理与性相关的问题上一样。另外，他也没有针对情感作用这一广阔领域做出过什么有永久价值的贡献。我们不禁希望弗洛伊德不会重蹈冯特的覆辙，粗暴地阻挠比自己更胜一筹的学生(如阿德勒或苏黎世学派)取得成就。更确切地说，其实正是在冯特所忽视的课题上，弗洛伊德建立起了自己学说的理论基石，即通常所说的无意识、反常、性和情感作用，还包括不少遗传因素在内，尤其是个体发育，还有种系发育。冯特心理学过去有着非常大的影响，而现在和未来则是弗洛伊德学说的天下。

尽管弗洛伊德心理学主要是关于无意识的，自省者则有着纯粹的意识，但弗洛伊德还是与自省者在某个问题上达成了一致，即刻意忽略“生理因素”，建立纯粹的心理学理论基础。不过，无论是弗洛伊德，还是他的追随者，都尚未意识到解剖学领域的学生给他们带来的帮助，或察觉到通过区分大脑的精细触觉和粗触觉的机能与器官给他们带来的启发，纵然随着我们对潜意识思维的性质和过程越来越了解，这些事物无疑都会得到它们应有的地位。

假如一般的心理学家迄今仍不怎么愿意承认大自然的残酷实验在心理疾病方面对心理学所做的早期贡献的话，那么我们就会认为主攻这片领域的精神分析学家早就做好将他们的研究结果应用于正常心态的准备。我们将非常乐观地相信错误最后都会消失，而我们的学说在不远将来会成为理论与实践的伟大结合，到那时，理论会发展得更丰富更有深度，实践意义也会发展得比以往任何时候都更深远。

G.斯坦利·霍尔

克拉克大学

1920 年 4 月

目录

第一部分

过失心理学

第一讲　绪论

我不清楚诸位通过阅读或者传闻对精神分析学有多少了解，但是，考虑到我的讲题是“精神分析引论”，我只好假定你们对此话题是一无所知的，须得我从头讲起。

当然，我或可假定诸位都知道这样一件事，即精神分析是一种治疗神经症的医学方法。同时，我还能给你们举例说明该方法的治疗过程与医学惯例截然相反。通常我们在向患者介绍一种他完全陌生的医疗技术时，都会把它的难度降到最低，以使患者相信其疗效。不过，当我们要用精神分析法来治疗神经症患者时，便会采取不同的做法。在治疗开始前，我们就会告诉他这方法有怎样的难度、疗程会有多长以及需要他做出怎样的努力和牺牲。至于最后的疗效如何，我们也会告诉他尚不能给出明确的保证，一切只能看他的个人表现、理解、适应能力和毅力了。我们的处理方式看上去如此反常，自然有我们的道理，这一点你们可以在今后的讲座中一窥究竟。

眼下，如果我像看待神经症患者一样看待诸位，请不要介怀。说实话，我应该劝你们下次不要再来听讲了。出于这种想法，我必须告诉诸位精神分析在教学上存在哪些缺陷，哪些困难会阻碍人们做出个人判断，而你们先前所受的训练和业已形成的所有心理习惯，整体上必将使你们不可避免地抵触精神分析学，你们必须付出多少努力才能战胜自己，控制这种本能的抵抗。当然，我无法预知你们能从我的这些演讲中了解多少精神分析学，但我可以肯定，听完这些演讲你们还是不懂怎样进行精神分析，也不知道如何完成一次精神分析的实践。此外，如果你们中有人不满足于对精神分析的粗略了解，还想持久地深入下去，那么我不仅要劝阻他，更要实实在在地警告他。因为照目前的情形来看，如果一个人选择了这个专业，那么他在大学里将绝无可能获得成功；如果他选择做这一行的执业医师，那么他会发现这个社会非但不理解他的用意，还会对他充满怀疑和敌意，并把潜藏的恶意发泄到他身上。

不过，这个世界总不乏对可能成为新知识的事物感兴趣的人，尽管在此过程中会碰到诸多麻烦。如果你们中有这种人，并且不顾我的劝阻，下次还来听我的讲座，那我当然十分欢迎。但在座诸位都有权知道我所指的研究精神分析的困难到底何在。

首先，我们遭遇的是精神分析学在教学及阐释方面所固有的困难。在过往的医学指导中，你们已习惯于有实物进行演示。你们会看到解剖的标本、化学反应的析出物以及神经受刺激后引起的肌肉收缩。随后，患者会出现在你面前，你可以观察他的症状、病态过程的结果，在很多情况下你甚至会看到病因单独出现。在外科，你们能亲眼看到减轻患者痛苦的具体操作步骤，还能获准亲自动手尝试。甚至在精神病治疗中，你们也可通过患者的面部表情变化以及言行举止观察到一系列现象，留下深刻印象。因此，医学专业的教师的主要作用是指引和指导，就好比在陪你们参观博物馆，使你们迅速同展品建立关系，然后通过你们对现场所见新事物的观察，对一切产生信服。

不幸的是，精神分析与此截然不同。在精神分析治疗中，除了患者与医生之间的交谈外，其他什么也没有。患者会讲出自己过去的经历和对目前生活的印象、不满，吐露自己的愿望和情感。医生则在一旁倾听，努力引导患者的思路，帮助他回忆，迫使他注意某些事情，并解释给他听，然后观察他的反应，看他是认同还是反对。而患者那些没受过教育的亲属——一帮只相信能看得见摸得着的东西，而且恨不得像看电影那样看到治疗过程的人——从不会错失任何一个能表示怀疑的良机，比如“一个人怎么可能仅通过谈话就把病给治好了呢”。当然，这些纯属目光短浅且前后矛盾的想法。对这种人而言，神经症患者的病症“全是自己想象出来的”。语言本来就是有魔力的，甚至至今仍保留着大部分的魔力。人们能通过话语带给他人幸福，也能将人逼到绝境；老师通过话语把知识传授给学生；演讲者通过话语感染听众，并左右他们的判断和决定。话语能对人产生作用，它是影响人类情感的一种常见手段。因此，我们切不可低估话语在心理治疗中的作用。假如我们能旁听精神分析师和患者之间的谈话，就应该感到满足了。

但即便如此也不太可能。因为精神分析治疗的谈话是不允许他人旁听的，也不能用于教学示范。当然，我们可以把神经衰弱症患者或癔症患者请到精神病学课堂上，介绍给学生，但患者只会叙述自己的不满及症状，对其他的则会避而不谈。精神分析所需要的那种谈话只有在患者对医生建立了特殊情感的情况下才会发生，一旦患者意识到有与他无关的第三者在场，马上就会缄口不言。因为这些谈话涉及患者内心最私密的事情，作为一个独立的社会人，他必须隐藏好，以防被他人知道；这些谈话所针对的一切，即便患者自己，一个以和谐人格示人的人，也是不愿承认的。

因此，你们是不可能"亲耳听到"精神分析治疗中的谈话的，只能听到他人的转述。严格来说，你们只能依靠道听途说的方式了解精神分析学。而借助二手渠道了解到的知识，会将有待形成个人判断的你们置于一种非同寻常的境地。因为显然你们所做出的任何判断都取决于你们对传授知识者的信任。

想象一下你们现在不是在听精神病学讲座，而是在听历史学讲座，老师正在讲亚历山大大帝的生平及战功伟绩，你们凭什么相信他讲的都是真的呢？乍一看，那些事迹似乎还不如精神分析靠谱，因为历史学教授和你们一样，都未曾参加过亚历山大大帝的征战，而精神分析学家至少可以给你讲讲他亲自处理过的几个精神分析病例。不过现在的问题却是——历史学家会用什么来支撑自己的说法？他会让你们查阅前人著述，要么是与他同时代的人所写，要么至少是接近亚历山大大帝生活的时代的，比如狄奥多(Diodor)、普鲁塔克(Plutarch)、阿瑞安(Arrian)等人的著作。他可以给你们看一些图片，上面是保存下来的亚历山大时期的钱币和亚历山大大帝的雕像，让你们传阅一堆关于伊苏斯战役的庞贝古城马赛克画的图片。可是严格来讲，这些材料仅能证明我们的先辈业已相信亚历山大确有其人，并且他的事迹也是确有其事。于是，你们可能又要开始挑剔了，你们会发现并非所有关于亚历山大的记载都是可信的，有的细节证据不足。不过即便这样，我也不信你们会怀疑亚历山大大帝的真实性而离开教室。你们的决定主要基于以下两个因素：第一，讲授者显然没必要硬让你们相信连他自己都不信的东西；第二，所有能搜罗到的有关亚历山大大帝的历史资料大致都如此记载。如果你们打算查证更古老的资料，你们也会考虑同样的因素，即记录者的写作动机以及他们提供的证据在各方面是否一致。最终的调查结果会证实，历史上确有亚历山大其人其事。而如果要考证摩西和宁录[①](Nimrod)这些人，情况或许又会大不一样了。但是，对于精神分析过程记录者的可信度你们会产生怎样的疑虑呢，稍后便会知晓。

此时此刻，你们有权提出这样的问题："如果精神分析学既缺乏客观依据作支撑，又不能演示给公众看，人们怎么可能

① 《圣经》人物。——译注

学习它并且相信它所说的都是真的呢？”事实上，研究精神分析并非易事，真正学会的人更是屈指可数。尽管如此，真想学的话，还是有可行之路的。首先，学习精神分析可先从研究自己，更确切地说，是从自己的人格入手。这与我们通常所说的自省并不完全一样，不过万不得已也可以这么理解。在获得精神分析的技术性指导后，就可以对自身出现的一系列十分常见和众所周知的心理现象进行分析了。只有这样，你们才能打消疑虑，确信精神分析所描述的东西确实发生了，并且精神分析的基本概念是正确的。诚然，通过这种方法取得进步的空间有限。如要取得更大的进步，你们应该接受专业分析师的精神分析，观察这种分析对你们内在的影响，同时抓住这个机会熟悉这一过程中技术上的精妙之处。当然，这个好方法只适用于一个人，而非一整班学生。

阻碍你研习精神分析学的第二个困难，在我看来，责任不在这门学科，而在你们自身。女士们，先生们，这是因为迄今为止你们都或多或少从事过医学研究。你们先前受过的医学训练让你们养成了某种思维习惯，从而远离精神分析。这些训练教会你们从解剖学角度弱化某个机体组织的功能并消除机体失调，用化学和物理术语解释这些现象并从生物学角度理解，但你们对精神生活从不加注意，而这才是奇妙而复杂的机体运作之巅峰。正因为这个原因，精神分析的思维方式对你们来说仍很陌生，你们已习惯于怀疑它，无视它的科学性，把它留给外行、诗人、自然哲学家和神秘主义者。如此画地为牢必然不利于你们治病救人，因为，就和平时所有正常的人际交往一样，患者将其精神面貌最先展示给了你。于是，恐怕你要自食其果了，你将不得不放弃你所期望收获的疗效，而让那些你一贯瞧不起的江湖郎中、用自然疗法糊弄人的家伙和神秘主义者坐享其成。

我不会小看你们先前接受的训练所存在的缺陷，这一点必须承认。因为并没有蕴含哲学科学的疗法能应用于你们的医学目的。而且无论是思辨哲学、描述性心理学，还是所谓的实验心理学（与学校教的感官生理学紧密相关），都不能教你们了解身心关系，或是帮助你们理解可能引起心理失调的原因。医学上确实有一种精神病学专讲各种心理障碍，并汇集成临床症状图册。可即便是在精神病学的辉煌时期，连精神病学家自己都会怀疑这些纯粹的描述性介绍是否配称为科学。该图册记录的种种症状既没有反映病症的起因、病理机制，也没有揭示这些症状之间的相互关系。而且在大脑的解剖体质中也观察不到由这些症状引起的变化，或即使发现了这种变化，也无法作解释。类似的心理失调只有被诊断为机体疾病的继发性症状（secondary phenomena）时，才会被治疗。

以下内容就是精神分析学所要填补的空缺。精神分析准备给精神病学提供被忽视的心理学基础，它希望揭示出一个共同的依据作为着手点，以便让人们理解身体失调与心理失调之间持续的关联作用。为了这个目的，它必须摒弃种种成见，无论是与解剖学、化学，还是生理学相关联的观念，均全部采用纯粹的心理治疗观点。正由于这个原因，恐怕你们在初次接触这门学科时会感到陌生。

在这里，我要说明的是，无论是你们先前受的教育，还是你们的心理偏见，都不足以引起下一个困难。精神分析学有两大主张，不但引起世界范围的诟病，还令精神分析学惹人生厌。其一是违背了人们惯有的理性成见，其二是与人们在美育和德育方面的成见相冲突。请不要对这些成见掉以轻心，它们很有来头，都是人类发展进程中那些发挥作用的，甚至是必需的东西的伴生物。它们通过强烈的情绪反应而存在，所以与它们作斗争还得打一场硬仗。

精神分析学提出的第一个恼人的主张是：心理活动本身其实是潜意识的，只有某些单个动作和部分心理生活才是有意识的。回想以前，我们却恰恰相反，早已习惯把心理活动认为是有意识的。通常，意识对我们而言，就是心理活动的显著特征，并且心理学也被认为是研究意识内容的科学。实际上，这种认同的影响力是如此显著，以至于其他任何稍有不同的看法都会被视为一派胡言。可精神分析学却不可避免地与这个成见相左，它不能接受意识与心理一致的说法，它认为心理活动本质上是情感、思想及愿望共同作用的过程，并宣称存在潜意识的思想和愿望的情况。精神分析学正因为这个恼人的主张，一开始便失去了所有从事严肃科学的朋友的支持，而被怀疑成见不得光的、浑水摸鱼的荒诞巫术。不过，女士们先生们，你们自然还是无法理解我凭什么指责这句抽象的短语“心理活动是有意识的”是成见。你们也不清楚什么样的评价能导致对潜意识的否认，假如这样的评价真的存在，那它又能从导致否认的结果之中得到什么好处呢？无论心理活动与意识的范围相等还是超出了意识的范围，看起来似乎都不过是纯粹的文字之争罢了。但我可以肯定的是，通过承认心理的潜意识过程，你们已经为全人类和科学事业开拓决定性的新方向铺平了道路。

你们很难想象精神分析学的这一条大胆的主张和下一条主张之间有多密切的关系。第二条主张，也是精神分析学所宣称的发现之一，认为这些可被称为性的本能冲动，无论是狭义的还是广义的层面，都是神经性疾病和心理疾病的重要起因，可作为疾病起因的这些冲动却从没有引起过人们足够的重视。更进一步说，精神分析学认为正是这些性冲动，为人类在精神领域取得最高的文明、艺术和社会成就做出了不可估量的贡献。

以我的经验来看，人们对精神分析学研究的这一结论的反感，是精神分析遭遇敌视的最主要根源。你们想知道我们怎样解释这种情况吗？我们相信文明是受到至关重要的需求的驱动才被创造出来的，以牺牲本能的满足为代价，而且文明在很大程度上是不断被重新创造的过程，因为每一个刚加入人类社会的个人为了社会的公共利益都会重复地牺牲自己本能的满足。而在其利用的本能力量中，尤以性冲动最为重要。在这个过程中，性冲动由此被导入高尚之途，被升华了，也就是说，它们由性的目标最终转移到较高尚的、不带性欲的社会目标上来了。但这种结果并不稳定。性本能是难以被控制的，而希望参与文明建设的每个个体都会面临性本能反抗升华作用的危险。社会一旦重新转向性本能最初的目标并获得满足，人类文明将会遭遇有史以来最严重的危机。因此，社会不愿被提醒其源头还存在这样一个棘手的问题，它对承认性本能的力量完全不感兴趣，也明确地拒绝讨论性生活对个人的重要性。相反，社会选择将人们的视线从性本能上完全移开，避而不谈。这就是为什么社会不能容忍精神分析研究的上述结果，而宁愿将其视为丑恶的、不道德的或危险的。然而，用这种排斥并不能驳倒科学探索得出的明显客观的结果，如果要公开批判的话，须得先将其转成知识层面的证据。但人的天性会把不喜欢的事实看作不正确的，然后轻而易举地找出理由来驳斥它。因此，社会也会把它不喜欢的都视为错误的，并用一些逻辑和相关的论据来否定精神分析的结论。然而，这些逻辑和论据都建立在情绪的基础上，并作为偏见，被社会用来抵抗任何驳斥其偏见的尝试。

不过，女士们先生们，我们可以这样声明，我们没有怀有任何偏见地提出任何有争议的主张。我们仅希望陈述经我们苦心研究发现的事实。而今，无论这类灌注了现实考量的偏见是否在理，我们都理应有权无条件地拒绝它们的干扰，因为它们扰乱了为解决实际问题而进行的科学研究。

以上这些都是你们从事精神分析研究时会碰到的一些困难。作为开头，我可能讲得有点多了。如果你们没有被这些困难吓倒，那我们就接着讲下去。

第二讲　过失心理学

我们先来做个调查，而不是从假设开始。为了这个目的，我们选取一些常见的、熟悉的、却少有人会注意的现象，这些现象与疾病无关，因为在每个正常人身上也很常见。我在这里想谈的是人们常犯的过失。例如，一个人原本想说某事，却用错了词(这叫口误)；又比如他在写字时犯了同样的错误(这叫笔误)，笔误有可能被发现，也可能被忽略；又如他在读印刷品或手写稿时，念错了字(这叫误读)；听人讲话时也会犯类似的错误，不小心听岔了(这叫误听)，当然，前提是听觉器官是正常的。另一类过失是由于遗忘所致，但这种遗忘并非永久的，只是暂时性的。譬如，某人一时想不起自己平时很熟悉的、一见面就认出来的人的名字了；或者本来想去办什么事但一时想不起来了，事后才想起，就是一时忘了而已。还有一类过失并不具有暂时性的特点，比如把东西误放在什么地方后，就再也找不到了，类似的情况还有遗失东西。我们现在要谈的遗忘，与其他类型的遗忘不同，人们对此的反应通常是惊讶、懊恼和不解。与这些过失相关的还有一些错误，其突出的特点是具有暂时性，人们仅在某个特定时刻才相信某件事为真，而在其他时刻，无论是之前还是之后，都不会相信它的真实性。类似这样的，同类不同名的现象还有很多。

这些过失①的内在联系都通过同一个前缀体现出来。它们几乎全是些不重要的、普遍具有暂时性的现象，而且在个人生活中也没什么重要意义。它们中被赋予实际重要性的只有极少数，如遗失东西。正因为此，它们吸引不了多少注意，也引不起多大情绪。

因此，我现在若是让你们转而注意这些事，你们或许会恼火地反对："在这个大千世界还存在那么多高大上的谜题，就好比狭义层面上的心理生活领域及心理失调方面也有许多疑惑需要且值得我们去阐释，偏要在这种无关紧要的小过失上浪费精力和兴趣，岂不是很无聊。如果你们能解释这些现象，为什么耳聪目明的人会在大白天看到或听到根本不存在的东西；为什么有人会突然相信他正在受自己迄今为止最爱之人的迫害；或是如何用最巧妙的论据捍卫连小孩子都会觉得荒谬的错觉，那么我们就愿意重视精神分析学了。可如果精神分析学仅能解释为什么演讲者会讲错词，或是家庭主妇为什么会遗失钥匙这类琐屑小事，那么我们的时间和兴趣就应该放在更重要的事情上了。"

我的回答是："耐心点吧，女士们先生们，我认为你们的

① 德语为"Fehlleistungen"，意为"过失"。

批评并不正确。精神分析学的确不能夸口说它从不关注碎屑小事。相反，它所关注的对象大多是稀疏平常的，其他学科不屑一顾的，看起来根本不重要的，甚至可以被看作现象界里的边角废料。但从你们的批评可以看出，你们是不是弄混了，重要的事情就一定会有显著的表现吗？难道没有重要之事，只能在某种条件、某种时刻通过蛛丝马迹显露出来的吗？我想这类例子应该不胜枚举吧。譬如，你们这些听众中的年青小伙是通过哪些细微之处看出自己已俘获女士芳心的呢？难道还非得等到对方给你明确的宣示和热烈的拥抱不成？难道不是因为一个别人难以察觉的一瞥，一个转瞬即逝的手势，一个多握了一秒钟的握手就感到心满意足吗？如果你是一名刑事诉讼律师，正在调查一桩谋杀案，难道你真的会期望犯罪分子把自己的照片和地址留在犯罪现场吗？但你肯定会因为找到该嫌疑人的蛛丝马迹而感到高兴吧？所以，我们万不可轻视那些不起眼的迹象，或许通过它们，我们就能成功发现那些更为重要的事。我承认，这个世界和科学界的那些大问题有权最先激发我们的兴趣。可就算人们下定决心要投身于研究这些大问题的事业，也不会发挥多大作用，因为他们常常会面临接下来该从何着手的问题。就科学研究而言，预测下一步结果的尝试往往会让人获益匪浅，也会让科学研究工作有迹可循。如果有人能够完全剔除偏见和成见，认真仔细地坚持下去，那么或许某天他就会被幸运之神眷顾，凭借各种事件之间的关联（也包括小事与大事之间的关联），就能通过哪怕是一些不起眼的研究工作，踏上钻研大问题的征程。”

为了让你们对研究一般人的微不足道的过失感兴趣，我才谈了上面这些。我们现在问精神分析学的门外汉一个问题，就问他怎么解释这些现象吧。

他第一个反应肯定是：“噢，它们根本不值得解释，不过是些微不足道的小事罢了。”他说这话是什么意思呢？难道他认为那些事太微不足道，以至于与其他事就不存在因果关系？又或者它们也可能是某些完全不同的事？假若有人因此片面地否定了自然现象中的决定论，那他也就毁了整个科学观。我们可以让他明白，即使是宗教观，也是注重事物间的连贯性的，因为它明确地指出“若非上帝所愿，无一雀可由屋顶而落地”。现在我想我们的朋友一定不会坚持他的第一个答案的逻辑了，他定会改变想法，认为如果他来研究这些现象，说不定可得出相应的解释。他会说这是由于轻微的机能失调以及不当的心理活动引起的，其起因是可以概述出来的。一个人平时说话无误，现在却出现了口误，可能是因为以下情况：（1）他有点不舒服或者疲惫；（2）他很兴奋；（3）他的注意力转到了别处。这些情况都很容易被证实。当人处于疲倦、头痛或身体不适时，常会出现口误。在同样的身体状况下，忘记专有名词也是常有的事。很多人常因突然想不起专有名词，便立即意识到自己的身体有了微恙。当人处于兴奋时，也常会说错话或拿错东西；当人心不在焉时，换句话说，即注意力转到其他事情上时，就常会忘记自己的打算，并且还会做出其他一些漫无目的的行为来。举个关于心不在焉的熟悉的例子，幽默杂志《传单》(*Fliegende Blatter*)里的教授因为正在考虑他下一本书中的相关问题而错拿了别人的帽子。我们每个人都有这样的经验，那些做好的计划和许下的诺言是如何被统统抛诸脑后的，因为它们都被吸引了人全部注意力的事情所干扰了。

这些话似乎很好理解，也无可辩驳。但似乎还不够有趣，并不像我们所期待的那样。那么，让我们来更仔细地推敲一下关于过失的解释吧。将要列举的引发这些过失的必然条件都不尽相同。循环系统的疾病和失调为过失的发生提供了生理依据；兴奋、疲劳和注意力不集中则是另外的影响因素，被称为心理生理因素，该因素更容易被理论化。疲劳、注意力不集中或许还有一般程度的兴奋，都会造成注意力分散，导致无法专心做事。这样就比平时更容易被打断，或是无法准确地做下去。中枢神经器官的供血功能一旦出现小毛病或稍有变化，都会产生同样的后果，因为它是以相似的方式来影响决定性因素，影响注意力的分布的。因此，由上述所有情况可知，这是个注意力不集中所引起的结果的问题，它要么受机体影响，要么被心理因素干扰。

但这种分析似乎对我们的精神分析研究并无大用。我们甚至都想放弃这个课题了。可是，当我们对其进行更深入的研究后，发现不是所有的事实都与心理过失的注意力论相一致，或至少不能由这个理论直接推导出一切。我们发现，当人们没有处于疲劳、注意力不集中或兴奋的情况下，且身体和心理各项指标一切正常时，这类过失和遗忘现象仍然会发生；除非是由于这些过失的缘故，事后才将其归因于他们自己不愿承认的一种兴奋状态。不过，这个原理绝不会简单到集中注意力，行动就一定能成功；也不会简单到分散注意力，行动就必将失败。况且还有不少行动纯粹是自发的，没投入多少注意力也能成功。譬如，行人走路时几乎不知道要去哪里，却仍能选择一条正确的路线到达目的地，还不会走偏。至少，这已成为普遍情况。熟练的钢琴演奏者能不假思索地准确弹奏相应的琴键。当然，他偶尔可能出错，但假如自动练琴会增大出错的风险，那么钢琴家通过不断演奏使弹琴行为完全变成自动，那他岂不是最容易陷入这种危险。可相反，我们知道有许多行为并没有投入多少注意力，也获得了成功；而就在某些人极渴望做事准确无误，注意力也保持高度集中时，反而出了差错。或许有人会说这是“兴奋”的结果，但我们就弄不明白了，为什么兴奋不能促进注意力集中于他如此在意的目标呢？如果有人在重要的讲话或讨论上把自己想说的意思说反了，那么这个过失就很难用心理生理影响或注意力论来解释了。

除了这些过失外，还有许多其他的小状况，我们到目前还无法理解，也无法给出合适的解释。比如一个人突然忘记了别人的名字，很是懊恼，遂下决心一定要回忆起来，他不断尝试，但还是失败了。为什么这个人即使很恼怒，但仍不能如他所愿，让注意力引导他记起那个“就在嘴边”、别人一提马上就能想起的名字呢？或是再举个例子，有时候过失会增多，一个接一个。比如一个人在第一次忘记了约会，第二次努力记住了，却记错了约会的日期和钟点。又如有人尝试各种方法，简直无所不用其极地想记住一个被遗忘的字，就在他努力回想的时候竟忘掉了用来想起第一个字的线索的第二个字。等他努力回想第二个字的时候，又发现自己把第三个字忘了，依此类推。同样的错误也会发生在印刷排版上，并使后者声名狼籍，当然这也可看作排字工人的过失。类似这样棘手的错误据说曾出现在一份《社会民主报》上，它报道了一场庆典活动，报上写道："出席的人有小丑殿下(His Highness, the Clown Prince)。"第二天，该报试图更正错误，并致歉说："这句话应改为'公鸡殿下'(the Cock Prince)。"有人把这些过错都归咎为印刷机和排版机里的怪物捣鬼，而像这种比喻起码已不在心理生理论关于印刷错误的解释范围了。

我不清楚你们是否熟悉这样的事实，暗示亦可引起口误。我要讲一则轶事来加以说明。一名刚出道的演员在《奥尔良少女》(*The Maid of Orleans*)中获得了一个重要角色，他要在舞台上禀报国王"Connétable sheathes his sword(警察局长将剑送回来了)"。排练时，主角同这个战战兢兢的新手开玩笑，不断将他的台词篡改为"Komfortabel sends back his steed(独马车将马送回来了)"，[①]并一直戏弄这个新手到排练结束。在公演时，

① 这句话在德语中的正确表述应为"Connetable schickt sein Schwert zurück"，但这位演员新手由于受暗示的影响，说成了"Komfortabel schickt sein Pferd zurück"。

这名倒霉的新手按照错误的版本念了台词，即使他已被警告过多次不要出错，或许他出错就是因为被警告的缘故吧。

有关过失的这些细节特点很难完全用注意力分散论解释清楚。但这并不意味着这个说法是错的；或许这中间缺了什么，如果能补上的话它就令人完全满意了。然而，有不少过失本身也可从另一方面加以考虑。

我们选择口误的例子来充分表达我们的意图。当然，为公平起见，笔误和误读也可考虑在内。但现在，我们必须弄清楚一个事实，就是迄今我们只是讨论了在何时、何种情况下会产生口误，所得到的答案也以此为限。不过，我们也可以转移兴趣，问问何以只犯这种错误而不是其他？同时，也可以考虑一下这个错误会导致什么后果。你们必须意识到，只要这个问题没有得到解决，这个过失造成的后果也未能得到解释，那么即使已经给出了生理方面的解释，但在心理方面仍属偶发事故。比如我说错了一个词，我显然可以犯无数种口误，用一千多个词来替代那个正确的词，歪曲它无数次。可是在众多可能犯的口误之中，我却偏偏犯了这个特殊的口误，难道是有什么原因迫使我犯的吗，还是只是偶然、任意的现象呢。有没有合理的答案能解释这个问题呢？

梅林格（语言学家）和迈尔（精神病学家）在 1895 年曾试图从这方面着手研究口误的问题。他们收集了大量的实例，并首次站在纯描述性的角度来看待它们。当然，他们并没有找到解释，但开辟了一条可能会找到解释的途径。他们把口误常犯的不当措辞即各种错乱情况，分为“字词置换”“字母置换”“持续语音”“混合”和“替换”五种。我会对作者罗列的这几类主要的错乱情况举例说明。比如，有人把“米洛的维纳斯”说成了“维纳斯的米洛”，这就是第一种情况；又如“‘十字架的红晕’（blush of rood）直冲我脑门”，这句话本应是“‘一股热血’（rush of blood）直冲我脑门”，这是第二种情况；与字母置换相反，持续语音是已经说出的音节干扰将要说出的音节，例子就是这句我们都熟悉的错位的祝酒词：“请大家都和我一道为我们领袖的健康打嗝（aufstossen）。”[1]以上三种形式的口误其实并不常见。“混合”的例子更常见。例如，一位绅士在街上对一位女士说：“女士，如果你允许的话，我非常乐意‘辱送’（inscort）你。”“辱送”是个混合而成的生造词，显然是由“护送”（escort）和“侮辱”（insult）这两个词混合而成（顺便插一句，我们不难猜到，这位年轻人将很难俘获该女士的芳心了）。至于“替换”，梅林格和迈尔举了如下例子：“某人说，‘我把标本放在了信箱（letterbox），而不是温床（hot-bed）上’，以及其他诸如此类的例子。”

梅林格和迈尔基于这些收集到的例子试着做出的解释很不到位。他们认为同一个字的语音和音节具有不同的音值，具有较高音值的音节可以干扰较低音值的音节。这个结论显然是依据“字母置换”和“持续语音”这两种不常见的情况做出的；

① 德语是“aufstossen”，而不是“anstossen”。

而就他的口误情况而言，这类音值优先顺序的问题即便存在，也起不了多大作用。口误最常见的情况是正确的字被类似的字替代，因而有人认为这种相似之处足以解释口误的原因。比如，一位教授在他初次授课时说道：“我不愿(inclined)评价前任的优点。”①另一位教授说：“就女性生殖器来说，尽管有很多‘诱惑’(temptations)……我的意思是有很多‘尝试’……”②

其实，最普遍、最明显的口误是说出的话与想表达的意思刚好相反。这种情况与语音关系以及类似效果等原因都相距甚远，而出现这样的实际情况反而是因为反义词之间存在一种明显的密切关系，在心理联想方面尤为密切。历史上这类例子很多。譬如有位众议院议长在会议刚开场时这样说：“先生们，今天参会的人达到了法定人数，因此我宣布会议‘结束’。”

在某些场合下，任何随意的联想也可能同样作祟，如同上述相反的联想一样，引起最不适宜的结果。例如，有这样一个故事，讲的是赫尔姆霍茨家的孩子要同著名发明家及工业领袖西门家的孩子联姻了，婚宴上，他们请著名生理学家杜布瓦-雷蒙致辞。在发表了一篇精彩绝伦的演说后，雷蒙举杯庆祝道：“为新公司西门子-哈尔斯克的成功干杯！”原来，“西门子-哈尔斯克”是一家著名的老牌公司的名字，在柏林可谓家喻户晓，就如同美国人对“韦伯-菲尔茨”公司的熟悉程度一样。

---

① 德语是“geneigt”，而不是“geeignet”。

② 德语是“Versuchungen”，而不是“Versuche”。

故而我们还必须对语音关系，以及字的相似性对字的联想方面的影响加以注意，但这还远远不够。就一系列实例而言，除非我们把先前说过的话，甚至想过的想法一并考虑在内，不然还是无法解释口误的原因。这便又成了梅林格所强调的持续语音的例子，只不过持续时间更长。我必须承认，这给我的感觉是我们对口误的研究比以往任何时候都更远离真相了！

不过，我希望我并没有说错，在研究上述口误实例时，我们还获得了一种值得深思的新印象。我们只是探讨了引发口误的通常条件，以及决定口误产生错乱现象种类的影响，却没有考虑过口误自身的结果，也未考虑过它的起源问题。如果我们决定着手这方面的研究，就必须鼓起勇气宣称“在某些引用的例子中，口误的结果也言之有理”。这个“言之有理”是什么意思呢？我想，这意味着口误的结果本身就有权被视为一种正当的、有目的的心理行为，也是一种有内容、有意义的表示。迄今为止，我们总在谈论口误的过失，但现在看来有时候发生口误本身似乎就是一种正常的行为，只是它突然强行闯入，取代了那些被人期盼或打算做的行为而已。

从一些个案来看，显而易见，过失无疑是有其合理意义的。当众议院议长在会议开场就宣布散会而不是开始时，若我们知道引发这种错误的情境，便不难想到这个过失的含义。显然，他并不看好这个会议，恨不得马上散会。指出该过失的意义，再解读它，对我们来说毫无难度。又如一位女士假意赞美别人，她说："我敢说肯定是你自己弄糟了这顶迷人的帽子。"[①]我们都能明白这句口误的意思，其实她觉得"这顶帽子很糟糕"。又如一位女士以个性刚愎而出名，她说："我丈夫询问医生他该吃些什么。医生认为他不需要任何特定的饮食，只需按我的意愿来就行。"这句口误也明确无误地表达出了她一贯的目的。

女士们先生们，如果事实证明不只是一小部分口误及一般过失的例子有意义，而是绝大部分过失的例子都有意义，那么我们之前从未留意过的过失行为的意义，便不可避免地成为人们关注的焦点，其他观点则被迫退居次位。这样，我们便可从所有生理及心理生理的条件转而全身心投入纯心理学的研究，即研究过失的意义和目的。因此，为了这一目的，我们应马上着手研究更多更广泛的材料。

但在行动之前，我想让你们跟着我换一个思路想想。文艺创作者常将口误或其他过失作为表达艺术的一种方式，这表明他认为过失，比如口误，其实是有意义的；因为他是故意这么做的，并不是偶有笔误，接着又令自己的笔误成为笔下人物的口误。他是想通过口误表明些什么，我们或许可以研究一下他的用意，不知他是希望借此表示笔下那个人物的心不在焉还是疲惫不堪。当然，对文艺创作者凭借过失来表达其用意的事实，我们并不想夸大其辞。过失很可能只是心理的偶发状况，

---

① 德语是"aufgepatzt"，而不是"aufgeputzt"。

或只在极少数情况才有意义，但文艺创作者仍有权在他设置的背景下对过失赋予意义。因此，鉴于过失在文艺方面的用途，如果我们从文艺创作者那里收集的口误材料，更胜于求助语言学家或精神病学家所得，也就不足为奇了。

在赫尔佐克所著的《瓦伦斯坦》（皮科洛米尼，第一场，第五幕）中可以找到这样的口误实例。在上一幕里，马克斯·皮科洛米尼在陪伴瓦伦斯坦公爵的女儿回到军营后，就成了瓦伦斯坦公爵的最热烈拥护者，他无比热情地为和平祈福，以示自己的忠心。他让他的父亲和朝臣奎斯滕贝格感到惊愕不已。第五场有这样一段对话就延续了这种惊愕：

奎斯滕贝格：啊！难道就这样吗？
朋友，我们就这样让他受骗吗？
就这样让他离开？
不马上叫他回来，不在此时此刻打开他的眼睛吗？（从沉思中恢复过来）

奥克塔维奥：他现在已打开了我的眼睛，
我都看清楚了。

奎斯滕贝格：是什么？

奥克塔维奥：这该死的旅行！

奎斯滕贝格：但这是为什么呢？是怎么一回事呢？

奥克塔维奥：来吧，快来吧，我的朋友！我必须立刻跟着这不幸的征兆，我的眼睛已全部打开了，我要用它们看个究竟。快来吧！
（拉上奎斯滕贝格跟着他。）

奎斯滕贝格：现在要干嘛？要去哪里？

奥克塔维奥：（匆忙说）到她那里去。

奎斯滕贝格：到……

奥克塔维奥：（打断了他的话，并自己更正道）
到公爵那里去。来吧，让我们一起去——

奥克塔维奥其实是想说“到他那里去，到公爵那里去”，但他说错了话，由“到她那里去”（即到公爵女儿那里去）这句话我们可以领悟到，他至少已相当清楚地意识到是什么影响了年轻的战争英雄，使其转而渴望和平。

奥托·兰克在莎士比亚戏剧里发现了一个令人印象更深刻的例子。它出自《威尼斯商人》，就在那位幸运的求婚者要在三个匣子里做出选择的著名一幕里。我最好在此给你们读一读兰克对此事的短评：

“莎士比亚戏剧《威尼斯商人》的第三场第二幕里的口误，体现出了艺术性动机的绝妙之处以及精湛的表达技巧。如同弗洛伊德（在《日常生活的精神分析》第二版第48页）引用的《瓦伦斯坦》里的口误一样，表明了剧作家对这些过失的意义已了如指掌，并假定他的读者也一样能领会。波希娅按照她父亲的意愿，必须靠运气择夫。她靠着好运气摆脱掉了她不喜欢的求婚者，但因为巴萨尼奥是她最倾心的求婚者，她害怕他也会选错匣子，很想告诉他，纵使他选错了也能获得她的爱情，但因为她对父亲发过誓，又不能说出来。于是，剧作家让波希娅在这种内心冲突下，对自己倾心的求婚者说：

请您不要太急，停一两天再赌运气吧；
因为要是您选得不对，
咱们就不能再在一块儿了，所以请您暂时缓一下吧。
我心里仿佛有一种什么感觉——但不是爱情——告诉我
我不愿失去您……
我可以教您怎样选才不会有错；可是这样的话我就会违背誓言，
那是断断不可的；然而那样您也许会选错；
要是您选错了，您一定会使我生出一种罪孽感，
懊悔我不该为了不敢背誓而忍心让您失望。顶可恼的是您这一双眼睛，
它们已经瞧透了我的心，把我分成两半：
半个我是您的，那半个我也是您的——
不，我的意思是说那半个我是我的，可既然是我的，也就是您的，
所以整个儿的我都是您的。①

① 此处译文采用朱生豪所译的《威尼斯商人》，见《莎士比亚全集》，人民文学出版社2010年版，略有改动。——译注

在这里，她想对他微微透露了自己的心思，即在他选匣子之前，她就是他的了，并且很爱他，但这一点又必须对他完全隐瞒。显然，剧作家利用她的口误表现出了这种微妙的心理，令人钦佩不已；而且通过这种艺术手法，既安抚了心上人的忐忑心情，又给观众制造了悬念，使其耐心等待选择的结果。”

请注意，波希娅最后是怎样巧妙地将自己说错的话和更正的话相调和，又是如何解决两者之间矛盾，并最终遵守自己诺言的：

“……可既然是我的，也就是您的，
所以整个儿的我都是您的。”

也有医学界之外的学者通过观察碰巧揭示出了过失的意义，并预料到我们会尝试阐释过失的意义。你们都知道利希滕贝格(1742—1749)的那些巧妙的讽刺。歌德谈起他时曾说：“他若讲笑话，笑话的背后必会藏着一个问题。”而有时，他的笑话也揭示了问题的解决之道。利希滕贝格在他的笑话和讽刺评论中提到，他总是将“angenommen”[①]读成“Agamemnon”(阿伽门农)，因为他读《荷马》读得太过专注了。此句已涵盖了关于误读的全部理论。

在下一讲，我们来看看能否同意文艺创作者关于心理过失意义的见解。

---

① “Angenommen”是个动词，意为“接受”。

第三讲　过失心理学(续)

在上一讲中，我们得出一个想法，即讨论过失的意义只限于它本身，而没有涉及它与被干扰的有意识行为之间的关系；我们还形成了这样一种印象，即在一些个案中，过失似乎体现出了它们自身的意义。我们敢说，如果这一印象在更大范围内获得确证，那么研究过失本身的意义将比只研究引发过失的条件有意思多了。

让我们再次就心理过程的“意义”应作何解释达成共识。所谓心理过程的意义，不过是它所欲达到的目的及其在心理过程中所占的地位。在我们大多数的研究中，都可用“目的”或“意图”来代替“意义”这个词。那么，到底是什么让我们相信过失存在目的性，这究竟是一种欺骗的幻象，还是对过失重要性的艺术化夸大呢?

让我们毅然转向口误的例证，多研究点材料再说吧。我们发现这些实例所包含的意图及意义都相当明确，尤其是把话说反了的例子。譬如那位议长在开场致辞时说：“我宣布散会。”他的意图可一点也不含糊，他口误的目的和意义就是想散会。可能有人会对这个总结做出这样的评价：“他自己这么说了；我们只是照他的话去推测而已。”请不要在这个时候打岔，觉得这不可能，觉得我们都知道他其实不是想散会而是想开会，觉得他本人才是评判他意图的最佳人选，他肯定是想开会的。你们这么认为，就表示已经忘记了我们曾达成的共识：只考虑过失本身，暂不考虑过失和被干扰的意图之间的关系。不然，你们就会因回避正在讨论的问题而犯逻辑上的错误，这在英语里叫“回避实质问题”。

在其他实例中，说话者虽没有说出与自己的本意完全相反的话，但他的口误还是表达出了相反的意思。比如“我不愿评价前任的优点”这句话，这里的“不愿”(inclined)虽然不是“有资格”(in a position to)的反义词，但其表达出来的意义已和说话者想造成的效果截然相反。

在其他一些例子中，口误只是在其所要表达的意义之上又加了一层意义。于是，这种错句听起来似乎相互矛盾，又像缩略语，就像压缩了好几句话。譬如那位个性刚愎自用的女士说“他以后的饮食只需按我的意愿来就行”，这个缩略句的真正含义其实是“他可以按照自己的喜好来饮食，但他喜欢什么有什么用呢，按我的意愿来安排就行了”。口误常给人造成这种缩略的印象。再如，一位解剖学教授上完鼻腔解剖课后问他的学生是否都听懂了，在得到肯定的答复后，他接着说：“这可真让人难以置信，能理解鼻腔解剖的人即使在一个有几百万人口的城市里，也是一指可数的……我的意思是，屈指可数。”这个缩句也有其自身的含义，就是说只有他一个人才能完全理解这个问题。

与上述例子形成对比的是，在另外一些例子中，过失自身的意义并没有反映出来，比如从口误中读不出任何清楚明了的含义，这就直接违背了我们的期望。如果有人的口误方式是读错了专有名词，或是乱发了一些不常组合在一起的音，这些口误的例子似乎给“是否所有的过失都有意义”这个问题提供了一个否定的答案。可是如果更进一步研究这些例子的话，就会揭示出这样一个事实，即这类口误的意义其实不难理解，实际上，这类看似难理解的例子与之前那些容易理解的例子也没多大差别。

马的主人被问及他的马怎么样了，他答道：“啊，它可能‘悔要’(stake)——它还要一个月的时间。”等再问他究竟是什么意思时，他解释说，他当时正觉得这是笔让人后悔的交易，就把正准备说的“要”(take)字和“后悔”(sorry)两个词混成一团，说成“悔要”了。(参见梅林格和迈尔)

有人在谈及自己很抵触的一些事时说：“然后这些事实‘揭肮’(refiled)了。”等被问及是什么意思时，他解释说他本意是想指责这些事实很“肮脏”(filthy)。他把“揭示”(revealed)和“肮脏”(filthy)这两个词叠加在一起，便成了这个奇怪的“揭肮”。(参见梅林格和迈尔)

你还记得那位希望“辱送(inscort)”一位陌生女士的年轻人的例子吧。我们自作主张地将这个词分解成“护送(escort)”和“侮辱(insult)”两个词，并感到这种解释已十分可信，无需证明了。从这些实例可以看出，即便是那些晦涩难懂的口误，也都可以解释为两种不同说话意图的混合或互相干扰。口误之间的不同仅仅源于这样的事实，要么一种说话意图完全排斥了其他意图，例如把原本要说的话说反了；要么一种意图歪曲或修改了其他意图，结果产生了一种或多或少有自身意义的混合体。

我们相信我们已经掌握了关于口误的大量秘密。如果我们把这些解释牢记于心，就能理解那些我们至今都无法领会的口误了。譬如，以读错名字为例，我们虽不能假定它一直是两个看着相似、实则不同的名字之间竞争的结果，但第二种意图却不难猜出。读错名字并不仅仅因为口误，还有故意辱骂或贬低别人名字之意。这是一种大家熟知的侮辱人的把戏，有教养的人都知道不能这么做，可即便如此，他们还是没准备放弃。他们常以笑话的形式掩盖其侮辱的本质，而且可以肯定的是，这类笑话通常都很低俗粗鄙。举个歪曲名字的例子吧，法国总统的名字 Poincaré，不久前，多次被故意歪曲为 Schweinskarré(意为“猪样的”)。因此，我们很容易假设一些口误存在故意侮辱人的意图，进而导致歪曲名字的现象出现。由于我们认同这个观点，故而类似的解释也适用于一些荒谬或可笑的口误实例。“我们大家一起来为我们领袖的健康打嗝。”这么隆重的场合，就因为开场致辞中的这么一个出人意料的干扰而破坏了气氛。我们不能从带有侮辱和冒犯性质的原句表达来分析，只能假设这句口误存在蓄意打破表面上的尊敬的意图，它可以这样解读：“你们不要相信这些。我不是认真的。我可没有责骂这个家伙，等等的类似话语。”同样的手段也可用于将一个不具恶意的词转化成下流淫秽的词的口误。①

我们知道，很多人都有故意把不具恶意的词变成淫言秽语的倾向，就为了一时的淫欲快感。还有的人是以此为滑稽取乐。因此，当我们听到这类例子时，总不免要问一下这是笑话还是口误。

好吧，我们似乎以相当少的代价解决了过失这个难题。它们不是偶发事件，而是正当的心理活动。它们有意义，是两种不同的意向同时作用（或者更确切地说是）相互干扰的结果。在我们为自己的辛勤努力取得初步成果而倍感欣喜之前，我非常清楚此时此刻你们还有成堆的问题和疑惑等着我来解答。我真的不希望迫使你们过早地下结论。让我们来冷静客观地权衡每件事，一件件来。

你们还想说点什么吗？我是不是认为这个解释对所有的口

① 弗洛伊德教授在这里举了两个例子，均难以译出来，在这两个例子中，德语单词“apropos”应改为“apopos”，以及德语单词“eiweiszscheibehen”应改为“eischeiszwaibehen”。

误都有效，还是只对部分有效呢？是不是可以将这个概念延伸到其他过失，比如误读、笔误、遗忘、取错东西和遗失物品等呢？再者，面对过失的心理学特质，疲劳、兴奋、健忘和注意力不集中这类因素究竟有何意义呢？此外，很容易看出过失存在两种竞争关系的意图，一种公开透明，另一种却隐蔽不显。那么，为了猜出后一意图我们该怎么做呢？当我们相信有人已经猜出来时，我们应该怎样着手证明他猜出的结果不仅是一种可能，而且是唯一正确的呢？你们还有什么问题要问吗？如果没有，那我就接着讲了。我要提醒你们，我们并不怎么关心过失本身，我们只想从精神分析研究中了解有价值的东西。所以，我有以下问题要问：干扰其他意图的目的或倾向是什么呢？干扰倾向和被干扰的倾向之间有怎样的关系呢？该问题一旦得到解决，我们又得开始努力解决新问题了。

现在，第一个问题：这难道就是对所有口误问题的解释吗？我十分倾向于这种看法。我的理由是，若有人研究口误的例子便能得出这种解释。但另一方面，我们还不能证明所有口误都受制于这个机制。就算有可能受制于这个机制，但就我们的目的而言，这只是个理论上无关紧要的问题。即便我们所解释的例子只是口误实例的一小部分，我们也希望凭借精神分析引论的方式得到的结论依然保持不变，更何况我们可解释的口误例子还不只这么一点呢。至于第二个问题，我们从口误实例中获得的解释是否可以用于其他类型的过失呢？在此，我们不妨先做出肯定的答复。待我们集中研究笔误、拿错东西等例子的时候，你们就会信服这个结论了。不过，由于技术上的原因，我建议你们延后这项工作，等我们更深入彻底地研究了口误问题再说。

在一些学者看来十分重要的因素，诸如循环系统扰乱，疲劳、兴奋、健忘和注意力不集中等，对我们来说有什么意义呢？如果我们接受有关上述口误的心理机制的描述，那么这个问题就需要更为详尽的回答。你们会注意到，我们并没有否认这些因素。事实上，精神分析学很少否认其他学说的主张，它只会在已有主张上再加点料，有时这新加的而以前一直被人忽略的料，恰恰是最重要的部分。那些由身体微恙、循环系统紊乱和疲劳状态所引发的生理倾向，对口误的产生所造成的影响应立即予以承认。你们平时的个人经验，就可以证实这个说法。但承认这些又能说明什么呢？首先，它们不是过失的必要条件。人们在身体健康、一切正常的状态下也可能出现口误。因此，身体因素唯一有价值之处，就在于对造成口误的特殊心理机制产生催化和促进作用。

为了说明这层关系，而我现在又找不到更好的比方，那就再用一次之前用过的比喻吧。比如在一个漆黑的夜晚，我独自一人走在一个僻静的地方，然后被一个歹徒抢去了手表和钱包。然后，由于我当时并没有看清劫匪的长相，便去离我最近的警察局诉苦："孤独和黑暗刚才抢走了我的财物。"而警察局长会对我说："你似乎太相信极端的机械论观点了。你应该这样说：一个没看清长相的歹徒趁着月黑风高和你孤身一人的有利条件，劫走了你的财物。对我而言，当务之急就是抓住那个贼。兴许我们还能从他身上找回赃物呢。”

像兴奋、健忘和注意力不集中这样的心理生理因素，显然对我们的解释没什么帮助。它们只是几个短语，是屏风，我们还得看看屏风背后藏着什么。其实，我们的问题应该这样问：到底是什么引起了兴奋，尤其是注意力的分散呢？语音音节、字的相似性和由字引起的惯常联想这些因素所造成的影响，也该被认为是有意义的。它们通过给口误指出一条发泄途径，达到促使口误产生的目的。但即使我面前有一条路，难道我就一定会走这条路吗？毕竟，我还需要受到一种刺激，促使我下定决心，再加上一股力量，才能迫使我朝这条路走下去。因此，这些音节和字之间的关联只对口误的产生起促进作用，就如同人的体质所起的促进作用一样，但它们并不能真正地解释口误的原因。比如，你们看，我的演讲中就存在大量有关音节和字之间的相似性关联的例子，但我无论是通过字的相近发音来忆起相关的字，还是通过与其关系密切的反义词或引发共同联想的字来记起它们，我都没有出现过口误，并且不受这些情况的干扰。我们或许可以通过哲学家文特的观点来寻找答案。他认为，身体的疲劳容易让联想的倾向占上风，从而影响原本想要说的话。这听起来似乎言之有理，却与实际经验背道而驰，因为一系列例子证明，即使不存在身体或联想的原因，口误还是会发生。

不过，我对你们提出的第二个问题尤其感兴趣，即用什么方法测定这两种相互对立的倾向呢？你们或许没察觉到这个问题有多重要。这两种倾向之一，即被干扰的倾向，难道不总是很明显吗？出现口误的人意识到自己的过失并承认是口误。而另一种倾向，我们称其为干扰倾向，则会引起我们的疑虑。我们通过一些例子了解到，相信你们也肯定没忘记，干扰倾向有时也是易于辨认的。该倾向在过失的影响中能显现其意图，但前提是我们得勇于承认此过失的结果本身是有效的。那位把本意说反了的议长显然是要开会的，但我们也可明显看出他其实是不想开会的。该意义已很清楚，无需我们多作解释。但在另外一些情况中，干扰倾向只是扰乱了原来的倾向，又没有完全暴露自身，我们该如何从这扰乱中辨别出干扰倾向呢？

在第一组实例中，我们采用了一种简单可靠的办法，也就是说，测定被干扰的倾向的方法也可用来测定干扰倾向。后一种倾向可由说话者直接提供，比如说话者在说错话后，马上补充了自己的本意，“它可能‘悔要’——不，它还要一个月的时间”。现在我们让他再次表达出干扰倾向的意义，我们问他：“你为什么要先说‘悔要’呢？”他答道：“我原本是想说——‘这是一件让人后悔的事’。”在另一例子中——关于“揭肮”的口误——说话者证实自己本来想说“这很肮脏”，但他克制住了自己的本意，结果却说成了其他的话。因此在这里，干扰倾向如同被干扰倾向那样一目了然。我选这些实例是有目的的，它们既不与我和我理论的支持者相关，也不由我们来解释。但是为了找到解决途径，针对这两个例子作调研是十分必要的。我们必须问那个人为什么要犯这个口误，以及他会对此作何解释。不然他或许不经求解就把这个错误放跑了。当被问及原因时，他就把他所想到的第一个念头讲了出来。诸位请看，这一小小调查及其结果已然构成了精神分析。至于每一种精神分析研究的模式，我们以后再详谈。

如果我才刚刚告诉你们精神分析学的相关知识，我就开始怀疑你们已经开始抵触它了，我是不是疑心过重了？难道你们不是急于反对，认为我们所询问的那个对象（即承认自己口误的人）提供的答复证据不充分吗？你们认为他自然是想解释口误，因此，他就把他所能想到的第一件与之相关的事说了出来。但其口误是否确是由此导致，你们认为仍没有证据能证明。它也许是这个原因，也许不是。你们觉得他兴许还能想到更好的解释。

这说明你们打心底里就多么不尊重心理事实啊！假设有人决定对某物质进行化学分析，他先测量该物质的样本，得到相关的重量数据，即若干毫克，然后再由该样本的重量推导出结论来。那你们觉得还会有其他化学家认为这一孤立的物质有其他重量，从而否认这一推论吗？每个人都会承认这个事实，即该物质只有一个重量，再没有别的重量了，并且可以依据这一事实作进一步推论。可当你们面对心理事实，一谈及某人被询问时只说了某一想法而没有言及其他时，你们便无法接受其正确性，硬说他可能还有其他念头！这其实就是你们还不肯放弃心理自由的幻觉的结果。很抱歉，在这一点上，我的观点完全与你们相左。

现在，你们会放弃这一观点，只是因为又产生了别的质疑。你们会接着说："我们知道，精神分析有种特殊的技术，能使受分析者发现解决问题的办法。那我们再打个比方，比如某人号召大家一起'为领袖的健康打嗝'这个例子，你们说这个例子中的干扰倾向是侮辱别人，这与说话者想要表达的尊重恰好相反。但这只是你们基于与该口误无关的观察而得出的解释。如果你们向这个口误者问起原因，他肯定不会承认自己有侮辱的意图，相反，他还会强烈否认。既然别人都全盘否认了，那你为什么还要坚持这个无法被证实的解释呢？"

是的，这一次你们提出了一个棘手的问题。我能想象出那位素不相识的说话者，他很可能是那位贵宾的助手，或许还是个小官呢，一位很有前途的年轻人。而我将逼问他是否清楚自己有些不太尊重他领导的想法。看我会取得怎样成功的效果吧！他会变得不耐烦起来，突然朝我吼道："喂！你最好别问东问西了，不然我可不客气了。你的怀疑足以断送我的整个职业生涯。我只是因为在一句话里重复了两次'auf'，所以才把'angestossen'说成了'aufgestossen'。这就是梅林格所说的'持续语音'的例子，你再也挖不出其他意思了。听明白了吗？那就到此为止吧！"哈，他的反应真令人吃惊，真是一个强有力的反驳。我看从这年轻人身上也问不出什么了，但我想说的是，他说自己的口误不含任何意义时，他的反应未免有些过头了。你们或许也赞同他大可不必对纯理论的研究表现得这么粗鲁，可你们仍会认为，他总该知道自己想说什么、不想说什么吧。

真是这样吗？恐怕难有定论。

但你们现在对我会有这样的看法："这就是你所谓的技术，"我听到你们这么说，"当人们承认自己口误的原因与你的理论相一致时，你就宣布他拥有对这个问题的终极解释权。'反正他自己是这么说的！'但如果他解释的原因与你的理论不相符，你便马上宣告他说的话不足为据，大家不必信他。"

你们说的没错。但我可以给你们举一个类似的例子，其过程同样令人感到荒谬。当被告认罪时，法官便相信他。可如果他不认罪，法官便不相信他。如果不这样，法律就没法正常运行了。即便偶尔出错，你们也得承认这个法律制度是行之有效的。

你的意思是，难道你是法官吗？承认口误的人就是你面前的被告？口误相当于犯罪？

或许我们不应抵制这种比方。但是，看看我们在理解心理过失方面，在看似无恶意的问题上就存在多大的分歧，而且现阶段我们也不知道该怎样调和这种分歧。所以，我以法官和被告的例子作比，以示先行让步。你们会认同我的观点，即如果当事人在被分析调查的情况下承认了口误的意图，那么他的回答无疑属于确证；反过来，如果当事人拒绝回答，那么这个假定的意图就无法得到直接证明。当然，如果当事人不在场、无法给我们提供相关信息时，也是一样。我们就好比在走法律程序，取决于实际情况的调查取证，收集来的证据有时可信，有时却不可信。在法庭上，出于务实考虑，法官会根据旁证(即间接证据)来定被告的罪。我们虽不觉得这种方法很有必要，但有时也不得不利用一下这类证据。你们若认为一门学科就只是最终证明的定理，那就大错特错了。你们若对科学提出这样的要求，也未免有失公允。只有那种狂热追逐权威的人，那种必须要用其他的、虽然是科学教条取代他的宗教教条的人才会提出这样的要求。科学甚少有毋庸置疑的基础原理，大多是发展到某种程度上可信的假设。科学思维方式的实际表现在于对无限接近确定性的结果感到满足，在于尽管缺乏最终确证的结果，还能继续从事建设性的研究工作。

如果被分析者拒绝自己阐明其过失的意义，那么我们该去哪里寻找用于解释的事实和作为旁证的资料呢？其实来源有多种。首先，来自与心理过失无关的类似现象；例如，我们假定无论故意说错名字，还是不小心说错名字都同样带有侮辱他人的意味。其次，来自过失发生时的心理情境，过失者的性格以及未犯错之前的感想，这些都是可能导致他出现过失的因素。通常，我们根据一般原则寻找过失的意义，一开始只是一种揣测，一种对可能性解释的建议，然后我们通过研究其心理状态而得出相关证据。有时，我们也不得不静待后续发展(这些表现通过过失得以彰显)，以证明我们的猜测是否正确。

如果我仅局限于研究口误，尽管有几个出色的案例在手，我也难以向你们出示证据。那位希望“辱送”女士的青年其实很害羞；那位说丈夫无论吃喝都按她的意愿来安排的女士，就我所知，是位精力充沛、懂得持家的妇女。或者再举一例：在康科迪亚俱乐部举行的一次会员大会上，一位年轻的会员发表了一篇措辞激烈、具有攻击性的讲话，把社会上的那些委员称为“委员会中的放贷者”，即将 members（委员）口误为 lenders。我们可以猜到，一定有某个相冲突的观点影响到了他的攻击性措辞，而且这个观点在某种程度上与贷款有关。事实上，我们从消息提供者那里得知该演讲者常有债务危机，他那时正想借点债。至于那个相冲突的观点，我们可以稳妥地插入这样的想法：“你在抗议时稍微温和点吧，他们可都是要给你贷款的人呐。”

但如果我钻研一下其他种类广泛的过失，就能提供给你们更多这样的实例作为旁证。

若有人忘记了一个很熟悉的名字，即便绞尽脑汁也想不起来，那么我们想要的结论其实近在咫尺。原因就是他并不喜欢这个名字的主人，甚至都不愿想起他。考虑到这层关联，就让我们从以下例子中了解过失发生时的相关心境吧：

“Y 先生爱上一位女士，但未得到对方的回应，不久，这位女士同 X 先生结婚了。尽管 Y 先生认识 X 先生已久，甚至还与 X 先生有生意往来，但他却经常记不住 X 先生的名字，以至于每当他要给 X 先生写信时，都不得不向人询问他的名字。”①

① 引自荣格。

Y 先生显然在任何情况下都不愿想起这位幸运的情敌，最好“永远都不要想起他”。

又如，一位女士向她的医生打听他们俩共同的女性朋友，但每谈及她时都用她婚前的姓氏称呼她，而忘了她婚后的姓氏。该女士承认她很不赞成这桩婚事，而且根本无法忍受这位朋友的丈夫。①

稍后我们还会详细讨论有关忘记名字的话题。现在我们主要关注遗忘发生时的心境问题。

遗忘通常可以追溯到一种相反的倾向上来，这种倾向导致人们不愿去做这件事。这种观点不是我们精神分析学独有的，它是一种人们在处理日常事务时都会认同的普遍观念，只有上升到理论高度时才会被人否认。如资助者向请求资助者道歉，说自己忘记了他的请求，却并不能消除请求资助者心中的芥蒂。后者会想：“这对他而言算不了什么，他虽应允了，但并不是真的想去做。”所以，从某种关联来讲，日常生活也不能容忍遗忘，可见精神分析法和普通大众对于这类过失的概念似乎并无区别。假设一位家庭主妇用这样的话迎接她的客人：“怎么，你今天过来了？我都忘记我邀请你今天过来了。”或者有位年轻人对他的恋人说，他忘记他们的约会了。事实上，他是绝不会这样承认的，他会在那一刻编造出哪怕最不可信的理由来解释他那时不能赴约，并且没办法及时通知她。我们都知

① 引自布里尔。

道，在军队里，遗忘是不能作为借口让人免于处罚的。我们必须认为这个态度很公正。照这么说来，我们突然意识到每个人都同意特定的过失是有意义的，而且大家都知道它的意义是什么。为什么他们并不贯彻到底，继续将这个认识推广到其他类型的过失上并完全承认它们呢？显然，这个问题自有答案。

如果连外行人都对遗忘的意义毫无疑问，也就无怪乎文艺创作者会利用这种过失来表达相似的意义了。看过或读过萧伯纳的《恺撒和克里奥帕特拉》的人或许记得，恺撒在最后一幕离别的场景中受到这样一个念头的驱使，觉得自己还有一件事要做，只是想不起来了。最后，他终于想起来了，原来是同克里奥帕特拉告别。作者在这里设置这个文学技巧是为了归因于恺撒大帝的自我优越感，事实上他并没有，也从未追求过。我们从历史资料中得知，恺撒曾带着克里奥帕特拉共赴罗马。恺撒被杀时，克里奥帕特拉同她的孩子小恺撒里昂还住在罗马，后来他们才逃了出来。

这种遗忘的例子，其意义显而易见，对我们的目的帮助不大，我们的目的是要从心境中获得过失意义的旁证。因此，我们的讨论现在转向那些特别模棱两可、晦涩难懂的过失，即物品的遗失和放错位置。我们遗失物品应该是有目的的，意外遗失物品通常会令人很心痛，这种说法对你们而言似乎难以置信。但这样的例子不胜枚举，比如：一位年轻人遗失了一支自己非常喜爱的铅笔。就在数天前，他收到一封他姐夫的来信，信的结尾是这样写的：“我现在既没有兴趣也没有时间陪你一起游手好闲。”[①]而这支铅笔恰好就是他姐夫送给他的礼物。当然，如果不是发生了这一巧合，我们就不会断言他遗失物品的背后还含有遗弃礼物的意图。类似的例子很多。我们遗失物品或由于与赠物者发生不和，再也不愿想起他们或是由于不再喜欢这些物品了，便以遗失为借口换个更好的。同样，让物品掉下来摔碎自然也是出于同样的目的。一个学龄儿童在他生日前弄丢或弄坏了自己的物品，比如书包或手表，难道只是偶然吗?

一个经常因找不到东西而焦躁不安的人，往往不愿相信遗失物品的背后还有什么目的。然而，放错物品的情况有时也含有一种暂时或永久性遗弃物品的意图，这样的例子也不在少数。举个最贴切的例子，一位年轻人跟我说:“几年前，我的婚姻生活出现了一个误会。我感觉我的妻子太冷漠，即使我承认她有很多优秀的品质，但我们俩相处时却感觉不到丝毫的柔情蜜意。一天，她买了一本书送我，她觉得我可能会感兴趣。我感谢她的关心，答应读它，然后随手一放就找不到了。几个月后，我偶尔想起那本书，可就是寻不到。大约半年后，我那远在异地的母亲生病了。我妻子赶过去照料她。母亲的病情加重，却使我妻子有机会展示出她最好的一面。一天晚上，我回到家里，满怀着对我妻子的热忱与感激之情走近我的书桌，带着一种隐隐约约的确定打开了一个抽屉，映入眼帘的便是那本

① 引自达特纳。

之前被我遗失了很久的书。”

动机既已终止，失物自然就回来了。

女士们先生们，这样的例子我可以举出无数个，但我可不愿再列举下去了。在我的《日常生活的心理分析》（初版于1901年）一书里，你们可以发现太多关于过失研究的例子。[①]

所有这些例子都反复阐明了一件事，即过失似乎都是有意义的，也展示出人们可根据当时所伴生的情况推测或证实其意义。我今天不想谈太多这方面的例子，毕竟我们的目的不过是研究其现象，由此作为精神分析的入门。不过，我还必须再研究两组观察到的事实：重复的和混合的过失；以及有待后续发展才能证实其解释的过失。

重复的和混合的过失诚然是过失中的最佳代表。但如果我们只对证明过失是有意义（或意图）的感兴趣，那就需要先以研究这些过失为限，因为这类过失的意义十分明显，即使智商极低的人也能明白，吹毛求疵的人则会确信无疑。重复的现象所表现出来的特征不容改变，它从不会出于偶然，该特点十分适合设计思路。最后，某些类型的过失之间可以相互转换，这表明过失行为中存在一种很重要也很必要的因素，它既不是过失的形式，也不是过失所利用的方法，而是过失的目的，运用多种方式可以获得的目的。这样，我给你们举一个重复遗忘的例子吧。琼斯曾对我说，有一次他不知什么原因把一封信放在书

① 并请参阅（法）梅德、（英）布里尔、（荷兰）斯塔克等人的著作。

桌上好些天，也没寄出去，最终他下定决心去寄信，但又被邮局退了回来，因为他忘写地址了。当他写好拿到邮局时，又发现忘记贴邮票了。到这时，他才终于承认自己根本不愿把这信寄出去。

另一个例子中既有误拿别人物品又有遗失这物品的情况。一位女士同她的姐夫——一位著名艺术家同游罗马。住在罗马的德国人设宴招待他们，他除了收到一些礼物之外，还收到一枚源于古代的金质奖章。该女士对她的姐夫不大重视这枚奖章的行为感到大为光火。当她告别姐姐，回到自己家后，她打开箱子竟发现自己——也不知道是怎么回事——把那枚奖章也带了回来。她立即写信将实情告知姐夫，并说她第二天就将奖章寄回罗马。可到了第二天，这枚奖章就不知放到哪里去了，哪个角落都找不到，自然也就无法寄了。到这时，这位女士才意识到自己是故意‘疏忽’的，其实她是想自己留着这枚奖章。①

我曾给你们讲过遗忘和过失结合在一起的例子：某人第一次是忘记了约会，于是下决心再也不忘了，第二次赴约时，他却发现自己搞错了约会时间。一个朋友既爱好文学，又喜欢科学，他以自己的亲身经历告诉我一个类似的例子。他说：“几年前，我被选入某一文学协会的委员会，因为我希望该协会或可助我剧本的公演，所以即便我对该协会的事务毫无兴趣，每

① 取自赖特勒。

周五还是准时参加它们的会议。几个月前，我得到了我的剧本能在F剧院排演的保证，从那以后，我总是习惯性地忘记每周五开会。当我读到你写的关于这个问题的文章后，我为自己的忘性深感惭愧，并指责自己是如此卑劣，一旦感到自己再也不需要那些人的帮助就疏远了他们。于是我决心下周五一定要准时参加会议。我不时地提醒自己要履行这个承诺，直到我遵守了诺言，站到了会议室门前，我才惊讶地发现，门居然是关着的，会议早就结束了，因为我记错了日子，已经是周六了。”

搜罗这样的例子很容易让人上瘾，但我得适可而止了。该让你们看看那些等有了后续发展才能证实其解释的例子。

这类例子的要点是我们既不知道当时的心境如何，也打听不到。所以在那种情况下，我们的解释只是一种揣测，我们没指望它能派多大用场。不过后来，有件事发生了，它恰好证明了我们的解释即便在那种情况下也是正确的。我去过一对新婚夫妇家做客，听到那位年轻的妻子笑着说起近期发生在她身上的一件事，度完蜜月回来的第一天，她又像以往一样找她那未婚的妹妹一道去逛街，她自己的丈夫已经出去工作了。突然，她看见街对面站着一位绅士，便用手肘碰碰她妹妹道：“看，那是K先生。”她已经忘记这位绅士正是她结婚数周的丈夫了。我听完这个故事不禁一阵哆嗦，但不敢妄言什么。直到一年后，我得知这段婚姻最终以不幸收场才又想起这件事来。

A.梅德曾讲过一个故事：一位女士在婚礼开始前竟忘了试穿她的结婚礼服，直到当天晚上才想起这件事来，这令她的裁缝深感绝望。梅德认为这个遗忘的小插曲与她婚后不久就与丈夫离婚的事实不无关系。我也认识一位与丈夫离了婚的女士，早在很多年前她在理财的文件上常用自己婚前的姓氏签名，而不是她丈夫的姓氏。我还认识一些女性，她们在度蜜月时就遗失了自己的婚戒，并且我还知道她们的婚姻经历已赋予这种小事故以含义。再举一个结局较好的例子。据说，有位著名德国化学家因忘了自己婚礼的时间而没有结婚，他没去教堂，而是回了实验室。后来，他十分明智地满足于这唯一一次的尝试，再也没结过婚，直至迟暮之年死去。

或许对你们来说，这种例子里的过失就相当于古代的预兆。有些预兆的确就是过失，比如一个人被绊倒或摔倒的情况。而其他预兆其实属于客观事件，不属于主观行为，但你们肯定不会相信有时候要决定特殊例子里的行为属于前一种，还是后一种，是颇为困难的，因为它通常会伪装成一种被动的经验。

我们大家都来回顾一下自己或长或短的生活经验，可能会说，如果我们有勇气有决心把一些人际交往中所犯的小过失解读为预兆，并在这些过失的意图还不明显的时候就将它们视为预警信号，那么我们能避免多少失望和令人吃惊的痛楚啊。其实，一般来说，我们都不敢这样做。这么做会让人感觉又远离了科学，变得迷信起来。更何况，并不是所有的预兆都能成为现实，从我们的学说中你们也会明白，它们何以不会都成为现实。

第四讲　过失心理学(终篇)

我们或许可以作此定论：过失之有意义我们已经努力证实，我们还可以基于这一结论做进一步研究。我再强调一遍，我们绝不会主张——出于我们的目的也不必主张——每个过失都有意义，虽然我觉得这还是有可能的。只要我们能证明在各种类型的过失中，这种意义的出现属于频率相对较高的就可以了。顺便插一句，不同形式的过失在这方面的表现也不尽相同。比如一些口误、笔误之类的过失可能纯粹是生理变化引起的。而那些遗忘型过失(忘记名字或物品，把物品放错位置等)，在我看来则不属于这一类型。很可能还存在一种遗失类型，通常被认为是不具任何意图的。一般而言，我们的理论仅能解释日常生活中的部分过失。因此，当我们进而假定过失是由于两种意图相互干扰而形成的心理行为时，你们也须牢记上述限制。

这便是我们得出的精神分析的第一个结论。之前的心理学并不知道有这种干扰的情况存在，更不知道这种干扰还有可能导致这样的过失表现。我们已经大幅扩展了心理现象领域，把心理学之前从不考虑的现象也纳入了进来。

让我们多考虑一会儿“过失是心理行为”这个主张。这个主张是否比之前的那个论断“过失是有意义的”更有内涵呢？我并不这么认为。相反，前者比后者表述更模糊，更易引起误解。心理活动中可观察到的一切，只是偶尔才被描述为心理现象。但这也取决于这种特定的心理现象是否直接源于身体、器官及物质的影响，若是，则对它们的研究就不属于心理学研究范畴；抑或该现象直接起因于其他心理过程，而这些过程的背后又发生了一系列机体的作用。当我们把一种现象称为心理现象时，指的就是后一种情况。鉴于此，我们还不如这么主张更为方便，即，这种现象有意义，它们都有某一意义。所谓“意义”，就是指重要性、意图、倾向以及一系列心理过程中的位置。

还有一组现象与过失之间关系非常密切，却不适合称为过失，我们将其称为“偶然的”和“症状性行为”。它们看起来似乎不具备什么动机，也不起眼，不重要，说得更直白些，简直就是多余的。它们与过失的区别在于，一方面它们缺乏形成冲突和干扰的另一种意图，另一方面它们与我们用于表达情感的手势或动作之间的界限模糊，几乎混为一谈。这些偶然行为除了包括那些明显嬉戏的、无目的的行为举止，如抚弄衣服、身体部位和触手可及的物品的动作外，还包括那些不含抚弄动作的举止以及独自哼歌。我斗胆认为这些现象都是有意义的，可以像过失一样用同样的方式进行解释，它们是其他更重要的心理过程的细微表现，是有效的心理活动。可我不想再多加讨论这种扩充的心理现象了，现在转回到过失话题上，因为讨论它可以使许多重要的精神分析问题研究得更透彻。

我假设，讨论过失时出现的最为有趣但又未找到答案的问题如下：我们说过失是两种不同的意图相互干扰形成的结果，一种意图称为被干扰意图，另一种则称为干扰意图。被干扰意图毋庸置疑，至于干扰意图，第一，我们要知道干扰其他意图的究竟是何种意图；第二，干扰意图与被干扰意图存在何种占比关系？

如若可能，我想再以口误的例子为代表来讨论，可否容我先回答第二个问题，再说第一个呢？

口误中的干扰意图，可能与被干扰意图有重大关系，前者乃是后者的反面、矫正或补充；或者在其他模棱两可却更有趣的例子中，干扰意图与被干扰意图之间没有任何关联。

证明第一种关系的实例，在我们所熟知的及其他类似的例子中不难找到。几乎所有把话说反了的口误例子里，干扰意图都是被干扰意图的对立面，口误就是这两种不可调和的意图间冲突的呈现。那位议长口误的意思是："我宣布会议开始，其实我倒宁愿散会。"一份政治性报纸被人指控存在腐败，于是撰文自辩，本想在文章的高潮处写"我们的读者将证明我们一向都是以最公正无私的态度(in the most disinterested manner)来为大家谋福祉的"，可是受托撰文的编辑却误写成了"以最自私自利的态度(in the most interested manner)”。其实他是这样想的:“诚然，我不得不按要求来写，但我十分清楚实情是另一回事。”一位德国国会议员既有把实情毫无保留地告诉皇帝的冲动，又缺乏这个胆量，于是他不小心将“毫无保留地”(rückhaltlos)说成了“没有骨气的”(rückgratlos)。①

你们所熟悉的关于缩写、缩略词的口误例子，其实含有第二种意图与第一种意图共同作用表现出来的纠正、补充或引申之意。“事情既已败露，还不如直说它们很肮脏，因此，这些事很‘揭肮’(refiled)。”②“懂得这个的人屈指可数，不，其实只有一个人懂，所以是一指可数的。”又如“我丈夫可以按他的意愿吃吃喝喝，但你们要知道我不允许他想吃什么就吃什么，所以他只能按我的意愿饮食”。就上述所有这些例子来说，口误要么源于意图自身的内容，要么与意图相关。

两种相互干扰的意图之间的另一种关系似乎让人觉得有些蹊跷。如果干扰意图与被干扰意图的内容没有半点关系，那么干扰意图究竟从何而来呢，它又是怎样刚好在那个时候表现出干扰作用的呢？通过观察，我们得知干扰意图源于人的思维过程，先是以问题的形式占据人的大脑，而后不论是否以语言形

---

① 此事发生于 1908 年 11 月的德国国会大厦，那位国会议员所说的“Rückhaltlos”意为“毫无保留地”，“Rückgratlos”意为“没有骨气的”。

② 在这里，“Zum V orschein bringen”的意思是“揭露”，“Schweinereien”的意思是“肮脏”或“晦涩”。这两种想法被说话人缩略成了一句话，从而导致“Vorschwein”(“揭肮”)一词的产生，明显反映出说话人对此事的态度。

式出现，都会显示其干扰效果。因此，它被称为“持续语音”现象，但不一定非得是语音的持续。在这里，干扰意图与被干扰意图之间也存在关系，其虽与内容无关，却是人为建构出来，且常常被迫发生关联。

有一个我自己观察到的很简单的例子，可以用在这里。在风景俊秀的多洛米蒂山脉，我碰到了两位来自维也纳的女士，她们都是一身游客打扮。我陪她们走了一小段，一路上我们都在谈论旅行生活的好与坏。其中一位女士承认这种生活方式很不舒服，“的确是这样，”她说，“当人顶着太阳跋涉了一天，外衣和内衣都汗湿透了的时候，那个感觉简直难受极了。”说到这里她突然略有迟疑，接着又说：“但当人有衬裤（nach hose）并且可以换时……”[①]我们先不分析这句口误，我肯定你们很容易理解。这位女士本想列出全套衣服的完整种类——“外衣、衬衣和衬裤”，等等。出于礼貌，她将原本想说的“衬裤”一词咽了回去，但她说的下一句话内容是完全独立的，不受制于上一句，由于之前那个未说出口的“hose”与这次本想说的“hause”一词发音相似，于是“hause”就被歪曲成“hose”说了出来。

现在我们终于转到那个一直拖着不讨论的主要问题上来了，即以不寻常的方式干扰其他意图的那些意图到底是什么。

---

① 这位女士本想说“Nach Hause”，意为“回家”。而“Hose”意指“内裤”，她在犹豫间想咽回去的话由此反映了出来。

尽管它们种类繁多、五花八门，我们仍希望找到它们的共同点。如果出于这个目的，在排查了它们中的大量例子后我们很快将它们分为三组。第一组例子，说话者知道他的干扰意图是什么，并且他在自己未出现口误之前就感知到了这种干扰意图。在“揭肮”这个口误例子里，说话者不仅承认他同意这些事被判定为“肮脏”，而且有意将其宣之于口(只是后来又放弃了)。第二组例子，说话者很快就能意识到自己的干扰意图，但他忽略了一个事实，即在他说错话之前干扰意图就已经在起作用了。因此，他虽然接受了我们的说法，但会在一定程度上感到惊讶。在其他类型的过失中找出这种情况的实例或许比在口误中寻找要容易得多。在第三组例子中，说话者会强烈否认干扰意图的用意。他不仅否认干扰意图在他说错话之前就在起作用，而且还想宣称自己对这些东西从来都一无所知。你们还记得那个“打嗝”的例子吗，当我揭示出他的干扰意图时，我遭到了极为不礼貌的严词否认。你们也知道，迄今我们仍无法对这些案例形成一致意见。我丝毫不在意敬酒者对自己致辞的矢口否认，仍然坚持我的观点；而你们呢，我敢肯定你们受了他严词拒绝的态度的影响，转而觉得是否应该放弃这种口误的解释，只将其视为一种纯粹的生理行为，不再对其做任何进一步的分析。我能想得出来你们到底在顾虑什么。按我的解释导出的结论，即说话者所不知道的那种意图可以通过他本身表现出来，而我则可以通过种种迹象推断其性质。你们对如此新奇而又意义重大的结论有所迟疑，我能理解，也在一定程度上支持你们的决定。但有一事要弄清楚：如若你们还想将你们从这么多例子里提炼出来的过失观点继续贯彻下去，那么你们必须接受上述结论，即使这不是一件令人愉快的事。如果你们不这样做的话，那么你们就不得不放弃你们最近获得的那些有关过失的知识了。

让我们花点时间来研究一下是什么将这三组口误联系到了一起，也就是研究一下这三种机制有何共同之处。值得庆幸的是，这一点是显而易见的。在前两组例子中，干扰意图都容易被说话者辨识出来；其中，第一组例子还包括说话者在说错话之前就已意识到干扰意图的出现。不过，这两组例子里的干扰意图都被压制了下去。说话人决心不把干扰意图带进讲话里，于是口误就发生了；也就是说，被抑制的意向含有反抗说话者意愿的意思，要么改变了说话者所允许的意图的表达，要么与它混在一起或干脆取而代之。这便是口误产生的机制。

在我看来，第三组过失的发展过程也能与上文描述的机制很好地协调起来。我只需假设这三组过失的区别在于压制意图的实际效果的不同。在第一组中，意图是存在的，且在说出之前说话者就能感知到，因而一直被说话者压制，直到通过口误才爆发出来。第二组的压制范围更远。干扰意图在说出之前说话者是未察觉的，值得注意的是，这并不能阻止它引发口误。不过这样就让第三组口误的解释简单化了。我敢大胆假设，即使一种意图受了长时间或更长时间的压制也不能被说话者感知，说话者也因此不能直接否认，但该意图最终还是会通过过失表现出来。先撇开第三组过失不谈，你们也必定能从其他两组例子中得出这样一个结论：对原本想要表达某事的意图的压制是引发口误所必不可少的条件。

我们现在可以宣称我们对过失的理解又进了一大步。我们不仅知道它们是一种心理行为，知道它们的意义和目的以及它们是由两种不同的意图相互干扰而成的；此外，我们还知道这些意图中若有一个意图想要通过干扰其他意图的方式突显自身，那它之前必须先忍受一定程度的压制。简单来说，干扰意图在成为干扰意图之前自身必先受到干扰。自然，这并不能得出过失现象的完整解释。我们很快就会进一步发现新的问题。总之，我们感到困惑，是不是懂得愈多，发现新问题的几率也会愈大。譬如，我们或许会问，为什么事情不能变得更简单些呢？假如现在有一种意图压抑着另一种意图的实现，如果这种压制成功，后者就根本没有表现自己的机会；如若压制失败，那么被压制的意图就能得到完全的表达。而过失却是这两类情况相互妥协的结果，即这两种意图的成败各占一部分。被压制的意图既未完全被压制，也未完全不被压制，除去极个别能表达完整意图的例子之外。我们可以想象出这种干扰或妥协情况的发生必然存在特殊的条件，但我们还无法推测它们属于哪种类型。我也并不认为通过对过失的进一步研究就能发现这些未知的条件究竟是什么。倒不如对心理生活的其他模糊领域进行彻底的研究，这才是必要的。只有通过研究做出类比，我们才敢对阐述过失所必需的更根本的说明做出相应的假设。再者，研究蛛丝马迹就好比我们在这个领域里经常习惯性做的那样，也会带来危险。有一种心理疾病叫“联合偏执狂”（combined paranoia），它表现为毫无限制地利用小迹象，我自然不主张建立在这种基础上的结论总是正确的。我们只有通过广泛地积累我们观察到的事实，从各种各样的心理生活中积累类似的印象，以此来避免这种危险。

我们即将结束过失分析，但仍需提醒你们一件事：记住我们处理这些现象的方式，把它们当作一种样板来看待。你们从这些例子便可知道我们研究心理学的目的是什么了。我们不仅要描述心理现象、对其加以分类，还要将其视为内心力量的标识，视为向着某一目标挺进的倾向的表达，同时也是彼此共存或互相对抗的倾向的表达。我们在寻求心理现象的一种动态的观点。在我们看来，感知到的现象比只是假设出的现象更为重要。

今后，我们无需在过失问题上过多纠缠，但我们仍会在这个领域内摸索，在此期间，我们既会碰到我们熟悉的东西，也会碰到在新的轨道上运行的全新事物。我们还是会按照我们刚开始研究时提出的三组情况那样来分类：（1）口误及同类型的其他过失，如笔误、误读、误听等；（2）遗忘以及根据遗忘的对象不同，细分出来的不同类别（如忘记专有名词、忘记外语单词、忘记物品和没有印象等）；（3）疏漏型错误，如误放、误拿和遗失等。迄今我们所研究的过失，部分属于遗忘范畴，部分属于疏忽范畴。

我们已详细探讨过口误，但还有几点需要补充。譬如与口误相关的一些细微的情绪现象就十分有趣。没人愿意出现口误，常见的情形是，自己不会注意自己的口误，却不放过别人的口误。而且口误现象具有一定程度上的传染性，只议论口误自己却不出现口误的情况是很难出现的。就极微不足道的口误而言，对其暗藏的心理过程的相关阐释也不会特别到哪里去，况且其动机也不难被我们看穿。比如，假设一个人由于受到干扰而把长元音发成了短元音，不论他出于什么样的动机，他都会紧接着把下一个词里的短元音发成长元音，以弥补之前犯的口误，但这种情况又导致他出现了新的口误。同理，当有人发双元音发得急促且不清晰时，比如将“eu”或“oi”发成了“ei”，那他接下来会将后面的“ei”或“eu”发成“oi”以作为弥补。这种行为的决定因素似乎在一定程度上考虑到了听众的反应，听众肯定会注意演讲者是怎样说母语的。第二，作为补偿的口误其实含有让听众注意第一个口误的用意，并且也有让听众知道演讲者本人也意识到了这一口误之意。最常见、最无关紧要的口误就是词的凝缩与提前发音，它们恰好是人在讲话过程中犯的最不起眼的错误。譬如，有人在发表较长的演说中犯的口误是他在说最后一个词时说得太快了，发音都不清晰。这就给人造成一种印象，即说话者不等这句话讲完就已经不耐烦了，同时也证明了他其实是不想说这句话或是不想作这次演说的。由此，我们进展到探讨临界案例。这时，口误的精神分析学观点与一般生理学观点之间的区别已弄混。我们假设，这些例子都存在一种干扰说话者要说的话的倾向。可我们只能说这种倾向存在，却不清楚它的目的何在。这种干扰倾向，有时被看作受到了语音的影响，有时又被看作由于联想的关系，但都可被看成将注意力从想要说的话的企图移开的结果。不过，无论是对注意力的干扰，还是已被激活的联想倾向，都没有击中这种口误的要害。这种迹象存在于干扰原意图的另一种意图之中，而这种意图的性质(与其他所有更显著的口误例子有别)这一次也并不能由其结果推测出来。

现在来谈谈笔误。笔误与口误在一定程度上机制相同，因此，我们对从笔误上能获得什么新观点不抱希望。或许，我们可如拾穗一般获取一星半点的知识扩展。那些很常见的、微不足道的笔误，比如词的凝缩以及把后面的字提前写了出来，特别是句尾的词，同样能表明写字者一般不喜欢写字或没耐心写完。显著的笔误可使人们意识到这种干扰倾向的性质和目的。如果人们发现写信人信中的笔误，通常便会知晓写信人定是出了什么状况。那为什么这种发现机制不能因此建立呢？因为笔误和口误一样，常被人忽视。下面这个观察到的实例颇引人注意：有些人在寄信前总习惯把信再重读一遍，有些人则不会。如果后者哪天破例在寄信前重读了一遍信，他们就有了找出并纠正其中笔误的机会。这该如何解释呢？看上去就好像这些人在写信的时候就已经知道自己有笔误似的。我们能确信情况真是这样吗？

有关笔误的实际意义，还有这样一个有意思的问题。你们可能还记得杀人犯H的故事吧，他冒充细菌专家，从科研机构里获取了育有最危险细菌的培养基，然后以时下最时髦的方式，利用这些培养基结束了几位近亲的性命。此人曾向一所科研机构的主管抱怨说他们送来的这些培养基效力太低，但他出现了笔误，把“in my attempts on mice and guinea pigs”（在我拿老鼠或豚鼠做实验时）误写成“in my attempts on people”（在我拿人类做实验时）。[①]这个笔误甚而引起了该研究所医生的震惊。但据我所知，他们并没有从中推导出结论。现在你们作何感想呢？要是那些医生把这条笔误视为口供，然后对其进行调查，说不定就能及时阻止他杀人呢。在这个案例里，难道不是因为忽视了我们的过失论的实际意义才造成了严重后果吗？这种忽视行为不应受到指责吗？我倾向于认为这条笔误肯定会引起我的怀疑，但有一个很重要的事实会阻碍人们将其视为口供。其实事情没那么简单。这条笔误的确预示着什么，但仅就其本身来看，并不足以构成立案调查的依据。这条笔误的确揭示出此人有害人之心，但并不能由此判断这种念头会演变成害人的确定计划，或者只是一种无关实际影响的空想，甚至还可能出现的情况是，有此笔误的人会找到最好的主观理由否认这种空想，驳斥这种观点，并认为与他一点关系都没有。以后等我们讨论心理现实与物质现实之间的区别时，你们就能更好地

① 这句话的德语是“bei meinen Versuchen an Mausen”，但由于笔误，写成了“bei meinen Versuchen an Menschen”。

理解这种种可能性了。但这个例子再次证明了过失具有毋庸置疑的意义。

误读的心境与口误和笔误都不同。在两种相对抗的倾向中，有一种被感官刺激所取代，或许因为这个缘故，导致两者的对抗性也降低了不少。人们所读的材料并不是读者心理活动的产物，而是他人刻意写出来的。因此，就大多数例子来说，误读全由字的替代构成。人们把他们准备读的词发成了另一个词的音，原文的意思与误读结果的意思之间不存在任何关系。通常，误读是由于弄混了相似的词造成的。譬如，利希滕贝格的例子就很典型，他把“angenommen”①读成了“Agamemnon”。如果有人想找出造成他误读的干扰意图是什么，他得把被错读的原文完全撇在一旁，并以这两个问题作为分析的出发点：（1）对误读的结果进行自由联想时，首先想到的念头会是什么？（2）在哪种情况下误读会发生？有时候光是了解了后者就足以解释误读的原因了。比如，一个人走在陌生的城市，突然需要解决生理需求，他看到一间房子的一楼挂了个大招牌，上面写着“Closethaus”（厕所）的字样。他正诧异这个牌子为什么挂得如此之高时，才发现上面其实写的是“Corset-haus”。就其他的误读例子来说，如果与原文内容本身没有关系，那就必须对其进行透彻的分析，而这离不开对精神分析技术的信心和必要的针对性训练。不过，通常情况下，要

① “angenommen”是动词，意为“接受”。

理解误读并不太困难。像在“Agamemnon”的例子中，替换词已干脆揭示出由干扰结果所引起的思维脉络是什么。又如，在这次战争期间，一个人的耳边常充斥着有关城镇、将军、军事术语之类的名称和表达，所以一看到相似的字形就会错读成它们。同理，凡是我们感兴趣的，占据了我们注意力的东西，便会取代那些我们不熟悉或不感兴趣的东西的位置。也就是说，既定思想的后续影响掩盖了新知觉。

还有其他类型的误读，原文本身也会引起干扰倾向，这种干扰导致的最常见的结果就是把原文读反。我们在读自己不喜欢的材料时，经过分析会令我们相信，每当我们读错都是内心那股厌恶该读物的强烈情绪所导致的。

在刚才谈到的较常见的误读例子中，还有两种因素被忽略了，它们在过失机制中的作用相当重要：（1）两种倾向之间的冲突；（2）被压制的倾向使过失出现，以作补偿。并不是所有这种意图相反的情况都会变成误读，但对既定思想内容的强求而导致误读的情况，与上述经压制的情况相比要明显得多。

忘记计划，其意义其实是一样的；关于它的解释，正如大家上面已听到的那样，即使是门外汉也会予以承认。计划的干扰倾向通常是一种对立的意图，一种不情愿的态度，我们只需研究它为什么不以另一种较少伪装的方式表现出来。这种不情愿的态度，即相反意愿的存在是无需怀疑的。有时，我们甚至也能猜出这种相反意愿所不得不隐藏起来的动机，它总是通过暗地里制造过失来达到目的，不然其对手定会暴露它，使它成为众矢之的。在计划的制定和实施之间，如果心境发生了重要变化，致使计划的实施已没有必要，那么遗忘计划就不再属于过失的范畴了。我们也无需再感到惊讶，因为我们明白没有必要记住它，它已永久或暂时地被抹掉了。只有当我们确信计划未被如此打消时，其遗忘计划的行为才能称为过失。

有关遗忘计划的例子都差不多且一目了然，难以引起我们研究的兴趣。然而，这里有两点能帮我们学点新知识。我们之前所说的遗忘，即计划未执行的那种，反映出一种与之抵触的相反意愿。这肯定是正确的，但根据我们的研究结果，这种相反意愿可能有两种情况：直接的和间接的。间接的相反意愿是什么意思呢，最好通过一两个例子来说明。如果施惠者忘记在他人面前为受惠者说好话，那么很可能施惠者对这位受惠者并不感兴趣，因此没有很大的意愿为他说好话。无论如何，受惠者就会从这种意义来解读施惠者的遗忘行为。但事情或许更为复杂。施惠者不愿这么做可能另有隐情，完全由另一码事造成的，而这根本不关受惠者的事，很可能是针对他要去说好话的第三方。故而你们可以看出我们的解释在实际应用方面存在多少疑虑。就算我们对施惠者的遗忘行为做出了正确的解释，受惠者却仍有可能多疑且冤枉施惠者的行为。又如，如果某人忘记了已答应的约会，最常见的原因肯定是他不愿和这人碰面。但经分析可能会认为干扰意图或许不在要见面的人身上，而在于他们约定的地点，他因为这个地点会勾起自己的伤心往事而刻意回避。又如，某人忘记寄信，其干扰意图可能与信的内容有关，但也不排除另一种可能，即信之所以迟迟未寄，是因为让他想起了早先写过的一封信，并由此引发厌恶之情。由此可见，这个例子里的相反意愿便由以前的一封本应受到厌恶的信转移到现在并无任何关联的信上。所以，即使是在解释很合理、很有根据的情况下，我们也要小心克制、慎重考虑该解释的实际应用，因为心理学上相对等的东西在实践中的意义可能是模棱两可的。

这类现象对你们来说可能会感到意外。或许你们已习惯假设“间接的”相反意愿就足以反映该行为是病态的了，但我向你们保证，它同样会发生在正常和健康的情境之中。我并不愿意在此承认我们的分析解释不可靠。毕竟，上述讨论的遗忘计划的多种意义都只是就那些还未被分析过、仅根据一般的假设而加以解释的案例来说的。当我们对相关人士进行具体分析时，才能确定这些例子中的干扰意图是由于直接的相反意愿还是其他原因造成的。

接下来的第二点是：当我们在多个例子里发现遗忘计划是出自相反的意愿，这样，即便被分析者不承认甚至否认我们所得出的相反意愿，我们也敢把这一解释推广到其他例子中去。以发生频率非常之高的忘记还书、忘记付钱、忘记还债为例，我们敢说忘记还书或还债之人定有不想还书、还债的意图，即便他否认了这种意图，他也不能另作其他解释。因此，我们坚持认为他有这种意图，只是他自己不清楚罢了，我们只需让该意图通过遗忘的后果自行显露出来即可，虽然他仍可能重申自己只是忘了而已。你们现在应该意识到这种情况是我们以前碰到过的吧。如果我们希望我们的解释保持连贯性，且该解释已被多种实例所证明，那么我们将顺应逻辑引申出这样的结论：人的倾向可以在当事人没有意识到的时候就起作用。然而，由此我们便处于与日常生活和心理学所流行的普遍观点相对立的境地了。

忘记专有名词、外国人名以及外文单词，也可用同一种方式追溯到一种直接或间接与这些名字相反的意图上。我给你们举过关于直接冲突的例子。但间接的原因特别常见，要确认它必须先经过仔细地分析。比如在战时，我们不得不放弃自己以前的很多爱好，我们记住专有名词的能力也因这一特殊原因而大打折扣。不久前，我发现自己记不住比森茨(Bisenz)的摩拉维亚市的名字，分析显示，我对这个城市并无直接的厌恶之情，但该市的名字发音与奥维托的比森支宫(the Bisenzi palace)相似，而我曾十分希望自己住在比森支宫。在遗忘这个名称的动机上，我们首次碰到这样一个原则，它之后便会向我们显示它在揭示神经性症状的原因上具有的非常重要的意义。换言之，凡是不愉快的事，在回忆时就会造成不愉快的情景重现，所以记忆会抵制对这种不快之事的回忆。这一避免不愉快在回忆其他心理行为中产生的倾向，这一逃避不愉快的心理现象，被我们视为对专有名词的遗忘，也包括遗漏行为等多种其他过失的最终起作用的动机。

不过，遗忘专有名词的现象有时特别适合用心理生理方面的原因来解释，因此，我们有时无法证实该现象中存在不愉快动机的干预。如果某人曾有记不住专有名词的倾向，根据调查分析，他忘词不仅因为他不喜欢这个词，也不仅因为这个词让他想起什么不愉快的事，而且因为这个词属于另一种与他关系更为密切的联想系列。这个词可以说是被定格在那儿了，并拒绝与其他刚被激活的联想发生联系。假如你们回忆一下记忆技巧，就会吃惊地发现人们忘记名词是由于联想的缘故所致，而人们把这些联想构建出来恰恰是为了防止自己忘掉这些名词。最显著的例子便是人名，对于不同的人有着不同的心理意义。先以西奥多这个名字为例，你们中的有些人可能会觉得这名字没什么特别的，可是对某些人来说，这个名字可能就是他父亲、兄弟、朋友或他自己的名字。分析方面的经验表明，前一类人不会忘记以此为名的陌生人，但对后一类人而言，他们会因为自己亲近的人以此为名，而常常倾向于忘记叫这个名字的陌生人。我们现在假设这种联想的抑制与不愉快原则的运作，以及间接的机制正好相关，你们便会对暂时忘记名字这种现象的原因的复杂性形成正确的认识。不过若能对事实进行适当分析，其复杂的原因也是可以得到充分揭示的。

印象和经验的遗忘比名字的遗忘更能清楚地、无争议地表现出那种避免回忆不快之事的倾向。当然，并不是所有这类遗忘都属于过失的范畴，但到目前为止，只有根据我们通常的理念测出的那些看起来似乎特别突出、特别不合理的遗忘才属于过失的范畴。譬如，忘记了新的或重要的印象，或忘记了记得相当清楚的事的一部分。通常，我们为什么忘记以及如何忘记，尤其是我们为什么忘记以及如何忘记了那些有着最深刻记忆的印象，诸如童年时期的事，这是另一码事，但就这种遗忘而言，避免产生不愉快联想的防御意图虽然是其中一个原因，却不足以解释一切。不愉快的印象易于被遗忘，这是不容置疑的事实。许多心理学家都注意到了这一点，伟人达尔文也被这一点说动了，于是为自己定下了一条“金科玉律”，即凡是看上去与他的学说不一致的观察事实，他都特别慎重地记下来，因为他坚信如果不这样做，它们很快就会被自己的记忆剔除。

那些头一次听说以遗忘来避免不愉快回忆的防御性原则的人，几乎都会提出异议，他们认为以自己的经验看，情况刚好相反，恰恰是痛苦的经历最令人难以忘怀，因为它们往往不受人的意志支配，总是在折磨他们——比如受辱或蒙羞的回忆。这也是事实，但不适合作为反对的理由。及时正视这样一个事实是非常重要的，即心理生活是对立倾向相互争斗和演练的竞技场，若用非动态学术语来表达，即它是由种种矛盾和一对对相反的倾向构成的。特殊倾向的出现并不会排斥其相反倾向的存在，两者可以共存。真正的问题只取决于这对立双方之间的反应，以及它们所产生的影响是什么。

我们对遗失和误置物品尤感兴趣，因为这种倾向具有多种意义，也含有多种借这些过失表达出来的倾向。遗失东西的愿望是这些例子的共同之处，但这一愿望的原因和目的多种多样。有人遗失物品，也许是因为这个东西刚好坏了，也许是因为他想换个更好的，也许是因为他不再喜欢这个东西了，也许是因为他和赠送此物者关系紧张了，又或许是因为他不愿再回想当年得到此物时的情形了。让物品掉下来摔坏或摔碎也可能出于同种目的。在我们的社会生活中，据说那些不受欢迎的非婚生子比正常怀孕生下来的孩子更为脆弱。无需所谓的监护人以粗暴的方式造成这样的效果，只需在照顾孩童的过程中不那么尽责就够了。而物品的保管和养育孩子是一个道理。

但有时候一种东西尚未失去价值也可能被遗失，即当先牺牲某物以避免更大的损失的意图存在时，这种情况就会发生。分析发现，上述这种舍物消灾的方法仍十分常见，故而遗失物品通常是一种自愿的牺牲行为。遗失物品也可用来泄愤或自罚。总之，通过遗失来摆脱一件东西的倾向背后的更深层原因是不容忽视的。

和其他过失一样，错误通常被用来满足某人的那些被禁止的愿望。其用意是将此事掩饰成一种幸运的意外。比如，有一次我有个朋友非常不情愿坐火车去郊区拜访别人，结果他在转车的时候误上了一趟返城的火车。又如，某人在旅途中想在一个中转站歇歇脚，结果他恰好漏看或错过了转车的时间，以至于他可以如愿地中断行程先歇一歇了。再如，有一次我禁止我的一个患者与他的未婚妻通电话，后来，在他要给我打电话时，“一不小心”或“心不在焉地”弄错了电话号码，结果他又和他的未婚妻通上话了。以下是个很好的例子，说明了直接损坏物品的实际意义，这是一位工程师在损害赔偿诉讼案的预审听审会上的自述：

不久前，我同几个同事一起在一所高中的实验室里做了一系列复杂的弹力实验，我们是自愿做这项工作的，但花的时间比我们预期的要长得多。一天，我和我的同事F一起走进实验室，他说他很不情愿一天到晚花很多时间在这里，何况家里还有一堆事情等着他。我对此深表赞同，便就一星期前发生的事半开玩笑地说："希望机器再坏一次，这样我们就可以停工，早点回家了。"

在分配工作时，F恰好被分去管理压力机的阀门，也就是说，他必须小心翼翼地打开阀门，让液体利用蓄能器里的压力缓慢地流入液压机的汽缸内。指挥这项工作的人站在压力表旁边，当他看到压力达到适当位置时就会大喊："停下来！"F收到指令后，竟使出全力将阀门向左旋转！（所有的阀门，在非特殊情况下，都是向右旋转关闭的。）因此导致蓄能器里的整个压力一下子猛地聚到了压力机上，这种压力是连接管所不能承受的，其中一根马上就裂了——这是一个无害的事件，不过却使我们那天可以停工回家了。

顺便说一句，这事很典型，不久之后当我们再聊起这件事时，我的朋友F表示他一点也不记得了，我却记得十分真切。

由此，你们或许会怀疑你们的用人失手毁坏家里的财物可能并非无恶意的偶然事件。你们也会提出这样的问题：在一个人伤害自己或使自己陷入危险境地时，这是否也总是偶然事件呢？如若你们对这些感兴趣，可以通过分析观察来验证。

女士们先生们，针对失误所能说的远不止这些。诚然，还有很多需要研究和讨论的问题，但如果我们至今为止的相关讨论已经动摇了些许你们既有的成见，并让你们预备敞开心扉接受新事物，那么我就很满足了。接下来，我必须让你们自己去面对那些不确定的事。因为光凭对过失的研究或光靠这些材料，我们都无法证明出全部的定理准则。就我们的目的而言，过失的重大价值在于它们都是十分普通的现象，轻易就能观察出来，无需病理研究。在下结论前，我想就一个之前未曾作答的问题再多说几句："假如，就像我们从很多例子里所发现的一样，随着人们越来越了解过失，他们也经常表现得好像自己已懂得过失的意义一样，那么他们怎么还能如此普遍地将过失视为一种偶然的、无目的的、无意义的现象，而且还如此强烈地反对精神分析的相关解释呢？"

你们说得对，这是个值得关注的问题，很有解释的必要。但我不会立即向你们解释，不过我会引导你们慢慢领会相关的知识环节，这样你们自己就能解释，无需我的帮助了。

第二部分
梦

第五讲　困难与初探

当我们偶然发现神经症患者的某些病症还颇有某种意义时，[①]精神分析疗法便以此为基础建立了起来。在治疗过程中，当我们发现有时患者谈的是自己的梦而不是症状时，便推测梦也是有某种意义的。

不过，我们不会沿着历史进程来研究这个问题，而是想倒过来研究。我们希望通过发现梦的意义来为研究神经症做准备。而这种颠倒的设计之所以合理，是因为对梦的研究不但是研究神经症的最好准备，而且梦本身就是一种神经症症状，再加上梦实际上还具有不可估量的优势，毕竟每个正常人都做梦。的确，如果每个人都很健康且都做梦，那么我们基本上就能从他们的梦里获取神经病研究可以得到的所有发现了。

由此，梦就成了精神分析的研究对象。梦其实是那种每个正常人都具备的特质，很普通，看上去没什么实际用处，很容易被忽略，和过失一样。除此以外，关于梦的研究工作还存在其他一些不利因素。过失行为只是被科学研究所忽略，很少关注它，但至少对其加以研究不会觉得有失体面。人们只会说，还有比过失更重要的事值得研究，但也许研究过失也不会一无所获。然而，专注于梦的研究，不仅会被认为不切实际，难有收获，而且还很丢面子；人们会觉得它不科学，带有神秘主义倾向，因而嫌弃它。在神经病理学和精神病学方面还有更重要的事值得解决——如苹果大小的肿瘤压迫心理器官、出血、慢性炎症等，这些病症都需要通过显微镜下其相关组织的变化来加以证实。至于梦呢，医生还能分出时间去研究吗？答案显然是否定的，因为梦关注的都是些多么微不足道的东西啊，完全不足以成为科学研究的对象。

此外，梦还有一个因素，就是它根本不适合做精确的研究。在对梦的研究中，甚至连其研究对象都无法确定。譬如妄想，它的轮廓还是比较清晰和明确的，比如有病人会大呼“我是中国的皇帝”。但梦呢？通常都无法叙述出来。如果有人谈梦，他能保证自己说得是对的吗，没有遗漏什么内容吗，或是没有因记忆模糊而添油加醋吗？就大多数梦而言，除了一些小片段之外，大部分都记不起来了。那么，对这种材料的解释难道能作为科学心理学或治疗方法的根据吗？

然而，过分的批判会招致怀疑。反对梦作为研究对象的观点实在太偏激了。我们在讨论过失时，也碰到过人们嫌它过于

---

① 这一说法为布洛伊勒于 1880 年至 1882 年间提出，参见弗洛伊德于 1909 年在美国所作的关于“精神分析”的演讲。

琐碎，不值得研究。而我们的解释是，重要的事常通过以小见大的方式表现出来。关于梦是模糊的这一点，你们要知道，这毕竟只是它的特征之一，就好比其他事物也有其他特征一样。事物的特征是我们无法支配的。况且，也是有清晰确定的梦存在的。精神病学研究的其他对象也存在模糊性的特点，比如一些强迫症的症状，许多受人尊敬的精神病学家都研究过。我还记得我最近治疗过的一个病例，患者自我介绍时是这样说的："我有这样一种感觉，我好像曾经伤害过或曾想伤害一些生命，比如一个孩子，不，更可能是一只狗，或许我把它推下了桥，或做了类似的事。"梦不易准确地忆起，这个缺陷我们无法改变，但我们可以把做梦者说出来的梦就当作他做的梦，而不考虑他在回忆里所忘记或改动的部分。总之，人们不应武断地下结论，认为梦是根本不重要的事实。我们由自己的经验可知，人们从梦里醒来时的情绪可以持续一整天。而且据医生观察，精神失常和妄想症都可能源于梦。据说，历史上的大人物有的因为梦激发了灵感，从而成就了一番大事。因而，我们不禁要问，梦在科学领域内受到轻视的根源何在？

我认为，这是对古代人太过重视梦的反作用。要重现古时候的情形很难，但我们可以肯定地推断——如果你们允许我开个玩笑的话——3 000 多年前，我们的祖先就像我们一样做梦了。据我们所知，所有的古人都赋予梦极重要的意义，并认为梦具有重大的实用价值。他们都从梦里推断和寻求预兆。那时候对希腊人和所有东方人来说，打仗时如果没带释梦者，就好比现在打仗时不带侦察兵一样。亚历山大大帝在征战时，最有名的释梦者们都是随军的。推罗城那时还建在岛上，防御能力很强，以至于亚历山大大帝都想放弃围攻了。一天晚上，他梦到好像是半人半兽的森林之神萨提尔在欢快地舞蹈，他把这个梦告诉了释梦者，后者便告诉他这梦预示着破城成功。于是，他下令进攻，最终拿下了推罗城。伊特鲁里亚人和罗马人虽然也用其他方法卜问未来，但在整个希腊罗马时期，释梦的方法最为实用，备受世人推崇。相关文献至少有一本主要著作保留了下来，此书由达尔迪斯(Daldis)的阿尔特米多鲁斯(Artemidoros)所著，据说他生活在哈德良大帝时代。至于释梦这种技术后来是如何没落，又是如何不被人们信任的，我也没有答案。不过，启蒙运动并没有影响释梦，因为在最黑暗的中世纪，比古代的释梦术更荒谬的东西都被如实地保存了下来。我们目前的事实是：对梦的兴趣已逐渐降级，乃至等同于迷信活动，且仅能在愚昧者之间流传。如今，释梦术每况愈下，对其滥用已沦落到只想从梦中求得能中小额彩票的地步。另外，现代的精密科学虽不断研究梦，却只是想用生理学理论来解释它而已。当然，医生将梦视为非心理行为，是身体刺激在心理上的表现。宾茨(Binz)宣称，梦是“无用且病态的身体过程，与宇宙精神和灵魂不朽相比，前者如蓝天般高远，而梦只是地形低洼、杂草丛生的平原”。莫里(Maury)则把梦比作圣维图斯舞蹈病(St. Vitus' Dance)的不规则抽搐，与正常人的身体协调动作截然相反。而据一个古老的比喻称，梦的内容就好比“一个完全不懂音乐的人用十指在琴键上乱弹出的”音调。

所谓解释就是揭示隐藏的含义。如若采纳上述关于梦的机能的看法，那么当然就不存在释梦的问题了。再来看看冯特、约德尔(Jodl)以及其他新生代哲学家是怎么说梦的吧。你们会发现梦境与人清醒时的想法之间的偏差，从这种意义上说，他们很轻视梦。他们的描述指出了联想的支离破碎、判断力的丧失、所有知识的丢失以及机能减弱的迹象等。我们从精密科学中得到的关于梦的唯一有价值的知识点，就是在睡眠状态下，身体刺激会对梦的内容产生影响。最近刚离世的挪威作家沃尔德(J. Mourly Vold)著有两卷厚厚的关于梦的实验性研究著作(1910年和1912年译为德文)，他所探讨的几乎全是对于手足变换位置所造成的结果的研究。它们被推崇为精密科学研究梦的典范。现在你们可以想象，如果精密科学发现我们想要探求梦的意义时，会说些什么了吧。或许它已经把想说的意思都表达出来了，但我们不会被吓到。如果过失有意义，那么梦也有意义。而且在很多例子中，过失的意义已不属于精密科学研究的范围了。现在，在分享了古人和现代人对梦所存的不同偏见之后，就让我们一起去追随古代释梦者的脚步吧。

首先，我们必须在本次任务里确定好自己的工作方向，先来总览一下这片领域。什么是梦？一句话很难说清楚。当然，我们不必给人人都很熟悉、能够信手拈来的东西下定义。不过，我们仍应把梦的主要特征找出来。那么该如何发现它的主要特征呢？梦与梦之间的差别巨大，各方面都不相同。其主要特征应该就是所有梦的共同之处吧。

那么，关于梦的第一个共同特征就是，梦发生的时候我们都在睡眠之中。梦显然是睡眠时期的心理生活，有些类似醒来后的生活，但又与它存在巨大的差异。这便是亚里士多德关于梦的定义。或许梦与睡眠之间还有其他的关系。有人可以被梦惊醒，有人自然醒或被迫从睡眠中醒来时，通常是在做梦。梦似乎是介于睡眠与苏醒之间的一种中间状态。于是，我们的关注点又转到睡眠问题上来。什么是睡眠呢?

睡眠属于生理学或生物学问题，目前还存在不少争论。我们虽然也没有明确的答案，但我们认为可以指出睡眠的一个心理性特点。我认为，睡眠是一种与外界毫无瓜葛，也不会对外界感兴趣的状态。我以与外界脱离联系、不受外界刺激的方式让自己入睡。当我对外界深感疲倦时，我也会选择去睡觉。这样，通过睡觉，我对外界传达出这样一层意思：“让我安静下来吧，因为我要睡觉了。”与之相反，小孩子一般会说：“我还不想上床，我还不累，我想多玩会儿。”睡眠的生物学目的似乎是复原，它的心理学特征是停止对外界的兴趣。我们其实很不情愿与这个世界发生联系，事实上，如果我们不能时而中断一下与世界的联系，我们是不可能忍受这么久的。由此，我们需时不时地回复到出生之前的状态，即回到子宫。至少，我们可以创造出类似那个时候的条件，如温暖、黑暗、无刺激。我们中还有人把自己紧紧地蜷缩成一团，非常像在子宫内的姿势。似乎这个世界没有完整地拥有我们这些成年人，它只包括我们三分之二的部分，剩下的三分之一还未出世。每天早上醒来就好像获得了新生似的。我们在谈及醒来时，也常会说这么一句：“我感觉像是获得了新生似的。”其实从这一点来说，我们对新生儿的感觉或许全是错的，或许实际上婴儿的感觉是极不舒服的。我们同样也把出生说成是“初见天日”。假如这便是睡眠的特征，那么梦便不属于睡眠，反而好似不受欢迎的累赘。我们也是这样认为，我们觉得没有梦的睡眠才是最好的正常睡眠。睡眠不应存在心理活动，如果受到心理活动的干扰，我们就没有完全达到胎儿所处的状态。然而，我们又不能完全避免心理活动的残余存在，这些残余就是梦。这样看起来，梦就不必具有意义了。这与过失的情况不同，过失是人在清醒状态下的行为。但当我睡着时，就暂停了心理活动，除少部分残余外，其他大部分心理活动都已停止。这样就没必要赋予这些残余任何意义了。事实上，梦即使有意义我也无法利用它，因为我其他大部分的心理活动都在休眠之中。所以，它必是一种像痉挛一样的不规则反应，同时也是一种受身体刺激的反应引起的心理现象。因此，梦似乎是干扰睡眠的清醒状态下心理活动的残余物，不足以达成精神分析的目的，我们应该立即下决心摒除它。

然而，即便梦是多余的，它既已存在，我们可以试着对其存在做出解释。为什么这部分心灵没有进入休眠呢？或许因为有些东西不让它安宁。有些刺激仍作用于心灵，心灵必须有所反应。因此，梦便是睡眠状态下的心灵对刺激所做的反应。我们注意到，这一点是我们理解梦的一个切入点。我们可以通过不同的梦寻找那些干扰睡眠的刺激究竟是什么，为何会促成梦这种反应。至此，我们可以说已经找到梦的第一个共同特征了。

还有其他的共同特征吗？当然，答案是不可否认的，但很难把握和描述。例如，睡眠中的心理过程同清醒时大不相同。一个人在梦里经历了很多事情，并且相信它们，其实这只是由于受到刺激的干扰，而不是这个人实际上真的经历了什么。一个人在梦中的经历主要以画面的形式呈现出来，有时候也夹杂着情感和思想，其他感官也能体验梦里的经历，但终究以视觉感官为主。描述梦境的困难之一在于我们得把这些画面转换成语言。“我可以画出来，”做梦者常这么说，“但我不知道怎么把它说出来。”这个例子并不代表心理活动在清醒时减弱了，就像低能儿不同于天才一样；这其实属于质的区别，但很难说出区别何在。费希纳(G.T. Fechner)曾猜测“梦里演绎的场景和清醒时的感知生活不同”，诚然，我们不懂这句话的确切意思，但它确实可以证实大多数梦给我们造成的那种奇特感觉。那个把梦的内容与不懂音乐的人乱弹琴的效果相比，在这一点上也是失败的。因为至少钢琴不按旋律胡乱弹奏，也能产生与琴键对应的声音，只是不成调罢了。有关梦的这第二个共同特征，即便还没有理解清楚，我们也应留意在心。

还有其他的共同特征吗？我是找不到了，放眼望去到处都是差异，如梦的长短、清晰度、情感的成分、记忆的限度等。

这一切真的不像我们所想的那样，是一种针对刺激所做出的强制性驱动的、不可抗拒的骤发性防御反应。就梦的规模而言，有的很短，由一张或几张图像、一个想法甚至一个词组成；有的内容异常丰富，似乎呈现出了整个戏剧化的情节，持续时间也很长；有些梦如同实际经历一般清晰，以至于我们醒来很长时间后还没有意识到它只是个梦；有些梦则难以名状的模糊，含混不明。即便是在同一个梦里，也有记得十分清楚的部分和几乎不记得的部分，记不清晰的部分常常稍纵即逝。有的梦合情合理，至少前后连贯、不相抵触，甚至充满智慧、妙不可言；有的梦则混乱、愚蠢、荒谬，时常陷入疯狂；有些梦让我们很冷静，有些则引起我们各种各样的情感——如痛苦到流泪，恐惧到使人惊醒，悲伤、喜悦，不能详述。通常梦醒后就忘了，或是顶多维持一天，到晚上就忘记了。还有的梦却能栩栩如生，比如童年时期的梦，30 多年过去了还记忆犹新。梦就和人一样，有可能只在你生命里出现一次，永不再来；也可能在一个人身上重复出现，保持不变或稍有变化。总之，这种夜间的心理活动可利用各式各样的素材创造出所有白天心理活动所能实现的经历，只不过这两者是不同的。

有人可能试图解释梦的这些不同，而将梦假定为介于睡眠与清醒之间的阶段，或是不同程度的不完全熟睡阶段。如果这个解释能够成立，那么随着心灵越接近清醒状态，不仅梦的价值、内容和清晰程度随之增高，做梦之人也会随之明白这只是个梦，因此就绝不会发生这样的情况：即梦里才出现了一个清晰合理的片段，紧接着又出现了一个不合理且模糊的片段，随即后面又出现一个很好的片段。自然，人的心灵是无法这么迅速地改变睡眠的深浅程度的。因此，这个解释对我们来说是无用的，无论如何，我们都不会接受这个解释。

现在，让我们暂时放弃寻找梦的意义，而是从我们所找到的梦的共同特征出发，以期能找到一条更好地理解梦的途径。我们曾由梦和睡眠状态之间的关系，推断出梦是对干扰睡眠的刺激所做的反应。正如我们之前听到的那样，这一点是精密的实验心理学唯一可以帮助我们的地方，它向我们证明睡眠过程中受到的刺激可以在梦里呈现。人们进行过很多关于这方面的研究探索，包括之前提到过的沃尔德的研究在内。确实，我们每个人都可以通过自己平时的观察来验证这个结论。在这里，我想聊聊早期做过的一些实验。莫里就曾对自己做过几个实验。他闻着古龙水入眠，梦到自己来到开罗的法里纳店（香水店），随后经历了一系列华丽的奇遇；又或是他的后颈被人轻轻一拧，接着便梦到自己被童年时看过病的医生敷上带芥末味的膏药，然后来了个医生对他像是对待小孩似的；抑或是他的额头上被滴了一滴水，然后就梦到自己到了意大利，一边大汗淋漓，一边喝着奥维多白葡萄酒。

这些由实验引发的梦的显著特点，或可通过另一系列所谓的“受激得梦”理解得更清楚。下面这三个梦由一位敏锐的观察者希尔德布兰德讲述，都是听到闹钟响的反应：

“在一个春日的清晨，我正在散步，穿过一片绿色的田野，来到一个邻近的村落。我看见村民们个个身着盛装，胳膊下夹着赞美诗册子，浩浩荡荡地向教堂方向走去。当然，这是礼拜天，晨祷马上就要开始了。我也决定参加，但由于我走得太热了，所以决定先去教堂附近的墓地纳凉。我刚看了几行碑文，就听到了钟楼里响起的钟声，那个乡间小教堂里的铃也响了起来，以示祷告开始。那个铃先是悬在那儿，很久都没动，然后开始晃起来，突然发出洪亮且有穿透力的声响，把我从梦中惊醒，原来是闹钟的声音。

“第二个梦境的组合如下：那是一个晴朗的冬日，街上覆盖着厚厚的积雪。我应约参加乘雪橇聚会，但得等很久才会有人来通知说雪橇放在门外。于是我准备上车，先穿好皮大衣，然后把暖脚的东西拖出来，最后终于在我的位置上坐好了。要启程时又耽搁了一会儿，直到等到明确的信号，这才拉了拉马的缰绳出发了。马儿在前面拉车，挂在它们身上的铃铛欢快地摇晃起来，奏出了一首熟悉的强有力的土耳其近卫军进行曲，这首曲子的声音如此之大，以至于我编织的梦网立马就破了。原来又是因为闹钟的声音。

“第三个例子是：我看见一个厨娘拿着摞起来的几打盘子，从走廊走向餐厅。她怀里抱着的那摞瓷盘似乎随时有失去平衡的可能。‘小心啊，’我警告道，‘这摞盘子很可能会掉到地上。’她的反驳自然是：她们已经习惯这么端盘子了，等等。我不无担忧地跟在她身后。接着，不出所料，她在门槛上绊了一下，于是这堆易碎的盘子全掉了下来，摔了个粉碎，溅了一地。这摔碎的声音不绝于耳，于是我马上注意到，真正的叮铃铃其实是闹钟的铃声，而被这铃声吵醒的我意识到，闹钟只是在履行它的职责。”

这都是些很巧妙的梦，易于理解，前后连贯，与一般的梦不同。但我们并不会因此就对它们不作解释。它们的共同点在于每一场景都是被一种噪音终止了，做梦者醒来发现原来是闹钟的响声。由此，我们便知道梦是如何产生的了，但我们知道的还不止这些。做梦时并没有意识到闹钟的存在，事实上梦里就没有出现过闹钟，而是以另一种声音代替了闹钟的响声，其实是梦对干扰睡眠的刺激进行了阐释，只是每次阐释的方式都不同。这是为什么呢？这个问题是无解的，因为梦似乎是随心所欲的，带有专断性质。不过为了理解此梦，我们必须明白为什么在众多声音中只选取了这种声音而非其他声音来作为对闹钟这一刺激物的解释。据此，我们可以类似的方式反驳莫里的实验：我们都将梦里出现的刺激看得一清二楚了，但还是不明白为何梦要以这种方式呈现；而且这种方式似乎也不由干扰睡眠的刺激的性质决定。再者，莫里的实验里还有很多其他的场景也与直接刺激的产物有关；比如那个古龙水就导致做梦者梦见了一系列的荒诞经历，但没人知道该怎么解释它。

现在我要你们考虑一个事实，即从梦里醒来是目前为止发现外部刺激对睡眠干扰的最佳机会。在其他很多例子中，事情会更困难。毕竟我们不是每做一个梦都会醒，而且待早上醒来后，忆起昨晚的梦，如何能知道它具体是由哪个外部刺激所引起的呢？我曾于某次梦醒后成功地推断出干扰睡眠的声音刺激到底是什么，当然这不过是由当时那种特殊的提示信息所决定的。在提洛尔山脉的某处，我于一天早晨醒来，十分确定自己晚上梦见教皇逝世了。不过我却无法解释为什么会做这个梦，这时我的妻子问我："你有没有听到今天早上很早时候各处教堂和小礼拜堂发出的可怕的钟声吗？"没有，我其实什么也没听见，我睡得太沉了，但由于这个消息，我明白了这个梦的意思。然而，做梦者由于某种刺激引起做梦这种情形，到后来却又忘记是什么刺激引起的，这种情况多吗？或许很常见，或许不常见。不过，当刺激没法找出来时，人们是不会相信它的存在的。即使这种情况不存在，我们也会放弃鉴定干扰睡眠的刺激是什么，因为它们只能解释梦的一小部分片断，无法解释整个梦的反应。

但我们不必因为这个原因而放弃这套刺激反应学说。实际上，该学说可以进一步拓展。显然，究竟何种原因干扰睡眠而导致入梦是无关宏旨的。假设感官上的刺激不一定总是来自外部诱因，那就有可能来自身体内部器官所引起的刺激，即所谓的身体刺激。这种推测是明摆着的，很容易得出，而且它与最近很流行的梦的起源的观念相一致。人们常常会听到这样的说法：梦来自腹部。不幸的是，关于这种说法常见的例子是，夜间干扰睡眠的身体刺激在醒后无法查证，故而这个推测难以证实。不过，我们不要忽视这样一个事实，有很多公认的经验都证明梦源于身体刺激。一般来说，体内器官的状况无疑可以对梦造成影响。有许多梦的内容与膀胱的膨胀或生殖器的兴奋有关，这是十分明显且毫无疑问的。从这些明显的例子可推及其他例子，而在其他例子中，我们由梦的内容或可推出这样一个合理的猜测，即这样类似的身体刺激肯定对梦起过作用，因为在梦的内容里，我们可以看出这些刺激的细化、表现和诠释。一位名叫施墨(Schirmer，1861)的梦境研究者，也十分支持并特别强调梦源于身体刺激这一说法，并且列举了不少很贴切的例子来加以论证。比如，他做过这样一个梦，梦见“两排俊秀的男孩子，都是一头金发、面容精致，他们相对而立，准备打架。当他们开始进攻时，先是抓住对方，接着又松手，回到原先的位置，然后又开始重复下一轮争斗”。他把这两排男孩解释为牙齿，听起来似乎很合理，我们后来又得知做梦者醒来后就被“从口腔里拔出了一颗长牙”，这似乎使他的解释听起来更为可信。又如将“长长的、狭窄的、曲折延伸的走廊”解释成源于受到肠道的刺激似乎也十分合理，并且也证实了施墨的论断，即上述梦总是用类似的物体来代表产生刺激的身体器官。

由此，我们便必须承认内在刺激和外在刺激对梦的作用可能是一样的。不幸的是，对这些内在刺激因素的鉴定同样也很困难。在大部分例子中，梦源于身体刺激的解释都不确定，也难以证明。并非所有的梦，而是只有一小部分梦能让我们怀疑它的源头与内部器官刺激有关。最后，来自体内的刺激和来自体外的感官刺激一样，顶多只能说明梦的某部分是对刺激的直接反应，而梦的其他部分的起源仍不清楚。

不过，让我们来关注一下梦的活动的一个特性，它在对刺激效果的研究中体现得特别明显。梦不是简单地再现刺激，而是阐述它，对它加以利用，将它置于一系列关联情景之中和用外物来取代它。这是梦的活动的一个方面，我们对它很有兴趣，因为或许通过它我们能更加接近梦的实质吧。如果一个人在刺激的作用下做出某种举动，那么该刺激也无需因此而全权负责解释该行为。就好比莎士比亚的《麦克白》，它是依据英王加冕典礼的历史场景写出来的，在这次典礼上，英王第一次被戴上王冠，象征三国统一。但这种历史场景能包含全剧的内容吗，它能解释该剧的伟大和奥妙吗？同理，作用于做梦者的内外刺激或许都只是梦的缘由，并不能揭示梦的本质。

梦的另一个共同特性是，它们的心理特性一方面很难理解，另一方面也无法提供让我们进一步研究的线索。我们在梦里都是通过视觉形式来体验事物。刺激可以解释这一现象吗？我们所体验到的实际上真是刺激吗？如果是这样，那么为什么视觉刺激很少引发梦，而梦中的经历却主要以视觉方式来呈现呢？又或许可以证明，当我们梦到讲话，是因为在睡眠过程中有类似的对话或说话声传入我们耳中吗？对于这种可能性，我敢断然否定。

假如我们无法再在梦的共同特征上取得什么进展的话，那就来看看梦的差异性吧。梦通常是无意义的、模糊不清且荒谬的；但也有些梦是有意义的、清晰的、合理的。让我们来看一下后者，即那些合理的梦，看看是否可以帮助我们理解那些无意义的梦。我跟你们说个我最近听过的很合理的梦，是一个年轻人做的梦，他梦到："我正在康特纳街上闲逛，遇到了X先生，我陪他走了一小段，接着我便去餐馆了。有两位女士和一位绅士就坐在我的桌旁。起初我对他们颇感厌烦，就没注意他们。后来我看了他们一眼，发现他们长得很好看"。那位做梦者补充道，他在晚上入梦前真的去了康特纳街，那是他常去的地方，他也真的在那里遇到了X先生。而他梦中的其他经历就不是直接的回忆了，倒有些类似他之前的经历。又如另一个有意义的梦，是一位女士做的，她梦见丈夫问她"钢琴不需要调音吗"，她回答说"现在不值得调，钢琴谱要换新的了"。这个梦没有太多改动地再现了她与丈夫在她做梦前一天的对话。那么，我们由这两个合理清晰的梦能得到什么呢？不过就是，梦是日常生活及与生活相关的想法的再现。如果所有的梦都如此，那么这一点发现便至少有价值。但毋庸置疑的是，它只适用于一小部分梦。大多数的梦都没有出现与前一天发生的事有关联的迹象，因此那些荒诞无意义的梦也无从理解。我们只知道，我们遇到了一个新问题。我们不仅想知道梦的内容是什么，但如果就如上述刚举的例子那样，内容已经很清楚了，那我们便还希望知道梦里重复出现的这些最近的经历究竟原因何在，目的何为。

我相信你们和我一样对这没完没了的探究感到厌倦。毕竟，一个问题就算引起了人们最大的兴趣也是远远不够的，除非找到了解决问题的方法。到目前为止，我们还未找到解决问题的办法。实验心理学也只能给我们提供少量的有关刺激可作为梦的缘起的有价值的信息。我们不指望哲学什么，它只会傲慢地认为我们研究的对象浅薄愚昧。玄学也帮不上我们的忙。历史和民间传说告诉我们梦有意义，也很重要，它们预示着未来，可这种说法却让人难以接受，而且也无法证实。故而我们的初步努力完全无效。

出人意料的是，我们竟从一个未曾注意过的方面获得了一条线索，这便是俗语。尽管它不能草率地使用，毕竟它不是偶然出现的东西，而是源于古代知识的积淀。我们的语言让人意识到一个很奇怪的说法，即“白日梦”这个俗语。白日梦都是幻想。它是一种较普遍的现象，在正常人和病人身上都存在，每个人都可以利用自身研究白日梦。这些幻想的产物被称为“白日梦”，却与梦的两个共同特征完全不沾边，这便是它们的一个显著特征。它们与睡眠无关，这就使其在名称上自相矛盾，并且就梦的第二个共同特征而言，做白日梦无需人去体验什么或产生幻觉，只需遐想即可。做白日梦者也知道自己是幻想，不曾看见而只需一味空想。这些白日梦出现于青春期之前，通常最早出现于童年后期，一直持续到成年之时，之后，要么消失，要么一直持续到老。这些幻想的内容受清晰明确的动机支配。它们是个人为获得满足感而幻想出的一些以自我为中心的、野心勃勃的、追名逐利的情景和事件。男青年多作抱负方面的幻想；女青年则偏重情欲幻想，因为她们志在爱情中获得成功。但情欲的渴望也常潜伏在男人幻想的背后；他们所有的伟绩和胜利都不过是想博得女子的爱慕与欢心。在其他方面，这些白日梦种类多样，命运各异。它们要么依次出现，一个刚抛弃，马上就有新的来替代；要么被保留，形成长篇故事，并随情换景、与时俱进。它们是诗歌创作的原始素材，因为诗人会从自己的白日梦中取材，然后对它们进行改动、掩饰或增删，创造出小说、传记体文学和戏剧所需要的情景。不过，白日梦里的主人公总是做梦者自己，要么亲自出马，要么通过其他明确的对象为自己代言。

或许白日梦之所以谓之“梦”，是因为它们同现实的关系与梦相似，以表明其内容与梦一样都不是真实的。然而，白日梦谓之“梦”，或许还因为它与梦具有某些相同的特征，只是我们还不知道罢了，或许就正是我们在寻找的那些特征。从另一方面来说，或许我们试图从相似的名称来解读意义的做法是错误的。这个只能留待以后才能知晓了。

第六讲　假设与释梦的技术

我们必须找到一条新途径，一个新办法，以便能在梦的研究上取得进展。现在，我给你们提一条明确的建议，让我们都认同这样一个假设，即梦不是一种身体现象，而是一种心理现象。你们明白这句话是什么意思，但我们做这个假设的理由何在呢？这没有理由，但也没有理由阻止我们做这个假设。事情是这样的：如果梦是身体现象，那么就与我们无关。若要我们对它感兴趣，就只能假定它是**心理**现象。由此，让我们先假定这个假设是对的，然后再来看看会得出什么结果。我们努力的结果会决定我们能否坚持这种假设，以及我们能否把它反过来当作一个结论。我们究竟想达到什么样的目的、取得何种结果才会罢手？我们和通常科学要实现的研究目的是一致的，即对现象的理解，建立各个现象之间的关系，最后，如有可能的话，扩大我们对它们的掌控能力。

让我们继续基于梦是心理现象的假设来开展工作。这就使梦成为做梦者的行动和语言，只是我们从中得不出什么信息，也弄不懂它的意思罢了。我说话你不懂时，你会怎么办？你会要我解释，难道不是吗？为什么我们不做同样的事呢，问做梦者他的梦的含义是什么。

如果你们还有印象的话，我们以前也遇到过同样的情况。那还是在我们研究过失的时候，一个口误的例子。有人说了这么一句："然后事情很'揭肮'"，于是我们就问他——不，不是我们，而是与精神分析学无关的他人——那些人便问他，这句不知所云的话是什么意思。他马上就回答说，他本来想说"Das waren schweinereien(那些事很肮脏)"，但这种意图被他压制住了，他便试图换一种较温和的说法，即"Da sind dinge zum vorschein gekommen[①](那些事便'揭肮'了出来)"。那时我就曾对你们说过，这种询问就是典型的精神分析调查方式，如今你们都已明白精神分析就是尽量沿用这个技巧，让被分析者自己找到解决问题的答案，那么，做梦者也应该自己向我们解释他的梦的含义。

但大家知道，对梦来说，事情没那么简单。在研究过失的情况中，这种方法可以在大量实例中应用；但我们会碰到一些不愿透露任何信息的被分析者，事实上，他们还会愤怒地否认我们建议的原因。对梦而言，这情况完全不存在，因为做梦者总是说他什么都不清楚。但他也无法否定我们的解释，因为我们无法予以解释。那么我们应该放弃这种尝试吗？因为他什么

---

① 读者可回忆有关"事情很'揭肮'"的例子。

也不知道，我们也什么都不清楚，而第三方就更是一无所知了，这样看起来似乎没有可能发现什么了。如果你们想放弃，那就终止研究吧。但如果你们不想放弃，你们可和我一道继续研究下去。因为我向你们保证，可能，事实上非常有可能，做梦者知道他的梦是什么意思，却不知道自己实际上是知道的，所以他才觉得自己不知道。

你们会向我指出，我又在做假设，这已是在短短的讨论之中做出的第二个假设了，这样做会导致我所说的话的可信度大大降低。既已假设梦是一种心理现象，又进一步假设做梦者其实知道自己还未意识到的事情，只是自己还不知道自己知道罢了，等等——只要我们一旦清楚地意识到这两种假设在本质上是行不通的，那么我们就立刻不再对由此前提得出的结论感兴趣了。

女士们先生们，我请你们到这儿来并不是想骗你们，或是对你们有所隐瞒。确实，我想向你们讲授“精神分析引论”，但我并不想宣传神谕，把一个成品展示给你们，而把一切困难都小心地隐藏起来，把一切裂痕都填补好，把一切疑惑都抹平，这样你们可能会轻易相信自己学到了点新东西。不，正因为你们是初学者，我才想向你们展示我们这个学科的本来面目，包括它所有的难点和陷阱，它所提出的要求和会遭受的质疑。因为我知道所有的科学都应该是这样的，尤其在开头就应该这么对待初学者。我也知道，一般的教学都会向学生隐瞒这些困难和不完善之处。但精神分析学不会这样。其实，我已经提出了两个假设，一个包含在另一个之中，若有人觉得这太麻烦、太不确定了，或习惯于更多的保障或更缜密的推演，那么就不必再跟着我们继续下去了。我的意思是，他应该完全抛开心理学问题。要知道，在心理学范畴，他是不可能找到他想走的那种踏实可靠的路的。而且对科学来说，也没有必要勉强别人信服它，它的成果会创造出信服的氛围，而且之后它必须等待时机，直到它已经引起大家的注意。

不过，我还要对你们这些留下来坚持学习的人提出警告，我之前所做出的那两个假设的重要性是不一样的。第一个，梦是一种心理现象的假设，是希望能被我们研究的结果所证实。而第二个假设在另一个领域已证实过了，我只是擅自将它从其他领域挪到我们这里来罢了。

那么我们应该从哪里、从哪个领域入手才能找到证据，证明一个人早已知道自己还未意识到的知识呢？做梦者也同样属于这种情况。这将是一个引人注意、令人惊诧的事实，它既会改变我们所理解的有关心理生活的认知，又无需隐藏它自己。顺便指出，这一事实将会让自己消失于自己的名称中，但却假装是某种真实的东西——一种措辞上的自相矛盾。不过它并没有隐藏自己。我们若是对它的存在一无所知，也没有自寻烦恼地研究它，那这一事实就找不到答案。所有这些被责难的心理学问题都不是我们的过错，因为谴责之人根本就不接触那些能起决定作用的观察和实验。

证据可得自催眠现象的研究。1889 年，我在法国南锡亲眼见证了由西耶博(Siebault)和伯恩海姆(Bernheim)所做的一些令人极受启发的实验。现举一例说明，如果能使某人进入梦游状态，允许他体验种种幻觉经历，然后再唤醒他，他最初的表现似乎对他在催眠状态下发生的事是一问三不知的。伯恩海姆直接让他说出他在被催眠状态下所经历的一切，他却仍然坚称自己什么也不记得了。但伯恩海姆再三坚持，坚信他一定知道，必须回忆起来，尽管这看起来有些不可思议，于是这个人动摇了，开始绞尽脑汁，模模糊糊地回忆起催眠者所暗示的某个经历，接着又说出了另一个，对回忆的叙述也变得越来越完整，最后连一条信息都没漏。在那种情形下，他是没有其他渠道来得到这些信息的，但他还能对这些经历了如指掌，这说明他从一开始就是知道的。只是他没办法获取这方面的信息而已，所以他不知道自己其实是知道的，他只是觉得自己不知道。这种情况正是我们所揣度的做梦者的情况。

这个事实如果成立，你们必会深感惊讶。你们会问我为什么之前在讲过失的时候，不抛出这一证据呢？那时候我们相信说错话的人并不知道，所以才会予以否认。“如果有人留有某种记忆，但他认为自己并不知道”，你们可能会说，“那么在他心里很可能存在着连他自己都不知道的其他心理过程。这个论据要是早提出来，无疑会令我们印象深刻，同时也有利于我们理解过失的意义”。的确，我那时可能应该提出来，但我想把它留到更需要的地方再用。有些过失本身就很好解释，还有些过失已经告诫我们必须先假设还有些不为人知的心理过程的存在，才能搞懂这种过失现象的内在联系。至于梦的问题，我们只能从其他地方找证据；此外，我举催眠的例子，也是指望你们更易接受这个结论。我们出现过失的大多数情况在你们看来再正常不过，而催眠状态却截然不同。从另一方面来说，催眠与睡眠这两种状态间的关系很明显，同时，睡眠也是做梦的必要条件。催眠被认为是人为的睡眠，我们对被催眠者发出指令——“睡觉”，我们给出的暗示可比作自然入眠时所产生的梦。这两种情况下的心理状况十分相似。进入自然睡眠状态，我们便不再对外界产生兴趣；进入催眠状态也是如此，只不过我们还与催眠者保持联系。此外，在所谓的保姆的睡眠中，保姆仍然与她照顾的小孩之间有联系，并且其只能被小孩唤醒，这也属于与催眠相对应的正常睡眠。所以，将催眠状态比喻成自然睡眠，不会显得过于胆大妄为。结合做梦者的情况来看，他对自己的梦是有所知的，只是他无法获悉这一点，所以他并不认为自己知道，故而我之前所作的第二个假设也就没那么出格了。我们应该注意到，这里出现了第三种研究梦的方法。从干扰睡眠的刺激到白日梦，现在还有经催眠暗示所产生的梦了。

现在我们回过头来讲梦，或许更有把握了。显然我们知道做梦者很有可能是知道自己的梦的，问题是，我们如何才能让他发现这一点，并告诉我们？我们不指望他能立即把他的梦的意义告诉我们，但他可以找到这个梦的起源以及产生这个梦的想法和关注范围。你们或许还记得那个过失的例子，那个人被问及为何要用“揭航”这个错词，他马上就给了我们答案。我们释梦的技术很简单，就是这个例子的翻版。我们也会询问做梦者为什么做这个梦，他的第一反应就是答案。至于做梦者相不相信自己了解自己所做的梦，这已经无关紧要了，因为我们会同等对待。

这个技术的确十分简单，但我担心会引起你们的激烈反对。你们会说，“又一条假设，这已是第三条了！而且它是所有假设中最不可靠的！如果我问做梦者他是怎样看待他的梦的，他的第一条联想难道就是我们想要的答案吗？然而，也可能他什么都没想到，就算想到了什么也毫无价值。我们为什么要依据这样的假设，简直无法理解。在这种情况下，过于相信天意总是不好的，我们应该带点批判的态度来看待它才更为合适。何况，梦并不是单个的口误，而是由很多成分组成的。我们到底应该信赖其中哪个联想呢？”

在所有这些无关紧要的问题上，你们的观点都是对的；梦确实与口误不同，它由很多因素组成，这也是对的。我们的技术也必定会认真考虑这一点。我建议大家不如把梦拆分为各个成分，然后逐一分析；这样，梦与口误之间的相似之处便重新建立了起来。当问及做梦者他梦中的单独成分时，他可能什么也联想不起来，这一点你们也是对的。在一些例子中，我们接受这个回答，至于这些例子是什么，我以后再告诉你们。奇怪的是，关于这些例子，我们有自己明确的见解。但一般而言，当做梦者坚持自己没有任何想法时，我们应予以反驳，坚持认为他肯定是有一些想法的——最终，我们的看法是对的。他会有一些想法，但想法是什么对我们而言没有差别。无需大费周章，他就能给我们提供一些信息，这些信息可能被称为过去的信息。他会说，“这事发生在昨天”（就像我们之前所熟悉的那两个“清晰合理”的梦那样陈述）；或是这种表述“让我想起最近发生的一件事”，通过这样的描述，我们发现梦往往与最近发生的事有关，而且比我们最初设想的要频繁得多。最后，做梦者会忆起更早些时候的事，并最终会想起很久之前发生的事。

但就核心问题而言，你们却是错的。如果你们认为我们所作的假设，即做梦者的第一个联想就能揭示我们要找的答案，或能指引我们找到答案的假设是武断的、随心所欲的；或是持相反的观点，认为做梦者的联想根本不重要，与我们要找的答案没半点关系；抑或是认为这是一个我盲目乐观、期望得到别的事的例子，那你们就大错特错了。在上文中，我就已冒昧指出你们对心灵自由和意志自由的一种根深蒂固的偏见，这种观念其实非常不科学，必须放在支配心理生活的决定论之下。我请求你们尊重这样一个事实，即认可做梦者被询问时脑海所浮现的第一个联想。但我没有列出一个意见是为了压倒另一个意见的意思。而且那个联想，就是做梦者所产生的第一个联想，恰巧是这个而不是那个，这不是随意选择的结果，也并非无法确定的，更不会与我们要找的答案毫无关系，这都是可以证明的。事实上，我很久之前就发现——不过，没有强调这个发现的意思——甚至实验心理学都得出了这种证明。

这个话题很重要，我要你们予以特别关注。如果我请某人告诉我他对自己的梦的某个成分联想到了什么，那么我会先给他设定一个前提，让他以此前提为出发点沉浸于自由联想之中。这种自由联想需要一种特别界定出来的注意力，与深思不同。事实上，得把深思排除在外。很多人轻易就能进入这种状态，而其他人要达到该状态就非常吃力。如果我取消预先设定的前提，只以这样一种方式来设定联想，比如让某人对某个专有名词或数字展开联想，那么由此而产生的联想，就是一种自由度较高的联想。这种联想比运用我们的技术所产生的联想更随意、更不确定。但由此可以看出，联想的产生每次都由这一重要的心理定式主导，当这个心理定式发挥作用时，我们是不知道的，它就像引起过失的干扰倾向和引发偶然事件的刺激倾向一般。

我，以及许多同道中人，针对那些随意就能想到的一些专有名词和数字做过多次实验，也公布了一些实验结果。实验的方法如下：从被研究者随意说出的专有名词入手，让他由这个名词展开一系列联想，这些联想不再是随意产生的，而会受到某种限制，就像梦中各成分受到制约从而产生的联想一样。这种联想会一直持续到联想的冲动枯竭为止。不过到那时，你们就能解释由自由联想而想到的专有名词的动机和意义了。这些实验总能得出一样的结果，实验所获材料极其丰富，需要耗费我们不少时间精力对其进行详尽研究。对随意出现的数字进行的联想或许最显著。这些联想相互之间的衔接非常迅速，而且又能以不可思议的确定性趋向于隐藏的目标，这真让人感到惊奇。我想给你们举一个分析名字的例子，很高兴这个例子不用列举一堆的分析材料。

我在治疗一名年轻人的过程中，同他偶然聊起这个话题，我指出这样一个事实，即尽管没有受到明显的意志控制，但随意浮想起的名字不可能不受当时的环境和被研究者的性格癖好以及他那时状态所影响。这位年轻人表示怀疑，于是我便请他当场试验。我知道他与多名已婚妇女和未婚女子保持着不同程度的亲密关系，所以我建议他随意想起一个女人的名字，因为有多个名字可供他选择。他同意了。令我吃惊的是，或许对他来说更为诧异，我并没听到他顺嘴说出一大串女人的名字，他先是静默片刻，然后承认自己只想到了一个名字——Albino(阿尔比诺，意为白化病患者，肤色异常白)。这就奇怪了，你为什么会想到这个名字呢？你认识多少个阿尔比诺呢？奇怪的是，他并不认识叫阿尔比诺的人，而且这个名字也引不起他进一步的联想。你们可能会认为该分析或许失败了，但其实并非如此，这个分析已经完成了，无需进一步的联想了。原来这个人本身肤色异常白皙，在我们为了治疗而进行谈话的过程中，我常戏称他为阿尔比诺。而那时我们正在研究决定他性格中的女性成分是什么。他自己就是阿尔比诺，而他最感兴趣的那位女性其实就是他本人。

同样，人们随意想起的曲调不但取决于占据其脑海的一连串想法，也与这些想法息息相关，只是这些想法是在人无意识的状态下产生的。很容易证明想起曲调的原因要么与歌词有关，要么与曲调的来源有关。但我必须保持警惕，不能把真正的音乐家也囊括在内，因为我对他们缺乏分析的经验。对他们而言，他们想起曲调的原因可能因为它的音乐价值。不过，第一种情况更为普遍。我认识一个年轻人，他有一段时间特别痴迷于《美丽的海伦》中巴黎之歌那段动人的旋律，直到他后来接受分析，才发现自己那时正迷恋两个女孩，一个叫爱达，一个叫海伦。

如果原本自由发生的联想都以这种方式为条件，而且还被安排好了明确的顺序，那么我们便可认为在单一条件下，如一个初始前提或因起始条件的影响而引发的联想，也许会受到不低于同等程度的约束。研究显示，除了因前提而建立起来的联想条件外，联想其实更依赖于包含强烈情感的思想和兴趣，即“情结”。但因为这些因素的参与是被忽视的，故而它们所进行的活动都是潜意识的，不被人察觉。

拥有这种特性的联想曾是很有启发作用的实验研究材料，在精神分析史上起到了显著的作用。在冯特学派首创的所谓联想实验中，受试者的任务是针对指定的刺激词尽快答出相应的反应词。因而在这个实验中，研究刺激与反应之间的时间间隔、反应词的性质以及重复实验时可能产生的错误等也是有可能的。由布洛伊勒和荣格领头的苏黎世学派对联想实验中的反应做出了解释，他们让受试者进一步联想，对联想实验的反应进行解释，在这些实验例子中，如果出现了什么显著的反应，那么很明显，这些反应几乎都取决于实验主体的情结。从这种意义上说，布洛伊勒和荣格建起了实验心理学通往精神分析学的第一座桥梁。

听到这些后，你们会说："我们现在已意识到，原来自由联想预先已被决定了，不像我们之前所认为的那样，是任意产生的。我们还承认有关梦的成分的联想也是这样，但这并不是我们要关心的问题。你主张梦的成分的联想由该成分的未知心理背景决定，在我们看来，这似乎没什么证据。我们确实希望梦的成分的联想能明确通过做梦者的某个情结显示出来，但这对我们有什么好处呢？这个结论并不能帮助我们理解梦，而是像联想实验那样，只能让我们对所谓的情结有一些了解。那么情结与梦又有什么关系呢？"

你们说得不错，但忽略了一点，事实上也正是由于这一点才使我不选择联想实验作为本次阐述的开端。在联想实验中，决定反应的因素，即刺激词，是我们任意选的。这种反应是刺激词与受试者最近被唤醒的情结之间的媒介。在梦里，刺激词被其他东西取代，这个取代物源于做梦者的心理生活，但这个来源，做梦者并不知晓，因此，此取代物很可能是情结的产物。这并非不切实际的假设，那些关联不大的联想，甚至那些与梦的成分相关的联想，也不由其他情结决定，只由决定梦的成分本身的情结决定，所以该假设会引导我们发现情结的存在。

我再给你们举一例，其情形就和我们预料的一样。忘记专有名词这个例子对于梦的解析来说，再合适不过。只不过，前者只涉及一个当事人，而梦的解析涉及两个人。虽然我暂时忘记了一个名字，可我仍确信自己是记得的，做梦者同样也是知道的，只不过我们需通过伯恩海姆的实验方法来获得。然而，被遗忘的名字没那么容易想起来。经验告诉我，无论你多么努力地思考、琢磨，都是徒劳的。但我每次都可以想起一个或多个替代那个被遗忘的名字的名称。如果这个替代名称自发地浮现在我脑海中，那么这种情形显然与梦的解析情景是一致的。梦的成分并非我真正想要了解的东西，它只是被用来替代其他事物，具体替代什么事物我不得而知，但可以借助梦的解析来发现。这里唯一的区别在于，在遗忘专用名词的情形中，我能自动意识到替代名并非原名，而在梦的成分的分析中，我们只有通过苦心造诣才能得出此结论。就遗忘专用名词的例子来说，也是这样一种解决方法，即我们从替代名称开始搜寻，一直搜到未知现实，直到想起被遗忘的名称。如果我把注意力集中在替代名称上，并由此展开一层又一层的联想，那么迟早会想起那个被遗忘的专用名词，并且我发现自发想起的替代名称以及其他我所想起来的名称，都与被遗忘的专用名词有关，而且都受它的限制。

我想给你们展示一下这种类型的分析。某天，我发现我想不起里维埃拉地区以蒙特卡洛为首都的一个小国的名字了。这令人十分恼火，但事实就是如此。我让自己沉浸在我所了解的全部有关这个国家的知识海洋里，我想起了吕西尼昂家族的艾伯特王子、他的婚姻、他对深海研究的偏爱，所有能想到的东西我都想遍了，还是徒劳无获。于是我不再去回想，只让那些替代名称浮现在脑海中。它们很快就出现了：先是蒙特卡洛，然后是皮埃蒙特、阿尔巴尼亚、蒙得维的亚和科利科。阿尔巴尼亚是第一个引起我注意的，但很快被黑山共和国取代，或许是因为它们形成了黑白[①]对比。接着，我注意到这四个替代词都包含同一个音节“mon”。这时我突然想起了那个被遗忘的国名，大叫道“摩洛哥”。可见，替代名称的确源于被遗忘的词，四个替代词都来自原词的第一个音节，最后一个替代词不仅使我回想起原词的音节顺序，而且它还包含了原词的最后一个音节。此外，我还知道了导致我想不起这个专用名词的原因。摩洛哥这个词在意大利语中的意思是慕尼黑；就是后者对我的回想施加了抑制作用。

这个例子举得很不错，但是太简单了点。若再举别的例子，我就必须对第一个替代名称做更长的联想，这种情形就同梦的解析非常相似了。我曾有过这样的经历。某次，一个陌生人邀我同他一道去品尝意大利酒，但在店里他恰好忘了自己要点的酒的名字，之所以要点这种酒是因为他对它有着非常愉悦的回忆。从他回想起的那些种类繁多的不同替代名称，我推断

---

① 阿尔巴尼亚的拉丁语“Albus”意为白，黑山共和国的意大利语“Negro”意为黑。——译注

出是因为一个叫海德薇的人使他忘记了该酒的名字。果然，他不仅承认自己初尝这种酒时是陪同一位名叫海德薇的人，而且由于我的推断，他承认了这段往事，也想起了该酒的名称。可他那时已经幸福地结婚了，海德薇这个名字便属于他早已不愿记起的往事了。

上述适用于遗忘专用名词分析的技术，也可能会适用于释梦，即通过替代词，利用由此产生的一系列联想来找出被抑制的真正对象。正如遗忘专用名词的例子所展示的那样，我们或许可以断定，梦的成分的联想不仅取决于梦的成分本身，还取决于潜意识中原有的念头。由此，我们在形成释梦技术的路上又前进了好几步。

第七讲　梦的显意与隐意

我们研究过失并非在做无用功。多亏我们在这方面的努力，才得以在你们已知的条件下，推断出以下两种不同的东西：（1）关于梦的成分的概念；（2）释梦的技术。梦的成分的概念告诉我们，它并非真实的东西，而是做梦者所不知晓的东西的替代品，类似于过失的倾向，是对做梦者知晓但又想不起来的东西的替代。我们希望这一概念能应用于一个完整的梦，毕竟梦是由许多这类成分组成的。我们的操作方法是对这些成分展开自由联想，引出其他替代品，从而使我们领悟到隐藏在梦的背后的真正意图。

我请求你们允许我们的名词术语稍加修订，这样能大大增加我们用词的灵活性。我们不再说“隐藏的”“不可及的”和“假的”，而统统替换成一种更精确的说法：“非做梦者的意识所及的”或“潜意识的”。我们这样做，仅仅是想说无论是与被忘词相关的事物或是过失的干扰意图，它们所表达的都是“当时属于潜意识的状态”。自然反过来说，我们也可以将梦的成分以及通过联想得出的替代品都称为“意识”。因为迄今为止，“意识”这个术语都绝对不暗含在任何理论构建中。这样看来，“潜意识”一词无疑是一种既恰当又易于理解的描述性名词。

如果我们将这样的见解从单一成分推及整个梦，那么作为整体的梦也是某种其他的东西、某种潜意识之物的歪曲的替代品。释梦的任务就是要发现这些潜意识的东西。由此，我们便能得出释梦时必须遵守的三条重要原则，它们分别是：

（1）不论梦的表面意义如何，是合理的还是荒谬的，清晰的还是混乱的，都不是我们要关心的问题，因为它无论处在何种条件下都不是我们要找的潜意识内容。关于此条原则显著的局限性我们稍后再介绍。

（2）我们工作的唯一目的就是联想出梦的任一成分的替代性观念。我们不必检查这些观念是否合适，也不必为这些观念距离梦的成分的原意差得太远而烦恼。

（3）我们必须耐心等待，直到我们要寻找的那些潜意识的内容自动浮现出来，就如我在上文所描述的那个实验中，被遗忘的词“摩洛哥”自动出现一样。

现在我们可以明白，我们的梦究竟能记得多少或者记得准确与否，所有这一切都是无足轻重的。因为记得的梦并不是真实的，它只是一个被歪曲了的替代品，通过唤起其他的替代性意象，并将隐藏在梦里的潜意识内容带入意识中，来帮助我们进入真正的梦。因此，如果我们回忆起来的梦是错的，那么它也不过是进一步歪曲了这个替代品而已，而且这种歪曲同样也有动机。

我们可以像解释别人的梦那样解释自己的梦。其实人们从自己的梦得到的收获更大，因为这个过程更能使自己信服。如果我们做这种尝试，就会发现有些东西在阻碍我们。联想的念头纷纷涌来，但我们没有听之任之、顺其自然。我们总是对它们持检验或挑选的态度。当一个念头冒出来，我们会对自己说“不，不合适，它不属于这里”；对第二个念头则会说“这太没有意义”；对第三个念头又会说“这简直是牛头不对马嘴”。我们不难发现，这些反对意见使这些联想念头在未明了之前，就已被扼杀或压制住了。如此一来，一方面，我们把梦的成分本身看得太重；而另一方面，选择的过程破坏了自由联想的结果。如果你们自己没有单独尝试释梦，而让他人帮你们释梦，你们很快就会发现让你们做出被禁止的那个选择的另一个动机是什么。你们有时会这样自言自语：“不，这个念头太令人不快了，我不愿也不能把它泄露出去。”

显然，这些反对意见对我们的工作要获得成功是一种威胁。我们必须对它们多加提防，并且在解释自己的梦时要下定决心不受它们的干扰。若替他人释梦，则要定下严格的规定，使他遇上太微不足道、太荒谬、太无关紧要或太尴尬这四类反对意见时，其联想也不会被遗漏。做梦者答应遵守这条规则，但我们发现，他不时会打破承诺，这很令人光火。起初我们对此会这样解释，尽管我们对做梦者做了权威性的保证，但他仍然没有记住自由联想的重要性，为了得到他对理论的认可，我们或许可以让他多读几本书，或送他去参加讲座，从而使他信服我们在自由联想方面的观点。但通过观察我们自己的情况就会知道，这些举措都是徒劳的，而且这种种麻烦完全没有必要，因为就连深信该原则的我们，也不免会对某些观点持同样批判的态度。所以，唯有反复斟酌，才能克服这种困难。

与其懊恼做梦者不听话，不如利用这些经历从中学些新东西，有些事情越难以预料，就越重要。我们明白，释梦工作会受到阻力，后者抵抗的表现形式就是这些批判性的反对意见。这种阻力和做梦者在理论上的信念无关。甚至更明显的是，我们发现这样的批判性反对意见永远都没有正当的理由。相反，那些我们最急于压制的联想念头反倒毫无例外地在我们寻求的潜意识内容中成为最重要的线索，并发挥了决定性作用。事实上，如果有一种联想伴随着这样的反对意见一起出现，就必须对此特别加以留意了。

这种阻力是一种全新事物，是由我们的假设推导出来的现象，虽然它原先并不包括在我们的假设内。对于这个新因素，我们没有感到太惊喜。我们怀疑它不会让我们的研究变简单。它甚至可能会诱使我们放弃与梦相关的整个研究工作。与梦比起来，它是如此微不足道；而且还带来这么多麻烦，妨碍我们顺利地应用释梦技术。但从另一个角度来看，这些困难还有其迷人之处，表明这项工作值得这么麻烦。每当我们试图从梦的成分的替代品着手，想看透那隐藏在潜意识里的内容时，我们就会遇到这种阻力。由此，我们做出合理的假设，推测替代品的背后必定隐藏着极重要的东西。不然，何以在探寻这种隐藏之物的过程中存在那么多困难呢？就好比一个小孩不想松开他的拳头，那一定是藏了什么他自己不应有的东西。

我们一将阻力的动态表征引入这种情况，就必须意识到这种因素存在量的变化。有时阻力大，有时阻力小，我们在研究工作中也可看出这些差异。我们在释梦时遇到的另一种经验或许与此有关。因为有时只需一到两个联想就能引导我们从梦的成分推出其背后的潜意识内容；有时则需要一长串联想，而且还得克服许多批判性的反对意见才能达成我们的目的。我们应注意到其联想的数量与阻力的大小有关。这种认识或许是正确的。如果阻力小，那么替代性意象离潜意识内容就不远；反之，强大的阻力会极大地歪曲潜意识内容，要挖掘它就需要绕上一大圈了。

或许该选择一个梦，尝试用我们的释梦技术看看我们的观点是否可靠。但是，我们该选择哪个梦好呢？你们无法想象这对我来说有多难抉择，而且此时此刻我也无法跟你们解释这种困难的根源是什么。当然，一定存在这样的梦，它们从整体来说只是稍微有些歪曲，最好从这样的梦开始着手分析。但哪些梦是歪曲最少的呢？是那些合情合理、有条有理的梦吗，就像我之前举的那两个例子？那真是大错特错了。研究显示，这种梦其实受到了极大的歪曲。可如果我抛开特定条件不管，随便选取第一个好梦，那你们又会非常失望。或许，我们应该注意到，要是所选的那个梦光是其单个成分的联想就已经非常丰富，我们根本无法对这一整项研究予以正确的审视。如果我们把梦写出来，然后再与这个梦所引起的全部联想进行比照，那么就很容易导致这个梦的内容发生重复。这么看来，最实用的方案似乎是选取几个较简短的梦来分析，至少每个梦能揭示或证实某一观点。这就是我们应该采用的方法，除非有经验表明我们在哪儿才能找到歪曲程度较轻的梦。

不过我还知道一些化繁为简的方法，其中一个对我们来说唾手可得。与其解释一整个梦，我们还不如先以分析梦的单一成分为限，下面来展示几例，看看如何运用我们的技术来解释它们。

1. 一位女士说她小时候经常梦到“上帝的头上戴着一顶尖尖的纸帽子”。若没有这位做梦者的帮助，你会怎样解释这个梦呢？因为它听上去就是一派胡言。后来，当我们听到那位女士坦言自己小时候就常常戴着这种帽子坐在桌旁进餐，因为她总禁不住想偷窥她的兄弟姐妹的盘子里的食物是不是比她多的时候，我们就不觉得这个梦荒谬了。帽子在这里有些类似眼罩，起遮掩的作用。这个解释差不多算是历史信息，倒也不难得出。这个片段以及整个简短的梦的含义在做梦者进一步的联想帮助下，变得十分清晰。她说：“因为我听说上帝是无所不知、无所不见的，这个梦只是想表明尽管他们试图防着我，但我还是能像上帝那样无所不知、无所不见。”不过，这个例子或许过于简单了点。

2. 一位多疑的患者做了一个较长的梦，梦里有人告诉她我的那本讨论笑声的书，并对此书大加赞扬。接着她又提到关于“水道”的事，“另一本书上或许出现过‘水道’这个词或是与‘水道’相关的某个词……她记不清了……这一切都太混乱了”。

你们会觉得“水道”这个词本身太模糊了，所以难以解释清楚。你们觉得困难是对的，但困难的原因不是因为模糊，模糊和困难都由另一个同样的原因引起的。做梦者除了水道这个词之外什么也想不起来，我自然也就无从解释。不久，实际上是第二天，她告诉我她想起了些什么，或许与此相关，原来是她之前听过的一个笑话：在一艘于多佛和加来之间航行的轮船上，一位著名作家同一个英国人聊天，这个英国人在讨论某个问题时引用了一句谚语：“Du sublime au ridicule, il n'y a qu'un pas”[①]。于是，作家便回应道：“Oui, le pas de Calais。”[②]多佛尔海峡位于法国和英国之间，作家的意思其实是他发现法兰西是高尚的，而英国是可笑的。但“pas de Calais”真的是一条水道，即英吉利海峡。[③]我会认为这个笑话与梦有关联吗？当然有关，我觉得它已给出了这个令人迷惑不解的梦的片段的解释。或者，你们是会怀疑这个笑话早已存在于梦里，就作为

① 这句话的意思是“从高尚到可笑之间仅隔一条窄窄的通道”。

② 这句话的意思是“是的，这条通道来自加来”。

③ 多佛尔海峡和英吉利海峡其实是同一条海峡，只不过历史上一直把它们分为两条海峡。——译注

"水道"这个成分的潜意识因素而存在，还是会理所当然地认为这个笑话是后来才补上的呢？由她的联想可知，她在过分赞扬的背后其实还隐藏着一种怀疑态度，而她对揭示这一点的抵制很可能就是造成联想迟缓和梦的决定成分模糊这两种现象的共同原因。你们在这里要注意观察这个梦的成分与其背后的潜意识因素之间的关系。它就像是一小部分的潜意识，又像是一个暗示，只是由于梦的成分与潜意识内容隔得太远，所以就变得十分难以理解了。

3. 一个患者做了一个更长的梦，梦里的片段如下："他家的好几个成员围着一张样子很奇特的桌子坐着……"他由此联想到以前在某人家里也见过这样的桌子。接着又想到这家的父子关系有点特别，很快他又补充道，事实上他自己和父亲之间的关系也是如此。由此可见，此桌入梦是用来指代这一类似之处的。

做梦者肯定早已熟知释梦的要求。不然他不会这么反常地关注如此琐碎的细节，比如桌子的形状，还将其作为研究的依据。事实上，我们无论梦见什么事情都绝不能判定那是出于偶然或无关紧要的情况，我们反倒希望能通过对这样琐碎的毫无动机的细节解释，得出自己想要的结论。或许你们会对这样的释梦分析感到吃惊，"我们在和他们完全一样的位置上"仅仅是通过挑选桌子表现出来。但当你们得知这家人姓"Tischler"这一点时，答案就很明显了。通过梦到他的家人也坐在桌子旁，他意欲表达出他们也是"Tischler"的意思。请注意，当要这样解释梦时，不免会令人觉得有些轻率。这便是我前面所提到的选梦困难之一。要替换这个例子相当容易，但就算避免了这种轻率之嫌，却又要以出现另一种轻率为代价。

现在是时候引入两个新术语了，本来早就可以用了。我们将梦陈述出来的东西称为梦的显意，而将隐藏在其背后，需要对做梦者的联想进行分析才得出的东西称为梦的隐意。我们来看看上面各例中梦的显意与隐意之间的关系。这些关系存在许多不同的类型。在例 1 和例 2 中，梦的显意也是隐意的组成部分，只不过是很小的一部分。在复杂的潜意识的梦思的心理结构中，有一小部分闯入显梦中，就像是一个碎片，或在其他情况中，像梦的一个暗喻，像标语或电报代码中的缩写。释梦需将这类碎片或象征凑成一个整体，例 2 在这一点上就做得很好。歪曲梦的方式之一就是用一个片断或一个暗喻来代替他物。此外，在例 3 中，显意与隐意呈现的又是另一种关系，我们通过下面的例子可以看得更加清楚：

4. 做梦者梦见“将他自己认识的一位女士从床后面拉出来”。他由自己的第一个联想就明白这个梦的成分的含义：他特别喜欢[①]该女士。

5. 另一个人梦见“他的兄弟在一个壁橱里”。他的第一个联想是用衣橱代替壁橱，第二个联想才道出梦的含义：他的兄

---

① 德语表达分别为“Vom Bett hervorziehen”（从床后面拉出来）和“Vorzug”（偏爱）。

弟正在约束[①]自己节省开支。

6. 做梦者梦见“自己登上山顶，视野变得异常开阔起来”。这个梦听上去似乎很合理，或许就没必要解释了，只需找出此梦所涉及的往事以及回忆的原因就行。但你们想错了，很明显这个梦和其他混乱的梦一样需要解释。因为之前登山的事做梦者一件也想不起来了，但他记得有个熟人出版了一本名为《评论》的书，探讨我们与地球最遥远的部分之间的关系。因此，这个梦的隐意是做梦者将自己视为是“评论员”。

在这里，你们可以看出梦的显意与隐意之间的一种新型关系。与其说前者是后者的歪曲表现，不如说是后者的代表，一种由字音引起的可塑的具体意象。不过，也正由于这一原因，前者仍然是一种歪曲表现，因为我们早已忘记这个字源于何种具体意象了，所以当它被意象代替时，我们是认不出来的。若你们认为梦的显意大多是视觉形象，较少为思想和文字时，你们便可以想象这种关系在梦的构成上的特殊重要性。你们还会看到，通过这种方式就能在显性的梦里制造替代这一系列抽象思想的意象，而这些替代意象又起到进一步隐藏的作用。这就是绘制画谜的技术。至于这些意象为什么要以诙谐的形式出现，这个特殊的问题就不属于我们此次的讨论范围了。

梦的显意与隐意之间的第四种关系要等碰到需要讨论这方面的问题时再说。不过即便到那个时候我也不会完整地列出所

---

① 德语为“Schränkt sich ein”。

有关系，但它能满足我们的目的。

你们有勇气去尝试解释一个完整的梦吗？让我们看看我们是否已为这个任务准备充分。当然，我不会选择那个最晦涩难懂的梦，但所选的梦无论如何也要具备梦的普遍特征。

一位结婚多年的年轻女士梦到“她同她的丈夫坐在剧院里，舞台前有一边的半圆形座位都是空的。她丈夫同她讲爱丽丝和她的准新郎也想过来看戏，但只能买一个半弗洛林[①]三张的位置不好的票，还有那些他们根本不会要的座位的票。她认为这对他们来说算不上什么损失”。

做梦者证实的第一件事就是在显梦里出现过的场景，她的丈夫在现实里的确告诉过她，与她年龄相仿的友人爱丽丝订婚了。她的梦就是对这个消息的反应。我们已知道，在许多梦的案例中，前一天发生的事很容易成为梦的起因，而且做梦者推导起来毫不费力。做梦者又进一步告诉我们显梦里的一些其他内容是什么意思。舞台前有一边的座位都是空的，这一细节表示什么意思呢？这其实是暗指上周发生的一件真事。她当时打定主意要去看一场演出，还订好了票，但她订得太早了以至于不得不额外支付了预订费[②]。等她入场的时候，才发现她的担忧是多余的，因为舞台前有一边的座位几乎都是空的。即使是

---

① 即荷兰盾。——译注

② 在德国，在演出开场前买票还需要支付额外费用，高出了正常票价。这被称为“Vorverkaufsgebühr”。

在开演当天也能买到票。于是，她的丈夫便不断地嘲笑她太过匆忙。至于那一个半弗洛林又是怎么回事呢？它与看戏的事无关，而与另一件事，即与前一天听到的消息有关。她的嫂子收到她丈夫寄去的一百五十个弗洛林作为礼物，这个傻女人就像没见过好东西，跟个傻子似的匆匆赶去珠宝店，花光所有的钱只买了一件珠宝。那数字三又是指什么呢？她想不起与此有关的任何联想了，除非我们把下面这个联想也算进去，即那位刚订婚的女子爱丽丝只比她小三个月，而她已结婚十年了。那为什么会荒谬地梦见两个人买三张票呢？她对此保持缄默，并且拒绝提供所有进一步的联想或相关信息。

但在她提供的数量不多的联想中，她已透露给我们大量的素材，足以推断出梦的隐意了。让我们感到奇怪的是她对此梦的评价，她好几次提到了时间，这一点可作为穿插在这些不同材料间的一个共同点。她买票买得太早，太匆忙，以至于她不得不多付票价；她的嫂子也一样匆匆拿钱去珠宝店，买了一件珠宝，仿佛迟了就买不到了似的。我们把这样的表达也加进来，如“太早了”“仓促地”，这些都是特别强调的词，再结合此梦的时机，即比她小三个月的朋友到现在还能找到一个好丈夫，以及她对她嫂子的批评理由是这样匆忙其实很蠢，我们不难发现显梦是一个严重歪曲的替代品，而梦的隐意几乎是自然而然地流露了出来：

“我这么早结婚真是愚蠢至极！由爱丽丝的例子来看，晚些时候我也可以找到夫婿”，（她自己急于买票的行为和她嫂子急于买珠宝的行为都代表这种仓促。去剧院在这里指代结婚。这似乎是她主要的想法。或许我们可以继续分析下去，不过后面的分析就不那么确定了，因为没有得到做梦者的证实。）如“我可以用这笔钱赚得百倍于此的收益”（一百五十个弗洛林就是一个半弗洛林的一百倍）。如果我们用这笔钱来代替她的嫁妆，这就意味着她用这笔嫁妆买了一个丈夫，那么珠宝和位置不好的座位就代表她的丈夫。假如三张票也和丈夫有关的话，那就更容易解释了。但我们的理解还不足以达到这么深的程度。我们只猜到这个梦透露出对她丈夫的轻视之意，并且她很后悔这么早结婚。

在我看来，我们第一次释梦的结果并没令我们满意，反而让我们感到吃惊和迷惑。我们获得了太多信息，远超出我们消化的能力。我们发现关于释梦的教学工作并没有结束。下面先快速挑一些让我们感到耳目一新的观点说一下。

第一，我们要知道这个梦的隐意重点强调“匆忙”；但在显梦中却一点没表现出来。不通过分析，我们根本无法知道这个因素的重要性。所以看起来，似乎这个最主要的成分，潜意识内容的中心点并没有在显梦中呈现出来。因为这一点，对梦的最初印象便必须完全改变了。第二，在这个梦里有个愚蠢的组合，即一个半弗洛林买三张票；我们从梦思里猜到这么一层意思：“那是一件愚蠢的事(早结婚)”。有谁能否认这个“那是一件愚蠢的事”的想法不就是通过显梦里的那个可笑的成分表达出来的呢？第三，由比较可知，梦的显意与隐意之间的关系并不简单，并非总是显意替代隐意这种情况。二者之间其实是一种数量关系，要么一种显意成分代表好几种隐意成分，要么一种隐意成分被好几种显意成分所代表。

就梦的意义和做梦者对其反应而言，我们还可以发现更多令人吃惊的事情。比如她虽认可这个释梦解释，却颇感吃惊。因为她不知道自己原来很轻视丈夫，也不知道她轻视他竟达到如此地步。故而对于这个梦，我们还有很多不甚了解的地方。我意识到我们对释梦还未做好充分的准备工作，所以我们必须先做好进一步的训练和筹备。

第八讲　儿童的梦

我觉得我们的进度太快了，让我们后退几步。在我们最终尝试利用解析技术解决梦的歪曲的困难前，最好先缩小范围，分析那些没有被歪曲或歪曲程度很轻的梦，以避免这种困难，当然这么做的前提是这种梦是存在的。但这样做又会与我们所掌握的知识的发展过程相偏离，事实上，只有持之以恒地运用我们的释梦技术，并对歪曲的梦进行完整彻底的分析后，我们才能意识到完全没有被歪曲的梦的存在。

这样的梦倒可以在儿童身上找到。他们的梦简短、清晰、连贯，易于理解，不模棱两可，但毫无疑问它们还是梦。然而，不要认为所有儿童的梦都是这样。在儿童时期就会出现被歪曲的梦，被记录下来的五到八岁的小孩的梦显示，它们已具备成人的梦的所有特点。但假如你们把年龄限制在初具意识的心理活动的阶段，即四到五岁这一时期，你们就会发现一系列所谓幼稚的梦。在儿童时代的后期也偶尔会发现这样的梦。即便是成人的梦，在某种情形下，也和这种具有代表性的幼稚的梦相差不多。

根据这些儿童的梦，我们十分轻松而肯定地获取了不少关于梦的本质的信息，并且希望它们能起到决定性作用，还能被广泛应用。

1. 要理解这些梦，我们既不需要分析，也不需要运用技术，同时也无需对叙述梦的儿童进行询问。但有人得对他的生活略知一二并添加在梦的后面。往往通过他前一天的经历我们就能理解梦的释义。梦就是儿童的心理活动在睡眠中对一天的生活经历的反映。

举几个例子，以作为进一步推论的根据。

a. 一个二十二个月大的小男孩要把一篮子樱桃送给别人做生日礼物。虽然他得到自己也可拿一些的承诺，但他还是很不情愿这样做。第二天一早，他说他梦见“赫尔曼将樱桃全吃光了”。

b. 一个三岁零三个月的小女孩头一次游湖。在返程时她不想上岸，哭得很凶。游湖的时间对她来说过得太快了。第二天早上她说“昨晚我梦见自己漂在湖上”。我们可补充一个事实，昨晚她梦中游湖的时间一定比白天长。

c. 一个五岁零三个月的小男孩被带去游哈尔施塔特镇附近的厄斯彻恩塔尔(Escherntal)。他听说哈尔施塔特就在达赫斯坦山脚下，便对这座山很感兴趣。从他位于奥斯的家里，就能看到达赫斯坦山的美景，而且用望远镜可以看见山顶的西蒙尼小屋。这小孩用望远镜看了一次又一次，也没人知道他看到了没有。因此，他对这次的旅行怀着一种快活和期待的心情。每见一座山峰，这个男孩都会问道："这是达赫斯坦山吗？"得到否定答案的次数越多，他的心情就越沮丧；到后来他就变得沉默起来，也不愿和大家一起再爬一小段路去看瀑布了。他们以为是他太累了，但第二天，他相当高兴地说："昨晚我梦见我们在西蒙尼小屋了。"由此可见，他就是怀着这个期望，才加入旅行的。他给出的唯一细节还是他之前就听说的事："你还要继续往上爬六个小时。"

上述三个梦已提供了我们需要的所有信息。

2. 可见儿童的梦并不是无意义的，它们是可理解的、有意义的心理活动。你们可以回忆一下我曾告诉过你们的有关梦的医学看法，以及把梦比作未经训练的手指在琴键上乱弹一气的比喻。上面所提及的儿童的梦显然与这种观点相抵触。但如果儿童能在睡眠中产生完整的心理产物，而成人在同样情况下只能满足于出现间歇性的心理反应，那么这未免也太奇怪了。实际上，我们有充分理由相信儿童的睡眠比成人更正常，也更深沉。

3. 这些梦没有被歪曲，因此无需阐释。梦的显意与隐意是一致的。由此可知，梦的歪曲并非与生俱来。我想这句话能大大减轻你们的负担。但当我们仔细研究后，不得不承认这些梦还是存在轻微歪曲的，即便是在这些梦里，梦的显意与隐意之间多少还是会有些区别。

4. 小孩子若对白天发生的事留有遗憾或渴望，或还有未满足的愿望，便会以做梦为反应。梦能够直接完成孩童的心愿，不加丝毫掩饰。现在来回顾一下我们之前的讨论，即体外或体内的刺激在干扰睡眠或引起做梦方面所发挥的重要作用。在这一点上，我们逐步了解了一些明确的事实，但通过这些事实我们只能解释很少一部分梦。就这些儿童的梦而言，很难看出这种身体刺激的影响；在这一点上，我们绝不会弄错，因为这些梦完全可以理解，也易于研究。但我们不必因此就彻底放弃这个刺激生梦的理论。我们要问的只是为什么一开始我们就忘记了，干扰睡眠的除了身体刺激外，还有心理刺激呢。我们知道通常干扰成人睡眠的都是这种刺激，该刺激阻止成人进入理想的睡眠状态，即不再对外界感兴趣的状态。做梦者不希望打断他的生活，宁愿继续从事自己感兴趣的事，这就是他睡不着的原因。但对儿童而言，未实现的愿望就是干扰他睡眠的心理刺激，而他对此的反应就是做梦。

5. 我们很容易就从这一点得出有关梦的作用的解释。梦作为心理刺激的反应，就必须具有使刺激得以宣泄的价值，其结果就是消除刺激，延续睡眠状态。我们不知道梦是如何完成这个宣泄过程的，但我们已明白，梦不像有些人诽谤的那样，它不是睡眠的骚扰者，而是睡眠的守护者，其职责就是平息干扰。确是如此，我们以为不做梦我们会休息得更好，其实我们是错的；事实上，不借助梦的话，我们根本无法入睡。也正是由于梦的存在，我们才会睡得这么香甜。不过，梦也不免会对我们产生一点干扰，就好比晚上巡警在驱逐那些想吵醒我们的骚乱者时也免不了会制造点噪音一样。

6. 梦的一个主要特征就是梦因愿望而起，梦的内容就是满足这个愿望。另外，梦还有一个不变的特征就是，梦并不仅仅表达一个想法，它还会以一种幻觉体验的方式实现这个想法。“我喜欢游湖”是引起梦的愿望；而梦本身的内容是“我在游湖”。梦的隐意与显意之间的一个区别就是隐意被歪曲，这种区别在这些简单的儿童的梦里也存在，换言之，它将想法转化成体验。释梦的时候，关键是将这种转化设法还原。如果这证明是梦最普遍的特点，那么我们之前所提到的那些梦的片段，如“我看见我的兄弟在壁橱里”这句话就不能解释成“我的兄弟在节省开支”了，而应解释成“我希望我的兄弟在节省开支，我的兄弟应该节省开支”。在前面提到的梦的两个普遍特点中，第二个比第一个更容易被大家无条件接受。只有经过更广泛的研究后，我们才得以确定引起梦的原因常常是一种愿望，而不是焦虑、打算或责备；但这并不会改变梦的另一个特征，也就是说梦并非简单地再造这种刺激，而是把刺激转化成一次幻觉的重新经历，就像真实的那样，从而替换它、消除它，并以如此处置而复归安宁。

7. 联系这些梦的特征，我们可再次对梦和过失进行比较。在过失的例子中，我们辨别出了干扰倾向和被干扰倾向的区别，而过失就是二者的折衷。梦也同样适合这种模式。被干扰的倾向，在这种情况下只能是睡眠；而干扰倾向则被心理刺激所替代，由于迄今我们还不知道其他的干扰睡眠的心理刺激，故而在这里特指那个力求实现的愿望。在这一情况下，梦同样是折衷的结果。我们睡着了，却经历着移除愿望的过程，我们满足了这一愿望，但同时我们仍在继续睡觉。这两种倾向间各有一部分成功和失败。

8. 你们应当还记得我们曾希望借助白日梦这个明显的幻想体质来理解梦的问题。这些白日梦实际上就是我们所熟知的愿望的满足，野心被满足或情欲被满足；可它们是有意识的，尽管它们能栩栩如生地想象出来，但绝不是幻觉体验。因此，在这种情况下，在梦的两个主要特征之中，那个较缺乏确定性的特征被保留了，而另一个则证明完全依赖于睡眠这个条件，无法在清醒状态下存在。因此，通俗地讲，就是愿望满足是梦的一个主要特征。此外，假如梦里的经历是一种想象重现的过程，且只有借助睡眠状态才可能产生，也就是说，它是一种夜间发生的白日梦，那我们就能理解幻想的出现能缓解夜间刺激并带来满足感了。因为白日梦是一种与满足感密切相关的活动，事实上，这也是白日梦得以继续的缘由。

其实还不止上述这些，另有一些俗语也表达出了这层意义。俗话说："猪梦橡果，鹅梦玉米"或"母鸡梦什么？当然是谷粒"。这些俗语降级降得比我们还低，从儿童降到动物，但梦的内容仍然是需求的满足。还有许多说法似乎也指的是同一件事，如"美如梦幻""我连做梦都没想过""在我所做过的最夸张的梦里，都没有过如此想象"。这是俗语与我们的观点相呼应的一面。当然，也有恐惧的梦、尴尬的梦或无关紧要的梦，不过它们都没有相对应的常用语来表达。诚然，常用语也包括噩梦，但梦一般只意味着完成美好心愿的含义。而且确实也没有任何俗语会告诉我们说猪或鹅会梦到自己被宰杀。

当然，令人难以置信的是梦的这一满足愿望的特征竟然会被专门研究梦的人忽略。其实，这在案例中很常见，只是没人把这一特征当成普遍的，并以此作为释梦的基础。我们很容易就能想象到是什么阻碍了他们这么做，并会在以后讨论。

现在来看看我们通过对儿童的梦的研究，几乎毫不费力就得到的大量的丰富知识吧：（1）梦作为睡眠守护者的功能；（2）梦源于两种相冲突的倾向，一种倾向是睡眠希望得到维持，另一种倾向则要努力满足心理刺激；（3）有证据表明梦是一种有意义的心理活动；（4）梦有两个主要特征，即愿望满足与幻觉体验。我们都快忘记我们是在研究精神分析了。除了将过失与之相联系外，我们的研究工作还没出现过什么特别的联想。任何一位对精神分析一无所知的心理学家，也会对儿童的梦得出这样的解释。可为什么没人这么做呢？

所有的梦如果都这么幼稚，那么我们的问题就解决了，我们的任务就完成了，不必去询问什么做梦者，研究什么潜意识，也不必考虑自由联想的方法了。而这些恰恰就是我们需要继续研究的方向。我们一再发现，有些特征起初似乎具有普遍有效性，但到后来就被证明只适用于某一特定种类和特定数量的梦。因此，现在我们必须判断从儿童的梦中总结出的共同特征是否能广泛适用，能否适用于那些隐意不易被识破的，且显意与前一天留下的愿望无关的梦呢？我们认为这些梦经历了相当大的变形，也正因为这个原因，我们不能草率下判断。我们估计需要借助精神分析来解释这种变形，理解儿童的梦则没有这个必要。

至少还有一类梦没有被歪曲，就像儿童的梦一样，很容易看出它们属于愿望满足类型。它们终生会被迫切的生理需求，如饥饿、口渴、性欲引起，因此，这里的满足愿望的形式是通过对内在的身体刺激做出相应的反应。为此，我曾注意到一个小女孩的梦，由一张写有她名字的菜单组成（安娜……，草莓、覆盆子、鸡蛋、半流质食物等），她因吃多了梦里提到的两种水果而导致肠胃出了问题，不得不禁食一天，此梦就是对这一情景的反应。同时，她的祖母，与她这位孙女年龄相加刚好七十岁，由于肾脏出了点问题，也一天没吃东西了，当天晚上也是梦到自己被人宴请，面前全是珍馐佳肴。其他如挨饿的囚犯，或是弹尽粮绝的旅行家或探险家在这种情形下也常会梦见食物以满足自己的生理需求。奥托·诺登许尔德（Otto Nordenskiold）在他的《南极》（1904）一书中，对他队员的生活的叙述证实了这个观点。那时他和他的队员在冰天雪地里过冬（卷一，第336页）。“我们的梦对决定我们内心想法的主要方向意义重大，之前做梦从来没像这个时候那么多，那么鲜明生动。即使是那些很少做梦的同伴，在我们早晨交换彼此最新的梦境时，也有长梦可作谈资。我们的梦都与此刻看起来很遥远的那个外部世界有关，但有时它们也契合我们当下的状况。

吃、喝是我们梦里最常出现的重要主题。我们中有个人，晚上做梦特别擅长梦见自己在吃大餐，他最快活的就是早晨告诉我们，他梦见自己一顿吃了三道菜的时刻；另一个人则梦见了烟草，而且漫山遍野都是烟草；还有人梦见一艘船出现在宽阔的水域上，扬帆航行。这里有个梦值得一提：一位带着信件的邮递员花了很长时间解释他迟到的原因；他先是把信送错了地址，然后又费尽周折把信弄了回来。当然还有人梦到了一些更不可能实现的事情。但几乎所有的梦，不论是我自己梦到的还是听别人讲的，都缺乏想象力，这真是令人惊奇。假如把所有这些梦都记录下来的话，无疑具有相当大的心理学价值。不难想象，我们非常渴望进入梦乡，因为它能满足我们每个人最迫切的需求。”我再引用一段杜普雷(Du Prel)说过的话：“蒙戈·帕克在非洲旅行时，几乎渴死，他梦见的全是家乡水源丰富的山谷和田地；崔恩克(Trenck)在马格德堡备受饥饿折磨时，也梦见自己的周围全是美味佳肴；还有乔治·贝克(George Back)，曾参加过富兰克林组织的第一次探险活动，在弹尽粮绝濒临死亡时，梦里经常不断地涌现令人大快朵颐的大餐。”

一个人若晚餐吃了佐料太多、味道过咸的食物，必然会夜间口渴，会梦见自己在喝水。当然，做梦并不能满足对吃喝的强烈需求；但从这样的梦里醒来，人们感到口渴，便会真的起床去喝水。由这个例子来看，梦并没有什么实际功效。但即便是在人们被迫切的需要所惊醒，要去付诸行动的情况下，梦的作用仍然是维系睡眠，尽量使人们免受刺激的干扰。当人的实际需求没那么强烈时，愿望满足型的梦就可以克服它，从而达到维系睡眠的目的。

同理，梦也可以使性欲刺激得到满足，但这种满足感另有特点，值得我们注意。由于性冲动不像饥和渴那样依赖外物，所以梦遗就可以使做梦者获得实际上的满足。而由此碰到的问题，待其与外物相关时我们再谈。我们时常可发现这种真实的满足感与模糊的或被歪曲的梦的内容有关。梦遗的特点，就像奥托·兰克(O. Rank)曾说过的那样，用来作为梦的歪曲方面的研究对象再合适不过。另外，在成年人所做的所有愿望满足的梦中，除了通常能获得满足之外，还含有源自纯粹的心理刺激的东西，要想理解它就得需要解释。

再者，我们并不需坚持认为，成年人的那种幼稚型的愿望满足的梦只是我们所熟知的对于身体的迫切需求的反应。我们也知道这种简短明了的梦受当时占支配地位的情境的影响，无疑是心理刺激的结果。例如，有些很焦急的梦，做梦者或准备去旅行，或准备去表演，或准备演讲，抑或准备拜访某人，他在梦里会预演，在他付诸行动的前一晚他就梦见自己或抵达了目的地，或出现在剧院，或正在与要拜访的对象聊天。又如名字很好听的“安慰的梦”，若有人喜欢赖床，便会梦见自己已经起床，正在洗漱，或者已经在学校了，而事实上他还在睡觉。做梦者宁愿在梦里起床也不愿在现实里起床。我们已意识到渴睡是梦的架构的一部分，它在这些梦里表现得如此强烈，已经实际塑造梦。渴睡的愿望与其他主要的生理需求一样都占有一席之地，是同等重要的。

在这里我向你们推荐一幅画，是施温德(Schwind)的画，陈列在慕尼黑的沙克(Schack)画廊里。它显示了画家明确地知道梦是由占支配地位的情境引起的。这幅画名叫《囚徒之梦》(*The Dream of a Prisoner*)，此梦的内容除了与出狱有关，别无其他。画家以干净利落的笔触勾勒出出狱必然要通过窗户才能实施的梦境。因为一束光刚好从同一扇窗户照进来唤醒了这名囚徒。那些地精站得一个比一个高，它们所占的位置很可能就代表了囚徒朝窗子攀爬时应依次经过的位置，若我没弄错，也未牵强附会的话，地精中站得最高、最靠近窗口的那个(这也正是囚徒想做的)恰好与囚徒的面容相似。

除了儿童的梦和幼稚型的梦之外，其他的梦就像我们所说的那样，都不免经过歪曲而阻碍了我们的理解。起初我们无法确定它们是否同我们猜想的一样也属于愿望满足型的梦；从梦的显意里我们无法判断出它们源于何种心理刺激，我们也无法证明它们是否和别的梦一样努力获得满足，消除刺激。它们肯定需要解释或破译；它们的歪曲需要正本清源；它们的显意须由隐意取代，这样我们才能判断我们从研究儿童的梦所获得的结论是否适用于所有的梦。

第九讲　梦的审查作用

我们由研究儿童的梦得知梦的起源、性质和作用。梦是通过满足幻觉的方式消除干扰睡眠的心理刺激因素的东西。然而，有关成人的梦，我们只能解释其中的一类，即被我们描述为幼稚型的梦。至于其他类型的梦，我们还不得而知，也无法理解它们。不过现在，我们有一个发现，并且它的重要性不容低估。每次我们能够完全理解的梦，到最后都发现它属于幻觉型的愿望满足。这一发现绝非偶然，肯定非常重要。

在考虑多方因素的基础上，并通过梦与过失的相似性比较，我们推断出还有一种类型的梦是歪曲了某种未知内容的替代品，所以首先要找出这种未知内容是什么。我们接下来的任务就是研究并理解这种梦的歪曲变形作用。

梦发生歪曲正是造成我们觉得梦怪异和不可理解的原因。我们想要弄清楚以下几点：第一，这歪曲从何而来(起因)；第二，这歪曲会造成什么(作用)；最后，它是如何做的(方法)。我们可以说梦的歪曲变形是梦的工作的产物，也就是说，梦自身的心理作用就是有意识的征兆。我们现在来描述一下梦的工作，并追溯在其中起作用的力量。

先来听听这样一个梦吧。它是由做我们这一行的一位女士记录的。据她的记录，此梦来自一位极有教养、备受尊敬的年长的女士。该梦没有经过任何分析。该记录者说，此梦在精神分析学家看来，无需解释。做梦者自己也没有解释这个梦，她只是对此梦加以评判和谴责，就仿佛她知道梦的隐意似的。因为她这样评价道："对于一个五十来岁，日夜只知为孩子操心、别无他想的老妇人而言，做这样一个梦实在荒唐和令人感到厌恶！"

她的梦境是这样的，与第一次世界大战时的"慰安服务"(services of love)有关：

她到第一军医院去，跟门口的哨兵说她必须见一下主任医师……(她还提到了一个自己并不熟悉的名字)，她想进医院提供服务。她在说话时强调了"服务"这个词，其实就是"慰安服务"。因为她是一位老妇人，所以门卫稍有迟疑后还是放她进去了。她进去后并没有去找主任医师，而是自己走进了一间光线昏暗的屋子，里面有很多军官和军医或坐或站地围在一张长桌旁。她向其中一名军医说明了自己的来意，才说了几句话，他就立即明白了。她在梦里是这样说的："我和维也纳的其他许多妇女以及女孩都已做好为士兵、军队和军官服务的准备，而且都是一视同仁……”说到这里后面的话就成了喃喃自语。她一看那些军官半尴尬半不怀好意的表情，就明白他们全已心领神会了。于是她接着说：“我知道我们的决定听起来很怪异，但我们都十分真诚。人们不会问战场上的士兵是否愿意战死。”紧接着是几分钟难堪的寂静。那位军医用胳膊搂着她的腰说：“女士，假如真是这样……”（喃喃自语）。她挣脱他的搂抱，心想：“他们全是一样的！”并答道：“天啊，我是一个老婆子了，或许不应该面对这样的事；另外，有一点不得不注意：年龄问题一定要考虑，一个老妇人总不会和一个小男孩……（喃喃自语）……那就太可怕了。”军医说：“我完全了解。”但有几位军官，包括她年轻时曾追求过她的一名军官在内，全都放声大笑起来。而后这位女士要求去见她熟悉的那位主任医师，好把这些事都安排了。可这时她十分沮丧地发现自己不知道他的名字。不过，那位军医还是十分恭敬有礼地给她指了通往二楼的路，出了这个房间后，再上一条很狭窄的螺旋式铁梯，便可直达楼上。在她上楼的途中，她听到一名军官说：“做出这个决定够了不起的，不管她的年龄是大是小；向她致敬！”

“带着一种只是在履行职责的感觉，她走向了那个没有尽头的楼梯。”

这个梦她在数周内重复做了两次，虽稍有变动，但据这位女士说，都是些无关紧要的改动。

这个梦的结构与白日梦相似，其意思的断层之处很少，而内容的一些细节之处本可稍加询问弄清楚，但你们都知道记录者并没有这样做。不过，对我们来说，在这个梦里显著的和有趣的地方就是它出现了好些间断，它们不属于做梦者的回忆，而是梦的原创内容。有三处地方的内容明显被去掉了，这些间断处的讲话内容都被喃喃之声打断了。因为我们没有对其进行分析，所以严格来讲，我们并没有评判此梦意义的权利。不过，通过一些暗示，比如通过“慰安服务”这个短语，我们也可得到些许结论。而依据喃喃之声前面的断断续续的话，也可将其补充完整。如果我们将其补充完整的话，那么这个想象的内容就是：做梦者已做好准备，像履行爱国主义职责一样奉献她自己，以满足军中士兵、军官和军队的性需求。这的确令人感到无比震惊，这是一个无耻且淫荡的幻想，但她的梦里完全没有提及这件事。每当梦的内容里的上下文需要显示出这层意思时，显梦里便会出现模糊不清的喃喃之声，使得这层意思被丢弃或被压制住了。

因为梦里的这些细节之处都是骇人听闻的，所以这也正是它们被压制的原因，我希望你们能意识到这一结论的必然性。不过，你们还能找到和这种情况相类似的事吗？其实你们用不着到远的范围去搜寻。随便拿起任何一份政治性报纸，你们就会发现报纸上开天窗之处比比皆是，这些地方都泛着空白的微光。你们都明白，这是报纸审查制度造成的。这些空白处原先要印的内容没得到审查部门的认同，因此便被删掉了。你们会感到可惜，或许被删掉的部分其实就是它们最有意思的部分，是“最好的部分”呢。

有时审查制度并不是审查已完成的一整篇文章，而是在这之前就开始了。作者如果预料到文中的某段话可能会被审查官毙掉，他就会在写作过程中对这些句子进行处理，对其稍加修改，或通过含沙射影及暗示他真实意图的方式使自己满意。由此，报纸确实就没有空白之处了，但透过某些拐弯抹角和隐晦的表达，你们便会猜到正是审查制度约束和抑制了作者这些想法的正常表达。

根据这个类比，我们说被省略的梦的内容，伪装成喃喃之声的假象，也一定是审查制度的牺牲品。我们实际上提到过梦的审查作用，并将其视为造成梦的歪曲现象的部分原因。显梦里只要出现间断，就是梦的审查作用的结果。事实上，我们应该更进一步认为，凡是在显梦里较清楚的内容中出现特别模糊、不确定又引人怀疑的地方，我们就应该将其视为梦的审查作用的结果。但梦的审查作用很少会像“慰安服务”这个例子里一样质朴直白。较常见的现象是审查作用按照上述第二种方法出现，通过弱化、含沙射影和暗示来代替真实意图。

梦的审查作用还有第三种形式，据我所知，这是报纸的审查作用无法匹敌的。然而，仅对于这种形式，我可以用一个我们已经分析过的例子来说明。你们可以回忆一下“以一个半弗洛林买三张位置不好的票”的梦。在此梦的隐意里，“太匆忙了、太早了”这样的成分最为重要。它的意思是“结婚这么早真是太傻了，买戏票买这么早也很傻，嫂子花钱花得如此匆忙真是滑稽可笑，还只买了一件首饰”。此梦的中心成分并没有在显梦里表现出来。在显梦里，去剧院和买票才是最重要的成分。通过这种对重心的转移，对梦的内容成分的重新分类，显梦与隐梦的思想就变得如此不同，以至于无人怀疑隐意就藏在显意的背后。这种转移重心的把戏是歪曲梦的最好用的策略之一，可以让梦变得陌生起来，使做梦者不愿承认这就是自己内心的产物。

省略、修改和材料重新分类——这些都是梦的审查作用的结果和歪曲梦的把戏。梦的审查作用本身就是创作者，或者说是歪曲梦的其中一位创作者，歪曲的原因正是我们目前在研究的东西。我们已经习惯把修改和重新分类概括为“转移作用”(displacement)。

说完了梦的审查作用的结果，我们现在把注意力转向动态力学分析。我希望你们不要过于拟人化地看待审查作用，把梦的审查者想象成一个严肃的小矮人，就住在人的大脑里的一个小房间行使自己的职责；也不要硬性尝试限定它的位置，认为是一个大脑中枢在发挥审查的作用，如果它一旦受损或被清除，这个作用就会立即终止。暂时，“梦的审查”这条术语只是用以形容一种动态力学关系的一个便捷的短语。这个名词无法阻止我们询问这种作用通过何种倾向去实施以及它对什么倾向起作用；并且假若发现我们早已经碰到过梦的审查作用，却对其无视，也不要吃惊。

因为实际上确是如此。你们应该还记得我们在运用自由联想法时，就曾有过一种意外情况。由于梦的成分只是个替代品，故而需由它找出隐藏在其背后的潜意识内容，我们那时便意识到这一过程的尝试总会遇到一些阻力。我们曾说过，这种阻力时大时小，有时大得惊人，有时又可以忽略不计。针对后一种情况，我们的释梦工作只需经过几个中间步骤便可完成。而当阻力很大时，我们就需经过一长串的联想，这就使我们远离了出发点，并且在这个过程中我们还需克服因联想手段而产生的种种批判性反对意见。我们把释梦工作中遇到的阻力代入到梦的工作之中，就是梦的审查作用。对释梦的抵抗不过是客观化的审查作用。后者向我们证明，审查的力量不会因造成梦的歪曲现象而受损，因此它不会消失。这种对潜意识的审查作用会作为一个常设机构存在，其目的就是维持梦的歪曲。此外，正如释梦时的阻力会随着每个成分的变化而变化那样，在同一个梦里，由审查作用引起的歪曲现象也会随着每个成分的变化而不同。如果有人拿显梦与隐梦对比，就会发现某些孤立的隐梦成分几乎全被消除了，而有些稍有改动，还有些成分则维持不变地带进显梦中，可能其效果还会增强。

但我们想知道实施审查的目的是什么，以及它会反对何种倾向。该问题是理解梦和人类生活的基础。如果我们把之前分析过的梦再查看一遍，这个问题就很好回答了。实施审查的倾向就是做梦者在清醒时所承认或赞同的倾向。可以确定的是，当你们对自己的梦的正确解释予以否认时，你们这么做的动机其实与梦的审查作用的动机是一样的，梦的审查作用就是出于这个动机而造成了梦的歪曲现象，从而不得不释梦。回想一下那位五十岁的老妇人所作的梦。还未经过分析，她就觉得自己的梦很讨厌，假如我们的记录者如实转告她此梦的明确含义是什么，那她更会火冒三丈。也正是由于这种谴责的态度，她梦里的那些令人震惊的地方就被置换成了喃喃自语。

然而，梦的审查作用所反对的倾向也必须由这个实例的观点来描述。有人会说只有这些倾向具有令人反感的性质，与伦理、审美和社会的观点相冲突，而且我们平时想都不敢往这些方面想，就算想到了也只会感到厌恶。这些被审查的、在梦里被扭曲地呈现出来的愿望都是一种放纵的、不顾后果的自我主义的表现。确实，自我意识在每个梦里都扮演着主要的角色，即便它在显梦里成功地伪装了自己。梦的这种神圣的自私主义(sacro egoismo)与进入睡眠时被停止的心理活动不无关系，而需要注意的是，它们被停止也就意味着暂停对外界产生兴趣。

摆脱一切伦理束缚的自我与长久以来受美育谴责、抵制一切道德约束的性需求是相契合的。对欢愉的追求——我们称之为力比多(即性欲，一切本能的能力和欲望皆源于此)——肆意选择自己的目标，事实上，它更喜欢选取那些被禁止的对象：不仅是别人的妻子，甚至首先是那些被人们视为神圣不可侵犯的对象，即乱伦的对象——如对男性而言，便是自己的母亲和姊妹；对女性而言，则是自己的父亲和兄弟。甚至那位五十来岁的老妇人的梦也是一个乱伦的梦，她的力比多准确无误地指向她的儿子。那些我们所认为的违背人类本性的欲望强烈到足以引起梦的出现，如无限泛滥的憎恨之情；以及指向做梦者自己亲近之人，尤其是至爱之人，如父母、兄弟姐妹、配偶和子女的复仇和杀人愿望也屡见不鲜。这些被审查的欲望都如同来自一个名副其实的地狱；我们一旦知道它们的意义，便会觉得在清醒时无论对这种愿望加以何种严厉的审查都不为过。

不过，不必因为内容邪恶而怪罪于梦。我敢肯定，你们一定记得梦是无害的，其作用只是保护睡眠不受干扰。邪恶并非梦的本性。而且你们也知道还有满足合理愿望和迫切的身体需求的梦的存在。这种梦没有经过歪曲，其实它们也无需被歪曲，因为它们在满足其目的时并没有违背自己的伦理道德和审美倾向。并且，你们要记住被歪曲的程度与以下两个因素成正比：(1) 被审查的愿望越耸人听闻，被歪曲的程度就越大；(2) 审查的要求越严格，被歪曲的程度也就越大。所以一个受到严格管束又过分拘谨的女孩常常用严格的审查方式，使梦的冲动发生歪曲，而这些冲动在我们医生看来，都是一些被允许的、无害的、力比多式的欲望。做梦者自己在十年后也会得出相同的结论。

另外，我们还远没到能被自己的释梦结果惊呆的地步。我想我们对这种研究工作还不甚熟练。不过我们的首要任务是抵御某些攻击。要找出我们的研究弱点并不难。我们的释梦工作都是基于我们之前所接受的假设：梦是有意义的，由催眠状态得出的潜意识的心理活动也可用于解释正常睡眠，以及所有联想都是预先决定好了的。如果基于这些假设我们由释梦工作得出了貌似合理的结论，那么就可判断这些假设都是正确的。可若发现其结果正是我所描述的那种，那又如何呢？接下来自然会有人说："这些结果根本不可能，很荒谬，至少很不靠谱，因此这些假设肯定有问题。要么梦终究不是一种心理现象，或者人在正常状态下根本不会有潜意识的心理活动，或许是我们的技术还不完善。下这些结论难道不比接受由我们的假设所推导出的那些可恶的结论更简单更令人满意吗？"

我的回答是这两种结论都需要。它固然是一个更简单、更令人满意的结论，但也不一定因此就更正确。让我们再等等，此事条件还不成熟，还未到做决断的时候。首先，我们应该进一步强化对释梦工作的批判。由释梦得出的结论如此令人不快，可能还是次要的。一个更强有力的论据是：通过释梦，我们知悉了做梦者的梦背后的愿望倾向，但后者对我们的结论断然否定，而且他们的理由还很充分。"什么，"一个人说道，"你们想要通过此梦证明我后悔为自己的妹妹置办了嫁妆，还为我弟弟的教育花了钱吗？事实上这是不可能的。我之所以工作就是为了我妹妹，我对生活毫无兴趣，只想对她尽责，作为家里的老大，我向我死去的母亲保证过这一点。"另有一位女士谈及她的梦时说："你的意思是说我希望我的丈夫死掉！这简直是糟糕透顶的无稽之谈。我们不仅婚后生活很幸福，或许你不会相信我这么说，而且他的死会导致我失去目前我所拥有的一切。”还有一人说：“你的意思是说我对我妹妹怀有欲望？这真是荒唐。我对她一点兴趣都没有。我们根本合不来，我已经多年未和她说过一句话了。”我们或许可以无视这种情况，如果做梦者既不承认也不否认我们归给他们的那些倾向，我们可以说只不过是做梦者自己没意识到这些事罢了。但要是做梦者感到自己内心的愿望与我们的解释正相反，而且还能向我们证明这个相反的愿望占主导地位时，那么我们的结论就不得不推倒重来了。假如发现我们的释梦工作会推导出荒谬的结果，那么此时不放弃整项释梦工作更待何时呢？

可现在还没到放弃释梦工作的时候。因为一旦我们猛烈攻击这条强有力的论据，它立马就会分崩离析。假设心理生活确有潜意识倾向的存在，那么还是无法证明主体的相反愿望倾向能在其意识生活中占主导地位。也许心理生活甚至有容纳对立倾向的空间，因为矛盾是并存的。确实，或许正是由于一种倾向占优势才使其对立面沦为潜意识成为必然。上文反对我们研究工作的头两项异议，只是给出了释梦的结果既复杂又令人不快这两点意见。我们对第一点的回答是，尽管你们十分热衷于简化的方法，但它解决不了任何与梦有关的问题。为了能解决问题，你必须从一开始就下决心接受梦的复杂关系。我们对第二点的回答是，或许有人会说以好恶作为判断科学是非的基础，显然是错误的。释梦的结果若令你不快，甚至尴尬、恶心，这又有什么区别呢？“这无碍于它们存在。”当我还是一名年轻医生时，就曾听我的老师沙柯(Charcot)在遇到类似情况时这么说过。假如有人想要了解这个世界的真相，那么他必须保持谦逊，并将个人好恶置之于后。如果有位物理学家能向你们证明这个星球上的有机生命不久便会全部灭绝，你们是否也敢这么对他说："这不可能，你的预测真太令人不快了。"相反，你们会保持沉默，直至另一位物理学家站出来证明上一位物理学家的假设或计算有误。如果你们拒绝接受令人不悦的结果，那么你们还是在重复梦的结构机制，而不是理解并掌握它。

或许你们会答应不再介怀被审查的梦的愿望的讨厌性质，但会求助于下面这个未必可信的论点来回避正题，毕竟，绝大部分人性不可能都是恶的。但你们能用自己的经验证实这个说法吗？我不和讨论你们如何评价自身，但你们能在你们的上级和竞争对手身上看出多少善意呢？能在你们的敌人身上看出多少侠义呢？或是看出你们周围的人甚少嫉妒吗？所以你们才感到自己有责任驳斥人性恶的观念吗？难道你们不知道一般人在性生活上很难自我控制，也不值得信赖吗？或是你们不知道我们晚上梦到的所有伤风败俗和过分淫荡的行为也都是醒着的人在日常生活中犯下的罪行吗？精神分析所能做的也不过是印证柏拉图说过的话："好人止于做梦，恶人身体力行。"

现在抛开这些单独的例子不谈，我们来看一看战争肆虐的当今欧洲，想想大规模的暴行横扫整个文明世界。你们就真的相信，没有成千上万人同流合污，光凭一小撮丧尽天良的野心家和政治骗子就能成功释放这世间所有的恶吗？在这样的情况下，你们谁还敢为人性不恶的观念据理力争吗？

你们会攻击我，说我对战争有成见，你们会说战争也引发了人类最美好最高尚的本性，比如英雄主义、自我牺牲精神以及社会情感等。确是这样，但你们也不能因为精神分析肯定了一方面就诋毁它，说它否定了其他方面，我们常受这种冤枉，其实这样有失公允。我们的本意并非要否定人性中高尚的一面，而且也没有做过任何贬低人性价值的事。相反，我不仅向你们展示了受审查的邪恶的梦的欲望，还向你们显示了压制它们并使它们无法识别的审查作用。我们之所以着重强调人性中邪恶的一面，只因为其他人否认它，而这并不能改善人类的心理生活，只能让其变得更加难以捉摸。不过，当我们放弃这种一边倒的道德评价机制时，就定会找到一种裁决人性善恶的更正确的公式。

这个问题可以到此为止了。我们无须放弃那些经释梦研究得出的结论，即使我们认为这些结论有些怪异。或许我们能通过其他方法来了解它们。但目前，我们仍需坚守这样的观点：梦的歪曲现象乃是由自我所认可的倾向对那些以任何方式都令人震惊的以及在夜间干扰人们睡眠的愿望冲动进行审查的结果。为什么这些愿望冲动只发生在晚上，它们来自哪里——这些问题都需要我们进行大量的研究。

然而，我们若对这些研究的另一结果隐而不提，不予以适当强调，无疑是错误的。我们并不知道那些试图干扰我们睡眠的梦的愿望是什么，事实上，我们是先通过释梦的方式才对它们有所了解的。因此，据上文的定义可知，它们在“当时”可被描述为属于潜意识的。但我们可以再进一步了，说它们不仅是“当时”属于潜意识。即便做梦者通过释梦知道了它们的存在，也必然会否定它们的正确性，正如我们在许多例子里看到的那样。由此，我们又再次遇到了之前解释“打嗝”口误所遇到的情况：祝酒的提议者曾无比恼火地向我们保证，说自己无论是当时还是之前任何时候都从未对他的领袖有过冒犯之意。每当我们需要解释明显被歪曲的梦时就会重复遇到这种情形，也正因为这个缘故，才使得我们的观点又增加了一层意义。我们现在准备这么总结，即心理生活中有些过程和倾向是我们根本不知道的，之前不知道，或是从来都不曾知道。潜意识这个词也因此有了一层新含义：“目前”或“某个特定时间”已不属于其概念的要义了，因为它不仅仅当时是潜在的，还有永远潜在的含义。显然，关于这一点我们只能在其他章节探讨了。

第十讲 梦的象征意义

我们已经发现，我们之所以难以理解梦，是因为歪曲梦的干扰因素在作祟。我们已经知道，梦被歪曲其实是对那些难以被接受的潜意识的愿望冲动进行审查的结果。不过，我们并不认为审查作用是造成梦被歪曲的唯一因素。实际上，在进一步研究时，我们或许会发现还有其他因素也参与其中。也就是说，即使消除了梦的审查作用，我们还是不能很好地理解梦，显梦仍可能与隐梦不同。

造成我们不易理解梦的另一个原因，即歪曲梦的新因素，是通过我们技术上的一个缺陷暴露出来的。我已经承认，被分析者有时会对梦的特定成分产生不出任何联想。不过，这种情况并没有做梦者所声称的那么多。在很多情况下，被分析者被迫坚持下去，最终还是可以产生相关的联想。但还是有一些例子，确实不能引起任何联想，或者即使被迫有了联想，也不是我们所希望的那样。当这种情况发生在精神分析治疗的过程中时，它便有了一层特殊意义，在此暂不作解释。然而，这种情况在给正常人释梦或给自己释梦的情形下都有可能发生。一旦某人相信，在这些情况下，再怎么强迫联想都无益，那么他最终就会发现，他所不希望发生的意外事件经常出现在一些梦的特定成分里，起初他会认为这是一次我们技术失败的特例，之后就会明白原来是新机制在起作用。

于是，我们试着自己解释这些“哑”梦成分，并考虑用现有手段来诠释它们。每次我们相信这种方法会使我们获得一个满意的结果，这其实是强加在我们身上的；直到我们采用这个方法解决了问题，梦仍是毫无意义，它的连续性也被打破了。我们刚开始做这种试验时很是小心谨慎，但类似的例子多了，便逐渐相信这种结果了。

我现在把所有要阐释的内容都用图示表现出来，从教学目的出发，这种方法是允许的，并且我尽量不出错，只是想简化它们。

于是，我们从一系列梦的成分中推导出固定不变的解读，这种解读就像那些流行的释梦书籍对我们梦到的任何事都给出的一成不变的说法一样。但是，不要忘了我们在运用联想技术时，从未用固定的替代品来替代过梦的成分。

你们可能立刻会说，这种释梦方法比之前的自由联想法看上去更不靠谱，并且更容易遭到反对。但是，必须进一步考虑这样的事实，即有人已由经验收集到了足够的固定替代品，他可以说依靠他自己的知识而无需做梦者的联想，实际上就足以释梦了。促使我们辨认梦的意义的这些事实会出现在这一讲的后半部分的分析中。

我们把梦的成分与其相对应的解释之间的固定关系称为象征。梦的成分本身就是潜意识的梦思的象征。你们是否还记得，之前我们在研究梦的成分与其隐意的关系时，举过这样三种区分关系：即以局部代替整体、暗喻、意象。接着我又说还有第四个，却没有列出来。这第四种就是这里介绍的象征关系。在我们列出与象征相关的特殊资料前，先来看看围绕象征的一些非常有意思的讨论。象征意义这一节恐怕也是梦的研究中最值得注意的章节了。

首先，因为象征是固定的译法，在一定程度上，它实现了古代与现在流行的释梦的理想，是我们的释梦技术所遗忘的。这样，我们在某些情况下无需询问做梦者，就能对梦进行解释了，此外，做梦者也不会对象征作解释。如果释梦者熟悉通常的梦的象征知识，并熟悉做梦者本人及其生活的环境和他在做梦前形成的印象，那么无需其他信息，释梦者“马上”就能把这个梦解释出来。这个技巧可使释梦者洋洋得意，也能让做梦者印象深刻。相比费劲地追问做梦者，它无疑是件令人深感快活之事。但不要误会了，要花招绝不是我们的本行。建立在象征基础上的释梦手法并不能取代联想法，更不能与之相提并论。前者只是后者的补充，前者的成果只有与后者联合运用才能奏效。因为你们必须考虑到，你们要解析的不只是熟人的梦，所以就需要了解做梦者的心理情境，一般来说，你们并不知晓做梦者每天所经历的刺激梦产生的事情，只有被分析者的联想才是你们知晓当事人心理情境的重要来源。

此外，最引人侧目的是，在梦与潜意识之间的这种象征意义的问题，竟引发了最激烈的反对，尤其是后面将会提及的几种情况。甚至连那些极具判别力的有地位之人也对这一点持反对意见，而他们本可以在精神分析学上取得极大进展的。下述这两个事实，就更令人吃惊了：首先，象征意义既非梦所特有，又非梦的特征；第二，梦的象征意义并非通过精神分析学而发现，尽管后者不乏惊人的发现。若我们坚持梦的象征作用属于现代的发现，那其发现者便是哲学家舍纳（K.A. Scherner，1861）。精神分析学不过是肯定了他的发现，并对其加以重大修改。

你们现在或许希望通过几个例子来了解一下梦的象征意义的性质。我很乐意告诉你们我所知道的一切，但我自觉我们的知识还不够完善。

象征关系的本质其实是一种比喻，但又不是任何我们所希望的比喻。有人怀疑这种比喻受某种特殊先决条件的制约，却又说不出来它是什么。一方面，并非所有可用来比喻的事物都会以象征的形式出现在梦里；另一方面，梦也不会象征我们所选的事物，它只象征梦思的某些特定成分。因此，两边都受限制。我们必须承认，目前还无法严格界定象征的概念，它与替代物、戏剧性描写等相混淆，甚至近似于暗喻。对一些象征而言，其比喻的基础显而易见，还有些象征则引出向何处追寻这种假定的比喻的相似性和媒介物的问题。有时我们仔细推敲也许可以发现其含义，有时即便反复思考也始终不得要领。更为离奇的是，假如象征就是比喻，那么通过联想并不能使其显现出来，而且做梦者也不了解这种比喻，但却能在毫不知情的情况下运用它。事实上，即便向做梦者指出这种比喻的存在，他也不愿承认。所以你们瞧，象征关系其实是一种非常特殊的比喻，我们到现在都还不太清楚它的起源是什么。或许以后我们能发现一星半点的线索。

在梦中具有象征意义的事物不多——人体、父母、孩子、兄弟姐妹、出生、死亡、裸体和一小撮其他东西。唯一的特例，即常用来表示整个人体的象征是房屋，舍纳也知道这个象征，只不过他夸大了其作用。如有人梦见自己顺着房屋的正面爬下，时而欢欣雀跃，时而胆战心惊，墙壁若平滑，则房屋代表男人；但带阳台和其他凸出物的房屋就代表女人。父母或其他备受尊敬的人物在梦里则以国王和皇后的形象出现。从这个例子可以看出，梦呈现出一种十分恭顺的态度。但孩子、兄弟和姐妹没有被那么温柔地对待，他们在梦里以小动物或害虫的形象出现。出生的象征通常与水有关：要么落入水里，要么从水里爬出；要么救人出水，要么是被救出水，等等，这都象征着母子关系。死亡在梦里则以旅行、乘火车、死了、各式各样的暗、胆小的建议来替代；至于裸体，在梦里反而通过衣服和制服来表现。由此，你们可以看到，象征与暗喻的分界是怎样分分合合难以区分的。

与如此贫乏的列举形成对比的是，有一个领域的主体和对象的象征非常丰富，令人惊奇不已。这便是性生活、生殖器、性活动和性交的领域。梦的大部分象征都是性象征。这是由于一种奇怪的不均衡的现象所导致的。明面上指定的与性相关的话题非常稀少，而关于性的象征出乎意料地丰富，这就造成每个目标对象都能用意义相近的象征来表示。因此，解释的结果容易引发人们群起而攻之。象征解释与梦的各式各样的象征相比，显得过于单调了，这会惹恼相关人士，但又有什么办法呢?

因为这是我们在讲座中第一次谈及性生活，我必须告诉你们我处理该主题打算采用的态度。精神分析学认为没有必要隐瞒事实或通过暗示的方式治疗患者，研究这样重要的问题实在无须感到羞愧，无论何事都需先正其名，并希望这是避免争端和淫秽想法的最有效方式。我现在所面对的听众有男有女，在这一点上我一视同仁。就好比没有为德尔斐神谕或年轻女性专门定制的特殊知识一样，在座的各位女士既然来到了现场，就表明她们其实希望受到和男士同等的待遇。

男性生殖器在梦里有多种象征形式，在多数情况下，其比喻的相似之处还是很具有启发性的。首先，神圣的数字“3”是整个男性生殖器的象征。就两性而言，最明显最令人感兴趣的部分就是男性生殖器，其象征可以是长的直立之物，如棍子、伞、竹竿、树等；也可以由具有穿透性和伤害性特征的物体来表示，如各种利器：小刀、匕首、长矛、剑等，还可以是种种火器，如步枪、手枪和左轮手枪——其形状特别适合这种象征。在年轻女孩所做的焦虑的梦中，她们往往会梦到被拿着刀或枪械的男性追赶。这或许是最常见的梦的象征的例子了，很容易就能解读出来。同样很好理解的男性生殖器的替代物是能流出水的物体，如水龙头、水壶、喷泉；有时又以可伸长的物体为象征，如吊灯、可伸缩的笔等。铅笔、鹅毛笔、指甲锉、锤子和其他器械等无疑也都是男性生殖器的象征，因为它们都与所表现的器官相关，其意义也不难理解。

男性器官能违背地心引力的力量向上竖起的显著特点，即勃起现象，可以引导出的象征物有：气球、飞机甚至是最近的齐柏林飞艇。梦还具有一种更富表现力的象征勃起的方式，即它使性器官成为整个人最必要的部分，做梦者勾勒出自己飞翔的画面。不过，不必感到不安，因为梦见飞翔通常都非常美好，而且我们也都做过这样的梦，不过现在得将这种梦解读为性兴奋的梦或勃起梦。有一位研究精神分析的学生，名叫费德恩(P. Federn)，他曾证实这个解释是可靠的。而以严肃冷静著称的沃尔德以胳膊和腿的不自然的姿势进行了相关实验，他其实是反对精神分析的，或许他并不了解精神分析，但他的研究也得出了相同的结论。你们不要以女性可能也会做飞翔的梦为依据来反对我们的结论。记住，我们的梦表现为愿望满足型，而女性常常希望自己成为男性，无论是出于有意识还是无意识的想法。事实上，你们若熟悉解剖学知识，就会知道她们在这方面的感觉和男性一样，可由此实现这一愿望。女性生殖器中有一个小小的器官，与男性的非常相似，这个小小的器官，即阴蒂，甚至在女性的童年期以及在发生性交之前的这段时期里，其作用与男性的阴茎是一样的。

还有些男性的性象征并不容易理解，如以爬行动物和鱼类来表示，特别是蛇这种著名的象征。为什么帽子和斗篷也能被用于这种象征，确实不易弄明白，不过它们的象征意义是不容怀疑的。你们最后提出的问题可能是，其他代表男性性器官的替代物是否就不能被视为象征了，我想这个问题应该是在上下文和女性案例的共同作用下，方可得出结论。

女性生殖器以密闭的空间且能装物的事物为象征，比如坑、地窖和洞穴以及瓶瓶罐罐、盒子和箱子、坛子和口袋等。船也属于此类。还有许多象征指代母亲的子宫，而不是指女性生殖器，如衣橱、炉子，尤其是房间。房间的象征与房屋的象征有关，门和入口再次成为生殖孔的象征。但各种材料也可作为女性的象征，如木头、纸以及其他由这类材料制成的物品，像桌子和书等。动物之中，至少蜗牛和蚌无疑是女性的象征；就身体部位而言，嘴代表生殖孔，教堂和小礼拜堂也是女性身体结构的象征。由此，你们可以看出，理解这些象征的难易程度不一。

乳房当然属于女性生殖器，而女性身体的较大的半球状部位则以苹果、桃子及其他一般水果为象征。两性的阴毛在梦中以树林和灌木丛的形象出现。女性生殖器的复杂解剖结构常以悬崖峭壁、森林和水这样的风景为象征；而令人印象深刻的男性生殖器的结构则以各种各样难以描述的、极其复杂的机器为象征。

女性生殖器还有一个比较显著的象征，即珠宝盒。而珠宝和珍宝在梦里也是人们至爱之人的象征，糖果常用来象征性快感。由自己的生殖器所获得的满足感则通过各种演奏，包括弹钢琴来表示。手淫以滑动、沿岸航行以及折断枝条这类细腻的动作为象征。一个要特别引起注意的象征是掉牙或拔牙。对其最直接的解读就是阉割，以作为对手淫的惩罚之意。至于性关系在梦里的特殊象征则没有我们之前预料得那么多。有节奏的活动可作为其象征，如跳舞，还可能包括骑车和爬山；悲惨的经历也可作为它的象征，如被碾压，还有可能包括某些体力活动，当然还有受到武器威胁。

你们可不要认为这些象征的用途或解释很简单，各种各样你们所意料不到的状况会不断出现。比如，令人难以相信的是，两性的性象征区别常常不明显。很多象征代表一般意义上的生殖器，不分男女，比如小宝宝、小男孩和小女孩。有时明显的男性象征用来代表女性生殖器，反之亦然。这一直不被理解，直到有人懂得人类形成性观念的过程才略知一二。在不少例子中，看似其象征可以两性通用，实则不然，它们中最显著的象征，如武器、口袋和盒子就不是两性通用的。

现在，我应该从象征本身而非被代表之物的角度做一个总结，讨论性象征之外的主要参与领域，然后对那些取义所依据的共同成分不太容易弄明白的象征稍加说明。帽子就属于这种不明的象征，大体而言，它或许只是个饰物而已，经常象征男性，虽然有时也可象征女性。同理，斗篷可用来象征男性，或许它并不总是代表生殖器。你们可以随意提问，这究竟是为什么？不为女性所佩戴的领结，无疑是男性的象征。而白色的衣服、所有的亚麻制品事实上都是女性的象征。套裙和制服，就像我们已经看到的那样，是裸体或体型的替代物；鞋或拖鞋则是女性生殖器的象征。之前提过的桌子和木头无疑是女性的象征，尽管其意很费解。梯子、上坡及上台阶，这类与向上爬的动作相关的行为无疑是性交的象征。往深层去考虑，我们可以发现这些动作的活动节奏都相同；或许还要加上越往上爬其兴奋程度和呼吸的短促度也越一致这个特点。

我们在前面已谈到自然风景可作为女性生殖器的象征。高山和悬崖可作为男性器官的象征；花园通常作为女性生殖器的象征。水果象征乳房而不是孩子。野兽指代好色之徒，或进一步说，指代冲动和情欲。盛开的花和花朵代表女性生殖器，或者更具体地说是童贞。请不要忘记花朵其实也是植物生殖器。

我们已知道房间的象征意义。而且其象征之意还可以进一步延伸，如表示房间进出口的门窗象征着身体的各个入口，无论房间是打开还是关上的，都是这种象征的一部分，而开门的钥匙明显就是男性的象征。

这些都是研究梦的象征意义的材料，当然还不完整，还可以不断深入，继续扩充。不过就我看来，这些材料已足够了，或许它们会令你们不高兴。你们可能会问：“我真的身处于性象征之中吗？难道我周围的物品，我所穿的衣服，我所接触到的一切东西，都只是性象征吗？”提出这样的问题，理由其实非常充分，比如第一个理由就是：“假如做梦者不能提供我们相关信息，或是只能给出只言片语，那么我们该从何得知这些梦的象征意义呢？”

我的回答是：我们的信息来源非常广泛，从童话到神话，从笑话到闹剧，从民间传说到各民族的风俗、惯例、谚语和歌曲，从富有诗意的语言到粗鄙的语言，所有这些知识来源都有相同的象征，它们中的大多数例子我们理解起来都毫不费力，也无需进一步的信息。如果我们单独考察这些知识来源，便会发现它们中存在许多与梦的象征意义类似的地方，这令我们不得不肯定我们解释的正确性。

我们曾说过，根据舍纳的观点，在梦中，房屋常被用来象征人体。若将此象征之意延伸开来，则门窗和房屋的出入口都是身体出入口的象征，而房屋的正面要么十分光滑，要么带有阳台和其他凸出物。我们的日常用语也含有相同的象征，比如我们同好友打招呼时，称其为“老房子”，或者我们谈及某人时会说“我们会敲打敲打他的钟楼(脑袋)”，又或是换一种说法，即“他的楼上(头脑)不太对劲”。在解剖学中，身体的出入口有时会被称为门或户，如阴户、幽门。

我们在梦见父母成了国王或皇室成员的形象时，一开始难免会感到诧异。但在童话故事中可找到与之类似的地方。很多童话故事不是都会以“从前有一位国王和一位王后”这句来开头吗？其实，本意不过就是“从前有一位父亲和一位母亲”之意。在家庭生活中，我们将孩子称为王子，将长子称为太子。国王常自称为国父。我们有时将小孩子戏称为“小虫子”，怜悯他们时，便称他们为“可怜的小虫子”。

我们再回过头来说说房屋的象征意义。房屋的凸出部分在我们的梦里可作攀爬的支撑之用，这难免会想起一句熟悉的有关胸部发育良好的人的俗语：“她有某样可以抓住往上攀爬的东西”。还有一句俗语也能表达这层意思，即“她的房子前有不少木头”；该说法似乎又印证了我们之前的解释并非无稽之谈，即木头是女性、母亲的象征。

除了木头外，还有些其他象征物。我们可能不理解为什么这种材料能作为母亲、女性的替代品。在这里借助语言的比较应该会有帮助。德语 Holz（木头）据说与希腊语词 νλη（意即原料）源于同一词根。这是一个由一般材料最终变为特殊材料的名词的例子，并不罕见。在大洋上有个小岛，名叫马德拉。葡萄牙人发现它时便给它起了这个名，因为那时岛上被森林覆盖，而在葡萄牙语中，“马德拉”这个词就是木头的意思。不过，你们可能注意到马德拉（Madeira）这个词是拉丁语 materia 稍加改动后的变体，后者就是材料的意思。materia 源自 mater（即母亲）。制造任何物品的材料都可视为该物品之母。故而人们由这个古义把木头视作女性、母亲的象征。

在梦里，出生总是与水有关；一个人跳入水中或从水里出来，要么意味着分娩，要么意味着出生。我们不要忘了这个象征实际上指出了进化史上的两重真相。不光所有的陆地哺乳动物，包括人类的祖先在内，都是由水生动物进化而来——这是终极真相——而且每个哺乳动物、每个人生命的初期阶段都在水里度过——也就是说，作为胚胎时，就生活在母亲子宫的羊水里，然后分娩时由水而出。我不是希望做梦者知道这一点，相反，我认为他没必要知道。不过做梦者有可能知道些什么，因为他可能在童年时期就听人说过，即便如此，我还是认为这点知识与象征的构成并不搭边。他在小时候就听说是鹳把他带来的——但鹳又是从哪里找到他的呢？从湖里，从井里——得，又是出自水中。我的一位患者在他小时候听说了此事，他是一位小伯爵，然后就失踪了一下午。最终发现他就躺在自家宅邸的湖边，正认真凝视着水面，想看看自己能不能在水底发现婴儿。

奥托·兰克就曾对神话故事中英雄的诞生作过比较研究，最早的英雄当属阿加德的萨尔贡王，他生于公元前2800年。把婴孩弃于水中或将其从水里救上来这两件事占有很重要的地位。兰克意识到这就是诞生的象征，这与梦里的那些惯常的象征很类似。当一个人梦到自己将某人从水里救出来，后来此人就成了自己的母亲，或代表任何人的母亲；在神话故事里若有人将婴孩从水里救出，她便会声称自己就是这个孩子的母亲。有这么一个著名又有趣的故事，讲的是一个聪明的犹太男孩被人问及谁是摩西的母亲。他不假思索地回答道："是公主。"那人说："不对，公主只是将他从水里救出来而已。""她就是这么说的啊。"男孩回答道。由此可见，他对神话理解得不错。

出门旅行在梦里意味着死亡。同理，若是托儿所里的一个孩子问起自己很想念的一位死者去了哪里，他得到的回答一般是那人去旅行了。在这里，我得再次否认这样一种想法，即人们会认为梦的象征源于为了孩子着想的托辞，这是错误的。诗人也运用同样的象征，将死亡说成“无人知晓的目的地，无一游人复返”。即使是在日常用语中，我们也习惯将死亡说成最后的旅程。熟悉古礼的人都知道送葬的仪式有多么庄严，例如，古埃及人就考虑到要把死者去死亡之地的旅程描述下来。现在仍留存有许多《亡灵书》的副本，以作木乃伊前往死亡之地的旅行指南之用。因为墓地与活人的居所是分开的，所以死者的最后一段旅程就变得名副其实了。

同理，生殖器的象征并非梦所特有。你们每个人或者其他人有时候都可能不怀好意地将某位女性称为“老棺材”，却并没有意识到使用的就是生殖器的象征。在《新约》里人们可能会读到“女人是脆弱的器皿”这样的语句。犹太人的圣经典籍文体近似于诗歌，通篇充满性象征的表达，人们对这些象征往往不能正确地加以理解，所以其真正的释义，例如其中一篇《旧约 · 雅歌》的释义就曾引起过不少误会。在后来的希伯来文学中，也可常常见到将房屋喻为女性、将门喻为性器官出入口的例子。比如，当一个男人发现其妻失贞，就会抱怨说“发现大门打开了”。以桌子作为女性的象征也可见于希伯来文学，比如一位妇女谈及她的丈夫时说：“我为他摆好了桌子，可他却把它掀翻了。”跛足儿童据说就是男人掀翻桌子的结果。我举的这些例子都出自布吕恩(Brünn)的利维(L. Levy)的《圣经和塔木德的性象征》(*The Sexual Symbolism of the Bible and the Talmud*)一书。

船在梦里也代表女性，这一象征已被词源学家所证实，他们认为“船”的原意为泥制器皿，与盆(Schaff)是同一个词。炉或灶代表女性和子宫，这一象征可在希腊神话里科林斯的佩里安德及他的妻子梅丽莎的故事中得到证明。根据希罗多德的翻译，这位暴君出于一时的嫉妒杀死了自己深爱的妻子，后来，他恳求妻子的影子说出一些能表明其身份的特征，这位死去的妇人为了自证，便提醒他：“佩里安德，把他的面包掷进了冷炉中。”这是一句隐语，除了他俩之外谁都听不懂。又如，弗里德里希·S·克劳斯所编的《人类生活百态》(*Anthropophyteia*)一书，是研究各民族的性生活的必读书，里面提到某些地方的德国人讲到刚生完孩子的女人时会说：“她的火炉已成了碎片。”生火以及与之有关的一切，都蕴含着性的象征意义。火焰代表男性生殖器，壁炉或灶台则代表女性的子宫。

如果你们对梦中为什么常以风景来代表女性生殖器深感疑惑，那就让神话学家来告诉你们“地母”在古代所起的象征意义和宗教作用吧。至于房间，之所以可以代表女性，你们或许会认为是因为在德语俗语中，人们常以“女人的房间”(Frauenzimmer)一词代替“女人”(Frau)一词，也就是说，专供她使用的房间亦可指代她本人。同理，当我们说到高门

(Sublime Porte)时，意指苏丹及他的政府。此外，古埃及的统治者——法老也仅意味着“大宫廷”（在古老的东方，双重城门之间的宫廷庭院是人们集会的地方，就好似古代的市场）。我的意思是，这种推论太过表面。在我看来，“房间因为有人居于其中的特点才成为女人的象征”这一说法更为靠谱。我们已经看到房屋可用于这一象征意义；从神话和诗歌来看，我们可以进一步将城市、堡垒、宫殿和要塞都当作女人的象征。这一事实通过那些不说德语或不懂德语的人的梦就可得到证明。在过去几年里，我的患者主要是讲外语的人，我想我能回忆起他们所做的同样以房间来代表女人的梦，即便是在他们的语言没有与 Frauenzimmer 一词相似的用法的情况下。还有其他一些迹象表明，象征意义不受语言范围的限制，这也是研究梦的老专家舒伯特(Schubert)此前所主张的观点。不过因为我所有的外国患者都略懂一点德语，所以关于此问题的最后决断，需由在其他国家的精神分析学家做出，那里的人只会说当地语言，不懂德语。

关于男性生殖器的象征，几乎没有哪个不在笑话、俗语和诗歌之中反复出现，尤其是古典诗人的作品。不仅那些我们时常在梦里见到的象征颇有吸引力，还有一些新的象征也能引起我们的兴趣，比如各种劳动工具，特别是犁。而且，从事男性生殖器的研究容易将我们带到范围既广又备受争议的领域，为节省时间，我们就避而不谈了。不过，我还是想就其中一个未归类的象征——数字“3”多说几句。这个数字的神圣性是否源于其象征意义，目前还没有定论。但是在自然界，似乎有不少由三部分组成的物体被制成了盾徽和纹章，比如三叶草；同样，三瓣的法国百合也是如此，还有西西里岛和马恩岛这两个相去甚远的岛屿所共用的奇特纹章——三曲腿纹章，即一个由中心点出发的三条半跪着的腿的图样。据说，该纹章只是男性生殖器的一种不同的表征形式。类似于男性器官的物体在古代被视为威力最大的护身符，能消灾避祸。与此相关的是，我们的幸运护身符或许全都可以视为生殖器或性的象征。这类护身符多制成银质小吊坠的形式，如四叶草、猪、蘑菇、马蹄铁、梯子和扫烟囱的人。四叶草似乎篡夺了三叶草的位子，更适合当作象征物；猪在古代被视为繁殖能力的象征；蘑菇无疑是男性阳具的象征，有一种蘑菇因为长得与男性器官极其相似，所以其学名为白鬼笔(Phallus impudicus)；马蹄铁的轮廓与女性的生殖孔很相似；带着梯子的扫烟囱之人也被归于此类是因为人们一般会把“扫烟囱”喻为“性交”（参见《人类生活百态》）。我们已经知晓梯子在梦里是一种性象征，相关的德语用法可以帮助我们理解这一点，比如含有“爬上、登上”①之意的德语动词是如何用来形容强烈的性感觉的。我们在表述“追求女人”之意时，经常会说“爬上女人(to climb after women)”和“年老的攀登者(an old climber)”。②在法语中，“la marche”

① 德语为“steigen”。

② 德语分别为“den Frauen nachsteigen”和“ein alter Steiger”。

是“步行、脚步”的意思，而“un vieuxmarcheur”的意思与纨绔子弟类似。上述内容明显与大型雄性动物需爬上或登上雌性动物的背进行交配的事实有关。

折断枝条是手淫的象征，不仅因为该行为符合手淫的粗俗动作，而且因为在神话故事里，也有不少影响深远的类似象征。但尤为值得注意的是，手淫的代表，或者更确切地说，是惩罚手淫的代表——阉割，是以掉牙或拔牙为象征，在民间传说里也能发现与之相似的情况，只是做梦者甚少知道罢了。在我看来，各民族所实施的包皮环割术就等同于阉割，或者说阉割的替代品。我们现在知道，澳大利亚的某些原始部落如今仍在施行包皮环割术，以此作为男孩进入青春期的仪式(即对男孩成年的祝贺)，而其他附近的部落则以拔牙作为替代做法。

我的这些例子就举到这里。它们仅仅是例子而已。但是，倘若搜集这类例子的人不是我们这样的业余人士，而是神话学、人类学、语言学和民族学方面的真正的专家，那么可想而知，他们收集到的材料会更丰富、更有趣，而且我们对这个问题的了解也会更多、更深入。说到这里，我们不得不推出一些结论，虽然不够详尽，但还是能提供我们不少思考的素材。

第一，我们所面临的事实是，做梦者在潜意识里能进行一种象征表达，但在清醒时就不理解也认不出这种象征了。这就和你突然发现家里的女佣懂梵文了一样值得注意，因为你知道她出生在波希米亚的一个村庄，从未学过该语言。单凭我们的心理学观点很难理解这类事实。我们只能说，做梦者在象征方面的知识都是潜意识的，并且属于其潜意识的心理生活。但我们在这种假设上没能取得任何进展。直到现在，我们才意识到，我们必须承认潜意识冲动的存在，即使我们对此是一无所知的，而且这种冲动我们可能是一时不清楚，也可能是永远都不明白。不过，现在我们要处理的问题就更多了；实际上，这涉及未知的知识、思想关系以及能使一个常量替代另一常量的不同物体之间的比喻。这些比喻不是每次都更新，但只要是现成的，随时能派得上用场既可。语言不同的民族，尽管语言不同也使用相同的比喻这一事实就可证明这一点。

但是，这些象征关系的知识究竟来自何处呢？语言的使用习惯只占了其中很小一部分。而不少其他来源的类似的象征知识多半不为做梦者所知。所以，我们自己得先不辞辛劳地将它们收集起来。

第二，这些象征表达无论是对做梦者，还是对能让他们得以表达的那个梦的而言，都不是特有的。这些象征也可用于神话和童话故事，还适用于俗语、民歌、日常用语和诗歌想象。象征的范围非常广泛，而梦的象征只占其中很小一部分。因此，单从研究梦来着手解决整个象征问题是不利的。很多其他领域内的象征并不会在梦里显现出来，即便有，也数量极少。反之，就像你们看到的那样，在梦里经常出现的象征在其他领域也只是偶然出现。由此，我们感到象征是一种古用今废的表现方法。不过，其不同的历史残片会运用于不同的领域，一个用于这里，另一个用于那里，第三个稍加修改就能适用于多个领域。我不禁想起一位有心智缺陷者的一个有趣的幻想，他幻想世间存在一种“原始语言”，所有的象征表达都是这种语言的遗物。

第三，你们必须注意到其他领域的象征绝非仅止于性象征，然而梦里的象征几乎全用于表示性目标及其过程了。这很难解释。有没有可能原先代表性的象征意义，后来被挪用于其他用途了呢？这是否也是象征的表现方式弱化为其他类型的表现方式的原因呢？假如一个人仅仅考虑梦的象征问题，那么确实是无法找到这些问题的答案的。所以，他只能坚持这样一种假设：真正的象征与性事之间存在一种尤为密切的关系。

最近，我们获得了关于这方面的一个重要启发。一位名叫汉斯·斯佩贝尔（H. Sperber）的语言学家，其研究与精神分析一点都不相关。他提出，性需求在语言的起源和发展过程中起到了相当重要的作用。在他看来，最早的声音就是用来交流和召唤自己的性伙伴的；到后来，语言的词根就成了原始人劳动时所发出的声音。他们都是集体劳动的，一面劳动，一面演化出一种有节奏的重复的字音。这样，对性的兴趣便转移到劳动上来了。原始人把劳动看成是性活动的等价物或替代品的方式，从而让自己接受劳动。那时，人们在劳动中所发出的字音有两层意思，一层和性行为有关，另一层则与性行为的替代品劳动相关。久而久之，这些字音便失去了性的意义，只有劳动的含义了。如此代代演化，有性意义的新字音也是如此，其性意义逐渐消失，现在也被运用于新型的工作之中。以这种方式形成的词根，全都起源于性，但随后又失去了性的意义。倘若该描述极近正确的话，就为我们提供了一种理解梦的象征意义的可能。我们就可以知道梦是如何保留这些远古情形的，又怎么会含有这么多的性象征，为什么武器和工具通常代表男性生殖器，而原料及其手作加工品则代表女性生殖器。于是，象征关系也就可以视为古代语言的遗物了，在古代与生殖器同名的事物现在仍可作为生殖器在梦里的象征。

从梦的象征意义的类似物这点出发，你们可能也会学会欣赏精神分析学能引起人们普遍兴趣的特点，而心理学和精神病学就不能如此。精神分析学与不少学科相关，如神话学、民俗学、种族心理学和宗教，其研究结果又能给这些学科反馈一些特别中肯的思想。你们也会明白，以促进这些关系为唯一目的的一本杂志是如何生长于精神分析学这片土壤之上的。该杂志名为《意象》(*Imago*)，创刊于 1912 年，由汉斯 · 萨克斯 (Hanns Sachs) 和奥托 · 兰克二人负责编辑。在所有这些学科关系中，精神分析学是首个给予大过于接受的学科。实际上，精神分析学的受益就在于自身的不同寻常的发现能被其他领域重复出现的相同发现所证实。不过从总体来说，精神分析学提供给其他领域的是研究方法和观点，如果被运用的话能使这些领域大受裨益。我们利用精神分析对人类个体的心理生活进行研究，所得出的解释能帮我们解决人类生活中的不少谜题，或是至少为这些难题提供解决的希望。

另外，我还未跟你们提起过要在什么条件下，我们才能深入了解所谓的假定的“原始语言”，或是从哪一领域我们才能了解到最多的信息。只要你们还不懂这一层，你们就无法领悟这问题的全部要义。这个领域就属于神经症的范畴，其材料就是神经症患者的症状及其他表现，精神分析的目的就是对这些症状与现象加以解释和治疗。

第四，我们再回到之前的假设，旧话重提。我们说过，即使不存在梦的审查作用，梦也仍然难以理解，因为那时我们必须把梦的象征语言转化成我们清醒时的日常语言。象征意义乃是除了梦的审查作用外，造成梦的歪曲结果的第二个独立因素。由此我们也可以合理假设梦的审查会发现运用象征十分便利，因为二者均可造成同一结果——使梦变得奇怪难解。

对梦的更深入研究是否会碰到影响梦的歪曲现象的新因素，仍有待观察。在结束梦的象征话题之前，我必须再提一下这样一个令人好奇的事实：尽管象征在神话、宗教、艺术和语言方面十分常见是毋庸置疑的事实，梦的象征意义仍然引起了受过教育者的强烈反对，这难道又是因为梦的象征意义与性之间的关联所引起的吗?

第十一讲　梦的工作

若你们已经掌握了梦的审查作用和象征作用，虽然还谈不上完全了解梦的歪曲作用，但也能理解大多数梦的意思了。你们可以应用以下两种互补的方法：（1）唤起做梦者的联想，直到你们能透过替代品找出被掩盖的真正的东西为止；（2）利用你们自己的知识解释象征的含义。稍后我们再讨论由此引发的不确定性问题。

我们现在再回过头来研究之前尝试过的工作，当时还处于研究的早期阶段，我们的准备还不够充分。我们在研究梦的显意和隐意的时候列举了四种主要的关系：（1）以局部代替整体；（2）近似或暗喻；（3）象征关系；（4）词的可塑表征。现在我们应扩大研究范围，对整个显梦与由解析而得的隐梦进行比较研究。

我希望你们不要再把这两者弄混了。假如你们能做到这一点，那将比我的《梦的解析》一书的大多数读者对梦的理解更深刻、更到位。在这里，我有必要再提醒你们一次，将隐梦转变成显梦的过程叫梦的工作。而我们的释梦工作刚好相反，是一个将显梦转变成隐梦的过程。释梦工作的目的在于颠覆梦的工作。就婴儿的梦而言，其愿望的满足显而易见，不过它还是经历过梦的工作，即由愿望变为现实，通常是由想法转变为直观的画面。这种梦无需解释，只需回溯这些变化的过程即可。无论梦的工作添加了怎样的梦，我们都将其统称为梦的歪曲现象，而我们的释梦工作就是努力消除这一现象。

在比较了一系列梦的解释后，我可以向你们做一个连贯的展示，以显示梦的工作是怎么处理隐梦的材料的。不过，请你们不要期望太高，它只是一段描述，请静下心来认真听听。

梦的工作的第一个阶段是凝缩作用。我们从中可知，显梦的内容比隐梦少，换言之，前者是后者的一种缩译。没有经过凝缩作用的梦偶尔也会有，但通常情况下都少不了凝缩作用，而且凝缩对梦作用的程度通常比较大。与之相反的情况绝对不会存在，即显梦的范围比隐梦广，内容也比隐梦丰富。凝缩通过以下几种方式出现：（1）某些隐梦成分完全缺失；（2）在隐梦的诸多情结中，只有一小部分片段被带进显梦；（3）某些与显梦有相同性质的隐梦成分被归入显梦，与显梦混为一体。

若你们喜欢，也可保留“凝缩”一词，只用它来形容上述最后一种方式。其效果尤其容易说明。无疑，你们可以从自己的梦里回想起将数人合为一人的例子。这种合成人可能看着像甲，穿着打扮像乙，做事风格像丙；尽管如此，但你始终知道他就是丁。这种合成人的形成，使得四人的共性在此突显出来。至于事件与地点，也可像合成人这样以同样的方式来合成，只要保证这些事件和地点一直具备隐梦突显出来的共同特点即可。这有点像一种新型的不稳定的观念就此形成，并以共同特性为核心。混乱的细节被凝缩到一起，常常形成一幅非常模糊的画面，犹如好几个影像被同时投射到一张胶片上的效果。

这种合成物的形成肯定对梦的工作而言非常重要，因为我们可以证明，合成体在形成过程中所需要的共同属性最初是不存在的，都是后来被有意制造出来的，比如，有意识地选择某种语言以表达某一意思。我们之前其实见到过凝缩和合成作用的实例，这两种作用是造成某些口误现象的重要原因。你们应该还记得一个年轻人希望“辱送”一位女士的例子吧(“辱送”由“侮辱”和“护送”两个词合成)。再者，还有些笑话所运用的技巧也可以追溯到这种凝缩作用。不过，除了这些例子外，有人或许会坚称梦的某种未知成分也能在我们的幻想产物里找到对应的部分，因为我们的幻想产物融合了不少并不属于我们经历的组成部分，比如古代神话或波克林(Boecklin)的画里那些人面马身的怪物以及那些令人难以置信的动物。因为这种创造性的幻想其实并不能发明任何东西，只是将彼此无关的成分组合在一块而已。梦的工作过程中有这样一个特点：梦的工作所处理的材料由思想组成，这些思想或许不被人接受且还会遭人谴责，但它们是以正确的形式建构和表达出来。梦的工作将这些思想变成其他东西，不过既值得注意又令人费解的是，这种翻译、转换(类似于转换成另一种文字或语言)的过程所运用的方法竟然是凝缩或合成法。因为翻译通常是尽量尊重文本中的区别，并区分出类似的事物。而梦的工作刚好相反，一如之前所列举的笑话那样，它试图通过寻找一个模棱两可的词来连接两种不同的思想，将二者融为一体。一个人无需立刻明白这一特点，但它对梦的工作这个概念来说可能是非常重要的。

虽然凝缩作用造成了梦的模糊不清，但一个人并不会觉得这是梦的审查作用造成的结果。他会倾向于认为凝缩作用是机械或经济方面的原因导致的，不过，审查作用无疑也参与了。

凝缩作用的结果或许也特别出众。借助于它的帮助，我们有时可以把一些完全无关的隐梦思想过程并入显梦，这样我们便能得出一个明显足以阐述梦的解释，同时还可能想出进一步的解释。

凝缩对隐梦与显梦之间的关系造成的后果是使二者各成分间的关系很复杂。一个显梦的成分可以同时对应好几个隐梦的成分，反之亦然；一个隐梦的成分可能参与了好几个显梦的成分，可以说是相互交错。在释梦过程中，我们明显发现梦的单个成分所触发的联想并非一个接一个地有序出现。通常情况下，我们得等到整个梦被阐释后，才能使其呈现出来。

由此，梦的工作以一种不同寻常的方式转录了梦思，不是逐字逐句或一个符号对一个符号地翻译，也不是遵循条条框框的选择作用，就好比保留一个单词的所有辅音，去掉元音一样；更不是我们所说的替换，即用一种成分换掉其他若干成分。它是一种迥然不同又极其复杂的机制。

梦的工作的第二阶段是转移作用。幸好我们有所准备，因为我们知道这都是属于梦的审查作用的工作。有两个证据证明：(1) 一个隐梦成分不由其组成部分的成分来替代，而是由其他与之无关的成分来替代，这也就是我们所说的某种暗喻方式；(2) 心理上的着重点由一个重要的成分转移到了另一个不重要的成分上，这就使得梦的中心被推移到了别处，梦也变得怪异起来。

我们在清醒状态下思考事情，也常以暗喻替代事情的原意，但这与梦的暗喻不同。清醒状态下所用的暗喻必定很容易理解，其替代品也必定与事情的原意有关。笑话也常利用暗喻来表达，它们将内容的联想略去，代之以不常见的外部联想，比如字的谐音、字的双关之意等。不过，这种联想仍可被理解；如若我们从暗喻无法回溯原意，那么笑话也就失去了它的作用。转移作用的暗喻就不受这些限制，它与替代成分之间的关系是最表面和最遥远的，因此不易被理解。若要追溯回原意的话，我们所得出的阐释结果要么是个糟糕的笑话，要么是个牵强附会的解释。只有当我们无法从暗喻追溯其原意时，梦的审查作用才算达到了目的。

将重心转移，使之成为表达思想的方法，这简直闻所未闻。我们在清醒思考的状态下，有时也会沿用此法，以达到一种喜剧效果。而由此产生的混乱含义，我或许可以通过下面这个小故事加以说明。某个村子里有一位铁匠，他犯了死罪，法院判决立即执行，但他是这个村里唯一的铁匠，因此不可或缺，而村里有三位裁缝，所以其中一人顶了铁匠的死罪。

从心理学角度来讲，梦的工作的第三个阶段是最有趣的部分。它包括将思想转换成视觉图像。我们要记住，并非所有的梦思都需要经过这种解读；其中有不少梦思仍然保持其原样，在显梦里以思想或意识的形式出现；另外，视觉图像也不是思想转换的唯一形式。不过，它们却是梦的构造的基础；这部分的梦的工作就像我们在前面所讲的那样，是位居第二的稳定少变。而就单个梦的成分而言，我们已了解到任何认识"词的可塑性表征"。

显然，这一阶段并不容易。为了解它到底有多难，你们可通过设想接手这样一个任务来理解：你们要画一系列插图以替代报纸上的一篇政论，而让你们犯难的是丢弃字母的书写重拾图画的形式表意。文中的人物或具体事件都不难用插画表达，这或许还是你们擅长的呢，但当你们要把所有抽象语言和表达思想之间关系的词，例如介词、连词等全变成图画，就会觉得十分棘手了。就拿抽象语言来说，你们可以采取各种各样的手段。譬如，你们会将文章的内容转变为一些发音不寻常的文字，不过这些字的组成部分更具体，也更易表达。接着你们会回想起大多数抽象语言在丧失原意前本就是具体的，于是，你们便会尽可能追溯到它们原本的具体含义，这样你们便会高兴地发现，“占有”一件物体可以通过跨坐[1]在它上面来表现。梦的工作也是如此。在这种情况下，要做到表达准确很难。你们也要体谅梦的工作还得把那些难以言表的事物，如破碎的信念，替换另一种断裂形式，如断腿[2]。这样，你们就可以用这种方式克服一定程度上的以图代字的困难。

有些表示思想关系的词，比如因为、因此、但是等，因为没有便于将它们转成图像的方法，所以这部分语言在被解读成图像的过程中就不得不舍弃了。同理，梦的工作将梦思的内容

① 德语“besitzen”（占有）在这里表示“跨坐”之意。

② 在修改这几页内容时，我偶然读到一篇报纸上的文章，在这里作为上述我说的几句话的意外证据。《上帝的惩罚：因违背婚姻誓言而断臂》：安娜·M夫人是一位预备役军人的妻子，控告克莱芒蒂娜·C夫人不忠。诉状上说C夫人在自己丈夫服役期间与卡尔·M私通。其间，卡尔·M每月寄给C夫人七十克朗。此外，C夫人还从原告的丈夫手里得到了一大笔钱，而原告和她的孩子则生活在饥寒交迫之中。原告的丈夫的几个朋友曾告诉原告，C夫人同原告的丈夫去酒馆饮酒作乐至深夜。被告甚至还当着几名步兵的面问过原告丈夫，会不会马上同自己的“黄脸婆”离婚，和她一起过。C夫人的管家也曾不止一次见过原告丈夫出现在C夫人的房间，而且还一丝不挂。昨天，C夫人当着利奥波德城（维也纳一地区）的法官的面说自己根本不认识M；他们二人根本不存在任何亲密关系。但是，一名叫阿尔贝蒂娜·M的证人却作证自己亲眼见过C夫人亲吻原告的丈夫，她当时还感到非常吃惊。M在上一次开庭受审时，否认与被告有任何亲密关系。但昨天法官收到一封信。信里，M推翻了自己之前的证词，并承认直到去年六月份还在与C夫人保持私情。他说自己之所以在上一次开庭时否认这段私情是因为被告的缘故，后者在开庭前找过他，并跪在他面前恳求他救救自己，不要承认这桩私情。“今天，”他接着写道，“我感到自己不得不在庭前招供一切，因为我左臂骨折，在我看来，这就是上帝对我犯罪的惩罚。”法官最后判决这桩刑事案件时效已过，遂无法立案。于是原告撤回上诉，被告亦被无罪开释。

分解成物体和活动的原材料。如果有可能以更详细、更精巧的图像来表示某些无法展示自身的关系，你们或许会感到满足吧。梦的工作差不多也是如此，它通过显梦的形式特点，如清晰性或模糊性，分解成好几部分，成功地显示出隐梦意义的大部分内容。梦分成多少部分，通常是与梦的主题和隐梦的思维序列的数量相当的；开头所做的短梦与接下来的主梦之间的关系，往往是一种引导性的或刺激性的动机关系；而梦思的一个从句(a subordinate clause)在显梦里变成了改变情景的插叙，这种例子不胜枚举。因此，梦的形式本身就需要解释。一个晚上做的好几个梦往往意义相同，证明它们正在努力控制日益增强的刺激。在一个单一的梦里，特别棘手的成分可能会由“复制品”，即好几个象征来表示。

通过不断将梦思与取代它的显梦作比较，我们学到了各种出乎意料的东西，比如连梦里荒诞不经的事都是有意义的。是的，从这一点来说，医学人员和精神分析者对梦的概念的分歧达到了空前的程度。对前者而言，梦之所以无意义是因为梦里的心理活动已失去判断力；根据我们的理论则恰好相反，只要具备判断力的梦思希望传达出这样一个观点“这是胡说八道”，那梦就是无意义的。你们所熟悉的那个去剧院看戏(三张票要一个半弗洛林)的梦就是这方面的一个很好的例子。它所要表达的观点是“这么早结婚真是太愚蠢了”。

同理，我们在释梦工作中发现怀疑或不确定性的意义常常由做梦者表示出来，比如关于某一成分是否真的在梦里出现了；或者是这个成分还是其他成分。一般而言，这些疑虑和不确定性在隐性梦思里找不到对应的部分；它们是由梦的审查作用引起的，相当于压制失败的结果。

最令人吃惊的是梦的工作处理隐梦中对立事物的方式。我们已经知晓，隐梦材料的一致性可通过凝缩作用在显梦里反映出来。现在，对立也和一致采用同样的处理方式，尤其偏好用同一显梦成分表现出来。一个显梦的成分若是也具备反面成分，那么它可能既可代表它自已，又可代表其相反的意义，或者还能同时代表正反两种意义。只有联系上下文，才可决定应如何解读它。小品词“不”肯定是因为这一点才无法在梦里被表达，至少不是明明白白地表达。

有关梦的工作的这一部分令人惊奇的行为，语言的发展为我们提供了很好的参照。许多研究语言的学者都坚持认为，在最古老的语言中，所有的反义词——如强弱、明暗、大—小——都是由同一词根表示的。（原始词的对立之意。）在古埃及语里，“ken”的原意既可以指强，也可以指弱。在谈话中，因为语调和伴以手势的缘故，这些模棱两可的词在运用时不会造成误解；在书写中则需加上所谓的限定词，即加上指示性质的图像。故而如果“ken”表示强的意思，需在“ken”后面画一个站立的小人儿；如果“ken”表示弱的意思，就在“ken”后面画一个蹲着的小人儿。只是到了后来，随着原始词的渐进演化，表示对立之意的一个词才演变成了两个词。照此方法，兼有“强”“弱”之意的词“ken”引申出了两个词：一个表示

“强”，另一个表示“弱”。据说不仅处在最后一个发展阶段的原始语言如此，那些属于较现代的甚至现今仍在使用的语言都保留了不少原始的含对立之意的词。下面我从阿贝尔（C. Abel）（1884）的著作中举些例子来说明。

拉丁语中仍有下述这样含有双重意义的词：

altus——高或深，sacer——神圣或邪恶。

词根变化的例子有：

clamare——尖叫；clam——静静地，默默地，秘密地；siccus——干燥；succus——汁、液。

在德语中有：

Stimme——声音，stumm——哑。

比较相近的语言中的例子更多：

英语：lock（锁上）；德语：Loch——洞、穴，Lücke——空隙、缺口。

英语：cleave（裂开或粘住）；德语：kleben——粘住、黏附。

英语中的“without”现在是“没有”之意；“with”既有剥夺之意，也有分摊之意，从以下复合词中便可看明白：“withdraw”（撤销）和“withhold”（阻止）。德语“wieder”，也与此例非常相近。

梦的工作的另一特点也在语言的发展过程中找到了原型。在古埃及语及其他后来的语言中，调换单词音节的位置却可以保持基本意思不变。在英语和德语中都存在这样的例子：

Topf—pot；boat—tub；hurry—Ruhe(休息、安静)。

Balken(横梁)—Kloben(棍)—club。

拉丁语和德语的例子如下：

capere(捉住)—packen(捉住，抓住)。

在这里出现的一个单词的倒置，在梦的工作中以一种不同的方式出现。意义的倒置或被反义词所替代，这也已是我们所熟悉的。此外，梦里还有情境的倒置以及人与人之间关系的倒置情况，所以在梦中，我们仿佛置身于一个颠倒的世界。梦里往往出现的是兔子追猎人的情况。而且事件发生的顺序也是颠倒的，导致梦里出现先果后因的情形。就好比三流剧院上演的戏剧，主角先倒地而亡，射杀他的子弹才由他的两侧位置射出。或者有些梦的成分的整个顺序都颠倒了过来，所以，在释梦时要先解释最后一个成分，最后才解释第一个成分，方能求出其中含义。你们可以回想在梦的象征意义那一节中，入水和落水都是冲破什么出来的意思，即分娩或诞生，并且爬楼梯或梯子和下行、下降是同一个意思。毋庸置疑，梦的歪曲定能从这种不受限的表达中获益。

梦的工作的这些特点可被称为是原始的。它们与古老的表达系统、古老的语言及文学有关，并且连其所涉及的困难都与后者相同，对于这一点，我们以后再评述。

现在先来讨论一些其他方面。梦的工作原理是将语言形式的隐性梦思转译成心理影像，主要是视觉影像。我们现在的思想就是从这种心理影像中发展而来的；其早期的材料和阶段就是心理印象，或者更确切地说，是这些心理印象的记忆影像。只不过到后面才有了依附于这些图像的文字，然后二者相结合发展成了思想。故而梦的工作使思想经历了一个退化处理，换言之，使之重返其发展所经历过的阶段。在这一倒退的过程中，所有记忆图像的发展进程中作为一个新的贡献而增添到思想的事物都必须消失。

这便是梦的工作。在了解了梦的工作流程后，我们对显梦的兴趣便退居幕后了。不过，我还应对后者略加评论，因为显梦毕竟是我们在梦里唯一可能知觉到的信息。

显梦在我们眼里已失去了它的重要性，这是自然而然的事。对我们来说，无论显梦是否严谨地组合在一起，抑或是被分解为一系列不相关的零散的影像，肯定都是无关紧要的。即便它表面上看起来很重要，可我们已经知道它是由梦的歪曲作用导致的，可能与梦的内在含义没什么有机联系，好比光看到一座意大利教堂的外观，并不足以推断出其结构和平面图一样。有时候，梦的表象也有意义，它可以不怎么歪曲或完全没有歪曲地再现隐梦的一个重要部分的思想。但我们必须经过释梦，弄明白其歪曲的程度之后才能得知这一点。当梦里的两个成分似乎变得关系紧密时，类似的疑虑也会盛行。这或许是个有价值的暗示：我们或许可以把与隐梦成分相对应的显梦成分都聚集到一块；但其他时候我们又确信，原本在隐梦中属于一个思想整体的成分在梦里已变得支离破碎了。

通常而言，我们要避免尝试通过显梦的一部分解释其另一部分，就好像梦是前后连贯的、务实地表达的。梦至多可与角砾岩相提并论，后者由各种矿物质融合而成，以致其外观与那些原始矿物质截然不同。实际上，有一部分梦的工作被称为“次级修正”，其作用是将梦的工作的最终产物合成为一个统一的、近乎连贯的整体。在此过程中，材料常常被安排在一个完全误导性的方向上，如有必要，交错穿插的方法也随时会使用。

另一方面，我们也不能高估梦的工作，更不必夸大其词。我们所列举的上述过程已概括出其全部作用，除了凝缩、置换、可塑性表征和次级修正外，它什么都做不了。梦里所有的判断、批评、诧异和推论都不是梦的工作的产物，并且几乎没有迹象表明它们是关于梦的回想，但它们大都是隐性梦思的部分，被或多或少地修改以适应梦境的内容，然后进入显梦之中。梦中组织会话的问题也不属于梦的工作的管辖范畴。除了少数例子外，梦里的会话是对做梦者本人白天所听或所言的模仿和组合，它们被引入隐义中，作为梦的素材或诱因。梦也不能提出问题；出现在梦里的问题主要是数字组合、十分不合理的估计或者仅是隐梦思想中问题的复本。在这种情形下，无怪乎人们会把对梦的工作的兴趣转移到梦的隐义上来了，后者以一种或多或少被歪曲的形式在显梦里表现出来。不过，我们的兴趣若偏得太远，以至于在理论思考上常常把梦的隐义当成梦本身的替代品也是不对的，这样就会出现把只适用于前者的规则套在后者身上的情况。奇怪的是，精神分析的结果会因为这种更换之举而被滥用。“梦”除了是梦的工作的产物外，什么都不是；也就是说，它是梦的隐义由梦的工作转化出来的形式。

梦的工作的过程很有特点，在心理生活中可算是前所未有的。凝缩、置换作用以及思想到图像的倒退转译，都属于全新的发现，可算作对我们在精神分析领域辛勤工作的丰厚回报。你们将从与梦的工作的对比中意识到，精神分析研究将要显示的与其他研究领域，尤其是与语言和思想发展研究之间的关联是什么。当你们听到梦的结构机制是神经症症状的起源的模型时，便会悟出这些关联的深远意义。

我也知道，我们目前还无法估量梦的研究工作对心理学所具有的全部贡献。我们只能指出这些可证明潜意识的心理活动的新证据——隐性梦思存在——以及释梦工作也开阔了我们的眼界，让我们意识到理解潜意识的心理活动的方法原来如此之广，大大出乎我们的意料。

然而现在时机或已成熟，接下来我会通过各种梦的实例来分别说明前面已讲过的各点事实。

第十二讲　梦的实例分析

假若我再次展现在你们面前的还是对梦的片段分析，而不是请你们参与对美丽的长梦的解释，希望你们不要对此失望。你们会说在做了这么多准备之后，你们应该有权参与梦的解析，而且在成功地解释了数以千计的梦的含义后，应该早就可以举出好些经典的梦的实例，以证明我们对梦的工作和梦的隐义的理解了。是的，但在实现你们愿望的路上存在的困难着实不少。

第一，我得承认，没人会以释梦为其主业。那么，一个人是在什么情况下才释梦的呢？他有时会不带什么特殊目的地研究某个朋友的梦，或在一段时间内钻研自己的梦，以训练自己掌握精神分析方法；但更多情况下，一个人研究的主要是接受精神分析治疗的神经症患者的梦。后者的梦是绝佳材料，丝毫不逊于正常人的梦，但治疗技术迫使他的释梦分析退居治疗目的之后，一旦我们从患者的梦里获得有利于治疗的信息之后，剩下的一大部分就不再进行一一解析了。我们在治疗过程中所遇到的许多梦都难以完全分析出来，因为它们都源于那些对我们来说仍然陌生的心理材料，只有在完成治疗后，我们才可能知悉一二。另外，要想了解这种梦，就必须先将神经症的所有秘密和盘托出。这对我们而言是不可能办到的，因为我们之所以研究梦，就是为研究神经症做准备的。

我知道你们会高兴地放下这些材料，转而去解释正常人的梦或你们自己的梦。但是，考虑到这些梦的内容，这种解释是不可能发生的。一个人既不能暴露自己的隐私，也不能暴露信任他的人的隐私，若对他人的梦进行彻底分析，将是十分轻率的，正如你们所知道的那样，梦的细节往往涉及人格中最隐秘的部分。除了由梦的素材性质引起的困难，在交流梦的时候还有另一个必须注意的问题。你们知道，梦对做梦者本人而言都是比较陌生的，更何况是对完全不了解做梦者的人。我们的文献不乏精彩而又详尽的梦的解析。我自己就曾发表过与梦的解析相关的案例报告。或许关于梦的解析的最好的例子是兰克发表的，是对一位少女的两个相关的梦的分析，梦的内容约占了两页纸，而对它的分析占了七十六页。若要详细介绍这两个案例，我大概要花上整学期时间。如果我们选取一个更冗长或明显经过更多扭曲变形的梦，那就需要对其做很多解释，并且必须多次运用自由联想和回想，必须经过不少曲折坎坷，这样一来，一次演讲必定不够，因为那样无法让人感到满意和信服。故而我必须请你们满足于更容易学会的内容，通过详述神经症患者的梦境的几个片段，我们可能会从中看出这样或那样的事实。梦的象征是最容易解释的，其次便是梦的表象的退化性表现出的某些特质。[①]我将告诉你们，下面这些梦的例子为什么值得一述。

1. 一个仅包含两个简单画面的梦："做梦者的叔父正在吸烟，尽管那天周六——一位妇人正在轻抚他，仿佛他是她的孩子一样。"

关于第一个画面，做梦者(犹太人)说他的叔父是个虔诚的教徒，以前从没有在安息日吸过烟，以后也决不可能做出吸烟这种罪大恶极的事来。至于第二个画面里的妇人，自然而然就使做梦者联想到自己的母亲。这两个画面或想法应该明显是相互关联的，但它们是怎么关联的呢？因为做梦者明确表示他的叔父在现实中不可能有这样的行为，于是，这里自然要引进"假如"一词，即"假如我叔父，那位虔诚的教徒都能在周六吸烟的话，那么我也就可以让我母亲抚摸我了"。很明显，这位母亲的抚摸是被禁止的；同理，在安息日吸烟，对一名虔诚的犹太教徒而言也是被禁止的。你们可以回想一下，我曾告诉过你们，梦思之间的所有关系在梦的工作过程中会全都消失，这些关系会被分解成它们的原材料，而释梦的任务就是要把这些缺失的关联重新穿插进去。

2. 由于我曾发表过有关梦的论述，因而使我在某种程度上成了研究梦的公共咨询顾问，多年来，我收到过各界人士的

① 这一高度专业性的概念在《梦的解析》第七章第 422 页的 b 部分有阐释。

信，人们向我叙述他们的梦，并征求我的意见。他们为我提供了足够详细的材料，使我有了释梦的可能。有时他们还自愿告诉我他们对梦的解释，我对他们自然是心存感激的。下面要讲的梦就属于这一类情况，做梦者是慕尼黑的一位医生，他的这个梦发生于1910年。我之所以举这个例子，是因为这个梦说明了假若做梦者没有告诉我们关于梦的信息，那么这个梦是没法解的。我猜在你们的内心深处，一定认为理想的释梦方法就是填充梦的象征意义，而将自由联想法弃之不顾。我希望你们能消除这种错误的认知。

“1910年7月13日，天刚蒙蒙亮的时候，我梦见我正在图宾根市的街道上骑车，这时突然有只棕色的腊肠犬从后面追上来，咬住了我的脚后跟。我往前骑了几步路，赶忙下车，坐在一个台阶上，开始拍打这只紧咬我不放的畜生。（无论是狗咬我的过程，还是整个事情经过都没有使我感到不快。）坐在我对面的两位老太太一直在看着我，并且咧嘴笑。接着我就醒了，和之前做梦一样，刚醒来的那一瞬间，整个梦对我来说无比清晰。”

在这个例子里，象征没有发挥什么作用。不过，做梦者透露给我们一个信息，“最近我爱上了一个女孩，只是在街上见过她，还没找到机会认识她。最愉快的结识她的方式可能是通过那只腊肠犬，因为我是一位资深的动物爱好者，感觉她也有此爱好”。他又说，他几次见到狗之间发生混战时，都机敏地化解了，每每引得旁观者惊讶不已。我们由此而知，那位令他心生爱慕的女孩常常带着这样的一只狗出行。不过这位女孩被显梦略去了，只有那只与她相关的狗在显梦里。或许那几位对着他笑的老太太就是那位女孩的化身。但他所说的其他话并不足以证实这一点。而梦里骑车的情景则是直接重复了一遍他记忆里的场景。因为他每次遇见那位女孩和她的狗时都在骑车。

3. 当人们失去了自己的所爱之人后，很长一段时间里常常会做比较特殊的梦，梦里呈现的是将死者已死这个明显的事实与自己想要逝者复活的愿望进行折中的结果。有时在梦里，死者虽死犹生，因为他还不知道他已死，好像只有他知道后，死者才算真正死去；有时在梦里，死者半死不活，并且是死是活都有特殊的标记。一个人不能简单地将这些梦定义为无意义的，因为复活并非不可能在梦里或神话故事里出现，尤其在神话故事里，人复活是常有的事。就我目前分析过的这些梦来看，似乎都有一个合理的解释，然而让死者复活的虔诚愿望总是以最奇怪的方式表达出来。我举个例子来说明，这个梦听上去似乎既奇怪，又毫无意义，针对它的分析可以显示出你们通过我们的理论分析已经预备好的许多观点。做梦者在多年前就失去了父亲。

“父亲虽已过世，但后来又被掘出坟墓，且面色不佳。自那以后父亲继续活在这个世上了，做梦者想尽一切办法阻止他注意到这个事实。”随后，他又梦到一些其他事，但与此事毫不相干。

他父亲已死，这是我们都知道的事实。但他父亲从墓里被掘出来却是虚构的，其余的梦也都不重要。但做梦者告诉我们，他从父亲的葬礼上回来后，有一颗牙齿就开始疼起来。他想遵照犹太教的戒律处置这颗牙，那上面说："如果牙齿令你不适，可将其拔去。"于是，他便前往牙医处拔牙。牙医却说："牙痛时不能简单地把牙拔掉，你必须有耐心。我先给你上点药，杀死神经，三天后你来找我，我再帮你把它拔掉。"

"这一'取出'，"做梦者忽然说，"在梦里就成了掘出。"

他说得对吗？并不完全准确，只是差不多对得上，因为牙齿并没有被拔出，只是牙齿内坏死的部分被取出来而已。不过，根据我们的经验，我们或许可以相信梦的工作是有能力应对这种不准确性的。做梦者的梦似乎因为凝缩作用而将已死的父亲和已坏死却仍留在口中的牙齿合二为一了。也难怪在显梦里会显得这么怪诞荒谬了，因为有关牙齿的一切情况根本不适合用在他父亲身上。那什么样的媒介物才能把牙齿和他父亲联系起来，从而使凝缩作用成为可能呢？

不过，上述解析肯定是对的，因为做梦者说他知道有句俗语说："如若梦到掉牙，就是家中要死人的征兆。"

我们知道这句俗语并不正确，至多也就是个歪理。因此，当发现这个话题竟涉及梦的部分内容背后的深意时，就不能不让人深感惊异了。

无需催促，做梦者就开始说起他父亲的病痛和死亡以及他们之间的父子关系。他父亲病了很久，护理和治疗已经花了他（儿子）一大笔钱。但他并没有觉得花销太大，也没有丝毫不耐烦，更不会希望父亲快点死掉。他自称能按照真正的犹太教义来孝敬他父亲，并能严格遵从犹太教的戒律行事。但你们难道没有注意到他的梦思里的矛盾之处吗？他将他父亲与牙齿等同起来。关于这颗病牙，他想按照犹太教的戒律来处置，即“牙齿引起了痛苦和不适，就应将其拔除”，他也十分愿意遵从犹太教的教规来对待他父亲，教规告诉他，在这种情形下不必顾虑麻烦和花销，自己不但要承担全部责任，而且不能对造成自己痛苦的对象有丝毫怨恨之情。如果说实际上他对待父亲的情感和对待那颗病牙的情感差不多一致，这种假设岂不是更令人信服？换句话说，他其实希望他父亲能快点死掉，好让这所有的一切，无论是多余的、痛苦的经历，还是昂贵的花销统统得以终结。

我毫不怀疑这就是做梦者对久病的父亲的真实态度，而他引以为傲的孝顺思想又会阻止这种想法的出现。在这种情况之下，人们往往不免希望久病的父(母)亲赶快去世，但表面上又会伪装出同情的口吻，比如“这对他来说也算是一种愉快的解脱吧”。但请注意，在这里我们已经克服了隐性梦思里的障碍。他的隐性梦思的第一部分无疑只是暂时的潜意识，也就是说，在梦的工作过程中，他对他父亲的敌意可能属于永久的潜意识，或许可以追溯到他的童年，而在他父亲病重期间，这种伪装过的敌意不时会悄悄潜入他的意识之中。就其他明确影响梦的内容的隐梦意义而言，我们更可以如此认为。诚然，我们在梦里没有发现他有任何对父亲的敌意。但我们若从研究一个人的童年入手，找寻他对父亲的这种敌意的根源，便会知道他之所以憎恨父亲，是因为后者在他童年早期就压制他的性行为，正如他在进入青春期之后，再次被父亲出于社会动机压制性行为一样。跟父亲之间的这种关系也适用于我们的做梦者；他对父亲的爱中夹杂了太多的敬畏之情，都源自他早年受到的性恫吓。

我们现在可通过手淫情结来解释显梦的其他部分了。“他面色不佳”实际上婉转地提及牙医所说的另一句话：如果这里少了颗牙，那就不好看了；但这句话同时也暗指年轻人在青春期手淫过度后不自觉的或因害怕流露出的倦容。做梦者在显梦里将这种倦容转移到了他父亲身上，从而减轻了自己的心理负担，这便是你们所熟悉的梦的工作的转移作用。“自那以后，他便继续活在这个世上了”这句话，再次掩盖了这样一个愿望，即希望他父亲复活，这也与牙医许下的牙齿会被保留的承诺相一致。这个梦里有句话表达得很微妙，即“做梦者想尽一切办法阻止他注意这个事实”，这句话很自然地引我们推出“他已死”这个结论。不过，我们由这句话的意思再一次推出手淫情结这唯一有意义的结论，年轻人当然会想方设法地阻止他父亲知道自己的性生活。最后，请记住这个结论，我们常把牙痛的梦解读为对手淫或手淫所招致的惩罚的恐惧。

你们现在知道这个难以理解的梦是如何产生的了。它由以下几个方面构成：（1）一种明显引人误解的凝缩作用；（2）从隐梦思想过程中产生的所有思想；（3）形成模棱两可的替代物，以取代隐梦意义中最隐秘的和最不相关的想法。

4. 我们不止一次试图理解那些平庸的梦，虽然它们既不荒谬，也不令人厌恶，却引起以下疑问："为什么我们要梦见这些琐碎的事呢？"在这里，我给你们提供一个新的关于此类梦的实例，它由一位年轻女性在同一个晚上做的三个梦组成。

a. "她正走过她家的大厅，头撞到一个挂得很低的吊灯，以致流血了。"

她没什么可回忆的，况且这事也没有真的发生过。但她给我们提供了一条与此无关的信息："你们知道我的头发掉得有多厉害吗。我妈昨天都说了：'孩子，你的头发再这样掉下去，你很快就会秃得像光腚了'"。这里，脑袋代表了身体的另一个部位。至于吊灯象征什么，无需什么帮助我们就可以理解：凡是可以被延长的物件都代表男性生殖器。因此，此梦的寓意是身体的下体部位因与阳具相碰而流出血来。这个解释可能仍然模棱两可；由做梦者进一步的联想可知，此梦和她的认知有关，她认为月经来潮是和男子性交的结果。这是少女对性的一个普遍观念。

b. "她看见葡萄园里有一个深坑，她知道这是树拔出之后留下的。"对此她的评价是"她没看到树"。她的意思是说她在梦里没有看到树，但这句话还可以表示另一个意思，我们也百分百确定这句话的象征意义就该这么理解。此梦还涉及对性的另一个幼稚见解，即，女孩本来与男孩有着同样的生殖器，后来由于被阉割了（树被拔去），才成了现在的样子。

c. “她站在她书桌的抽屉前，她是如此熟悉这个抽屉，如果有人动过它，她马上就会察觉。”书桌的抽屉像所有的抽屉、箱子或盒子一样，代表女性生殖器。她知道一旦有过性行为(或像她所认为的，哪怕是有过性器官的接触)，生殖器便会显露出相应的痕迹，这就是她长久以来一直都害怕的事。我觉得这三个梦的重心都在于“知道”这个观念上。她忆起了她孩子气地探索性的那些往事，当时她对自己探索出的结果还是颇感自豪的。

5. 以下又是个带了点象征意义的梦。但这一次我必须先简短概述一下做梦者做梦前的心境。一名男子对与其共度良宵的女子说她具有母性，而后者在交媾过程中每每不免生出想要个孩子的愿望。可是，这种幽会情形使他们不得不采取体外射精的避孕措施。次日早晨醒来后，这名女子叙述出这样一个梦：

“一位戴着红帽子的军官正在街上跟踪她。她想摆脱后者，于是跑上了楼梯，可他仍然紧跟其后。她上气不接下气地跑进自己的公寓，关上门，上了锁。当她透过锁孔向外窥视时，发现他正坐在外面的凳子上流泪。”

红帽子军官的追逐和她上气不接下气地爬楼行为，无疑都是性行为的象征。做梦者把自己反锁在屋里而将追逐者关在门外，这是时常出现在人们梦中的倒置的例子，因为在现实生活中，在交媾完成前抽身而去的是男性。同理，她的伤心也转移到了她的男伴身上，因为在她的梦里，哭泣的是男子，同时，他的眼泪也暗指精液。

你们肯定听说过，根据精神分析的说法，所有的梦都具有性意义。现在，你们自己就能判断出这种指摘是不正确的。你们已经了解了那些愿望满足型的梦，这种梦被用来满足那些最明显的需求，比如饥饿、口渴、渴望自由等，此外还有安乐的梦、焦躁的梦以及贪婪自私的梦。但你们必须记住，作为精神分析研究的结果之一，那些明显被歪曲过的梦大多是性欲的表示（但也有例外）。

6. 我举了一堆关于梦的象征意义的例子，其实是另有深意的。刚开始讲课的时候，我就跟你们抱怨过做精神分析研究有多么艰难，还阐述了一堆事实来让你们相信；估计从那时起你们就差不多同意我的观点了。但精神分析的各种主张之间的关联十分密切，以至于只要相信了其中一点，便很容易接受整个理论的其他主张。对于精神分析，我们或许可以说，只要你们现在肯举一个手指头来支持它，那么很快你们就会举起整只手。任何相信过失解释的人，从逻辑上讲，都不会不相信精神分析学的其他观点。梦的象征意义是同样容易让人们信服精神分析学的第二个观点。我再给你们说一个梦，这个案例已经发表了。做梦者是一位农妇，她丈夫是个更夫，我们可以肯定的是，她从未听说过梦的象征意义和精神分析学。你们可以自己判断我们由性的象征得出的解释究竟是不是牵强附会。

“于是有人破门而入，她在惊恐中大呼更夫。但他那时已经友善地同两个‘美人儿’一起去了教堂。教堂前有好些台阶。教堂后面有座山，山顶上是片茂密的林子。更夫戴着头盔，身着护喉甲胄和披风，领下有棕色的络腮胡须。两个同伴静静地跟在他身边，腰间围着袋状围裙。从教堂到山之间有条小路，路旁长有草丛和灌木，沿着小路愈长愈密，到了山顶则成了一片繁茂的林子。”

这个梦里的象征含义，你们都不难看出。男性生殖器由三人组代表，女性生殖器则由包含教堂、小山和林子的景观为代表。性行为的象征仍由台阶来表示。梦里的山在解剖学上称为阴阜，即维纳斯之丘。

7. 我再讲一个梦，这里必须插入一些象征来解释。尽管做梦者不具备释梦的初级知识，但还是清楚地解释了梦里所有的象征意义，故而此梦更值得我们注意和信服。这个梦境很不寻常，而且我们也不清楚引起此梦的必要条件是什么。

“他同他的父亲正在一个名为普拉特①的地方散步，看见一个圆顶建筑，前面还有一座小型建筑，上面系着一个氢气球，看上去相当松弛。他父亲问他这些有何用，他感到很奇怪，但还是解释给他父亲听。接着他们走到一个院子里，院内铺有一大张金属薄片。他父亲想撕一大片下来，但先朝四周望了望，看看有没有人。他对儿子说，他只需和管理员说一声，便可不费吹灰之力拿走一些。从院子走下去，经过几级台阶便可到达一个穴内，里面的墙壁都装有一层软垫，就像皮制的扶手椅似的。穴底是一个长形的平台，台后又有一穴……”

① 维也纳的一条主街。

做梦者的解释如下："圆顶建筑代表我的生殖器，它前面的气球指我的阴茎，我曾嫌它太软。"由此，我们可以更详细地解读为，圆顶建筑表示臀部，孩童常以为该部位是生殖器的一部分。圆顶建筑前的小型建筑代表阴囊。在梦里他父亲问他这些有何用，也就是说，他问的是生殖器的目的和功能是什么。这个梦境显然应该倒过来看，这样，做梦者才是那个问话的人。因为他实际上没有问过他父亲这样的问题，我们应该把此梦看成一种愿望，或当成一种假设，即"假如我问我父亲性启蒙方面的问题"。我们很快就会发现，这种思想在另一个地方也得到了延续。

那个铺有金属薄片的院子，首先并不被认为具有象征性，而指他父亲的营业场所。出于谨慎的缘故，在这里我用"金属板"来代替他父亲的营业场所，但我没有改变梦里的任何措辞。做梦者曾涉足他父亲的生意，对他父亲那种唯利是图的行径感到非常厌恶。由于这个缘故，延续到这里的上述梦思可以解读为："如果我问他，他也会像欺骗顾客那样欺骗我"。"手撕金属薄片"暗示商业欺诈，但做梦者自己给出了另一种解释，他说这意味着手淫。我们不仅早就熟悉了这种象征，而且这也正与以下解释相一致，即手淫的保密性可由倒置的手法来表达——"它可以公开安全地进行"。此外，我们的预料再次得到印证，手淫行为被安在了他父亲头上，与梦中第一个场景里的提问情景如出一辙。当我们提问时，他立即把穴解释为阴道，因为其两壁都有软垫。我还可以补充一点，"走下去"之意与更常见的象征“朝上走”一样，都意味着在阴道内性交。

诸如第一个穴后是个平台，平台后又有一个新穴这样的细节，他根据自身经验进行了解释。他曾与女子性交，但因阴茎太软而未能尽兴，他现在希望通过治疗得以恢复。

8. 接下来的两个梦是个有多偶倾向的外国人所做的。我把这两个梦展示给你们，是为了证明做梦者的自我在每个梦里都会出现，甚至是在显梦内容里伪装的梦。下面梦中的皮箱是女性的象征。

a. “他正在旅途中，行李被放在运往车站的马车上，车内堆了很多皮箱，其中有两个是类似样品箱的黑色大皮箱。他安慰某人说：‘好了，它们只是和我们一起到车站而已。’”

现实生活中，他在旅行时会带不少行李，而在接受治疗时，他则带了很多有关女人的故事来。那两个黑皮箱代表两位黑人女性，她们在他当时的生活中占据着十分重要的位置。其中一位还想随他去维也纳，在我的劝阻下，他发电报回绝了她。

b. 发生在海关的一幕：“一位同行的旅行者打开他的皮箱，边抽着烟边满不在乎地说：‘里面不会有违禁品。’海关官员似乎相信了他的话，但再次检查他的箱子时，还是发现了某种违禁品。这位旅行者只好无奈地说：‘这就没办法喽。’”

他自己代表那位旅行者，而我代表那位海关官员。他本应对我十分坦诚，却试图向我隐瞒他与一位女士刚刚建立起来的亲密关系，因为他有理由相信我认识那位女士。他把被人发觉后的那种令人羞愧反应转移到了一个陌生人身上，这样他自己显然就不在梦中了。

9. 下面这个有关象征的例子，我之前从未提起过：

“他遇到他的妹妹与两位女友同行，这两位女友也是姊妹。他同这两姊妹握手，却没有和他妹妹握手。”

他想不起真有过这种事。相反，却回忆起某段时间，他对一个女孩的乳房发育得如此迟缓而深感诧异。由此可见，这两姊妹代表两只乳房。假如不是他妹妹的，那他就不免想要摸一摸了。

10. 我再举个象征死亡的梦例：

“做梦者正穿过一座很高很陡的铁桥，同行者二人，他本来记得他们名字的，但醒来后却忘记了。突然他们二人消失了，他看见一个头戴帽子、身着白衣像鬼一般的男子。他问那人是不是送电报的……那人说不是。又问他是不是马车夫？那人又说不是。”他在梦里就已深感恐惧了，醒来后还产生了幻觉，看到铁桥突然断裂，自己坠入深渊的画面。

当做梦者强调梦中的某些人自己不认识或忘记了他们的名字时，实际上他们和做梦者的关系都十分密切。做梦者有两姐妹，若这是真的话，那么正如他梦里所显示的那样，他希望他的姊妹死掉。正因为他这么想，所以死亡的恐惧才落到他自己身上，这样的梦才显得公平。至于梦里联想到的那位送电报之人，他说这类人总是送来坏消息。不过，由那人的制服看，他也有可能是个灯夫，他能熄灯，换句话说，就像死神熄灭生命之火一般。马车夫使做梦者联想到乌兰特写的卡尔王在海上航行的诗，诗里描写的亦是一段危险的旅程，也有同行者二人，其中他自己扮演的是国王的角色。他由铁桥联想到最近发生的一起事故以及一句愚蠢的俗语："生命就是一座吊桥。"

11. 下面的梦也可视为死亡象征的另一个例子：

"一位陌生人给他留了一张黑边名片。"

12. 接下来的这个梦能从几方面引起你们的兴趣，虽然它是一个神经症患者所做的梦：

"他正乘火车旅行。火车在旷野中停了下来。他以为发生了什么事，便想着要设法拯救自己，于是他穿过一节节车厢，见人就杀，包括列车长、火车司机等。"

这个梦让他想起以前一个朋友告诉他的故事。在意大利的某条铁路上，一列火车的包厢里押送了一个疯子，但由于某种错误，造成一名旅客和他同处一室。这个疯子杀死了这位旅客。因此，做梦者把自己视为那个疯子。他之所以这样，是因为他的强迫症不时会冒出来折磨他，他认为自己必须"除掉所有知道他弱点的人"。但后来他又找到了一个更好的梦因。在他做这个梦的前一天，他在剧院又看到了那位他想娶的女子，但他却离开了她，因为她让他心生妒意。他的妒忌之心非同一般的强烈，假如他和她结了婚的话，那他会真的疯掉。换言之，他认为她是如此不值得信任，以至于出于妒忌心，他也许会杀死所有妨碍之人。至于穿过多个房间，即本例中的多节车厢这一情景，我们已知这是结婚的象征(这是一夫一妻制的一种倒置表达)。

对于火车在旷野中停下来，以及他害怕有事故发生这个情节，他告诉我们以下这个故事：“一次，他正乘火车旅行，火车还未进站就突然急刹车，车厢内的一位年轻女士说可能发生了撞车事故，在这种情况下最好的预防措施是把腿提起来。”但“把腿提起来”这句话使他想起他和那个女孩在他们恋爱初期的那段美好时光。那时，他们经常到旷野散步、远足。由此，他又有了一个新论点来支持以下结论：如果现在还是想娶她，他就真是疯了。但据我所知，我敢肯定的是，他仍然存有想娶她的疯狂念头。

第十三讲　梦的古老残余和幼稚性

我们曾说过，在梦的审查作用的影响下，梦的工作将隐梦思维转化为其他表现形式。现在让我们来重新审视一下上述结论。潜在思想和我们清醒时所熟悉的有意识的思想没什么两样；但其新的表现形式因为具有多方面的特性，故而对我们来说难以理解。我们曾说过，该表现形式可以延伸到我们早已经历过的智力发展阶段，如象形文字、象征表达，或是我们的语言思想尚未发展之前的存在状态。而我们也因此把梦的工作的表现形式称为古老的或退化的方式。

你们可能会由此得出这样的结论：通过对梦的工作的深入研究，我们便能针对我们智力发展过程中不甚了解的初期阶段得出一些有价值的信息。我相信这是有可能的，但这项研究工作到目前为止还未有人开展过。梦的工作所含有的这种古老性将我们带回到一种具有双重方面的情况：（1）个体的幼年时期；（2）种族的发展初期（就每个个体而言，他们在幼年时期就或多或少地将整个人类的发展历程又简短地重演了一遍）。而且，我们要想区分潜在心理过程的哪部分源于个体初期，哪部分又源于种族初期也不是不可能的。比如，在我看来，象征关系从来就不是个体所能习得的，它应被视为种族发展的传承。

不过，这可不是梦的唯一古老特性。你们根据自身的经验可能会记起某种记忆缺失情况，即遗失童年的记忆。我的意思是指在个体的童年时期，从出生到五六岁或八岁这段时期的经历，与此后的经历不同，它们并没有在记忆里留下痕迹。当然，我们也会遇到某些人，他们会自夸说记得从出生起到现在的记忆，从无间断；但更常见的情况是人们对这一段的记忆基本是空白。不过，此事尚未引起我们足够的重视。小孩子一般到两岁就能说话了，不久便能适应最复杂的心理情境，但话说过即忘，几年后再被人提起，他已全然没了印象。按理来说，早年的记忆力应该更强些，因为其负担比后面要轻得多。而且我们也没理由把记忆功能说成是特别高深或困难的心理表现，事实上，有时智力水平很低的人，记忆力反倒特别好。

鉴于第二个特性与第一个特性密切相关，我必须在此指出某些保存完好的记忆，大部分是人的成长经历，都是以童年早期的记忆为起点的，而这部分记忆又是多数人所不记得的，所以就无法证明上述假设。我们的记忆会有选择地处理童年之后的生活材料，影响我们对以后生活的印象。记忆会保留重要的部分，筛掉不重要的部分。但被保留下来的童年记忆则不是这样。它们不一定会显示出儿童时期重要的经历，甚至也不是孩子所认为的很重要的经历。它们往往很平庸，也毫无意义，以至于让我们不得不纳闷，为什么这样的细节却偏偏被保留了下来。借助分析法的帮助，我曾试图想研究童年遗忘症以及被打断的残余记忆的谜题，后来得出结论，孩子也和成人一样，记忆里只留存重要的经历，除非是通过你们熟悉的凝缩作用，特别是歪曲作用，造成重要的经历在记忆中被那些看似不重要的事情替代了。因为这个缘故，我就把这些童年记忆称为“伪装性记忆(disguise-memories)”，即被隐藏起来的记忆；经过我们精心分析，所有被遗忘的经历都可以从它们那里被找回。

在精神分析治疗中，我们时常被要求填补人们童年时期的记忆空白，只要治疗有一定的效果，我们就能让那些被遗忘已久的童年记忆重见天日。这些印象从来没有被真正遗忘过，它们只是难以被触及，它们潜伏着，属于潜意识的一部分。但有时它们也会自发地从潜意识里冒出来，实际上，这便形成了梦境。显然，梦的生活知道怎样找到接近这些潜在的、幼稚的经历的入口。这种典型的例子在文献里出现过，我自己也可举出一例来。我有一次梦到一个人，此人之前肯定帮助过我，我能很清楚地看到他的样子。他只有一只眼，身材短小结实，脑袋紧紧缩在脖子里。我由此推断出他是一名医生。幸亏那时我母亲还在世，我能够向她询问我故乡的那位医生的相貌如何(我3岁时就离开了故乡)，我从她那里得知他确实只有一只眼睛，身材短小结实，脑袋紧紧缩在脖子里，还得知曾请他来帮我看过什么病，不过具体是什么倒忘记了。控制已被遗忘的童年时期的经历，是梦的又一种古老特性。

同样的知识或许还可用于我们尚未解决的另一个谜题。当我们得出引起梦的刺激的都是些极坏的、过度的性欲，以至于梦的审查作用和梦的歪曲作用成为必然得出的结论时，人们的反应有多惊讶，你们总归还记得。当我们给做梦者释梦后，他对此做出的最好的反应就是不对这个解释进行争辩，但他总会问这个愿望是从何而来，因为这些事对他来说完全陌生，而且他所意识到的愿望又恰恰是相反的。我们可以毫不迟疑地指出这些愿望的起源。这些邪恶的冲动愿望源于过去，常常是不久之前的过去。可以证明的是，做梦者之前是知道这些冲动的，即使现在不记得了。一位妇女所做的梦被解读为希望她十七岁的女儿死去，经我们辅导后，她才发现自己有段时间的确抱有这种想法。这个孩子是一段不幸婚姻的结晶，婚后不久她就离了婚。在她还怀着孩子的时候，有一次因与丈夫发生激烈的口角，她一气之下举起拳头捶打自己的腹部，想把孩子杀死。如今有多少疼爱或者说溺爱孩子的母亲，当时却很不情愿接受他们，甚至一度希望体内的婴孩死掉；而且还为此付诸了各种行动，幸好这些行动都未造成严重的后果。所以这个想要所爱之人死去的愿望虽看起来奇怪，实则源于做梦者与此人早期的关系。

还有位父亲，他所做的梦显示他希望自己最喜欢的大儿子死去。经过引导，他也记起自己有段时间是有过此念头。在这个孩子尚未断奶时，这个男人对自己选择的妻子很不满意，常想假如这个对他来说没什么意义的小东西一旦死了，那么他就重获自由了，又可以随心所欲了。类似的邪恶冲动还有很多，其源头也都大致相同，都属于对过去某事的回忆，都曾被人们所意识到，并在心理生活中起过作用。你们或许会由此得出结论，如果两人的关系没有发生变化或始终如一，那么这种愿望和这种梦就不会发生了。我准备承认这一说法，但只想提醒你们，你们需要考虑的并不是准确的梦的显意，而是由解释该梦所得出的意义。也可能要所爱之人死去的显梦只是利用了一层可怕的面具，其实际意义却截然不同，或者显梦里的所爱之人实则是他人的秘密替身。

但这一情境会引起另一个更复杂的问题。你们会说："姑且承认这种死亡愿望的确存在过，并能被回忆所证实，但这仍不算是解释。因为留存已久的那个愿望，现在仅出现在潜意识里，只能算是一份空洞的、不带情感的记忆，而不是一种强有力的冲动，那么梦为什么还能回想起这个愿望呢！"这个问题问得在理。若要回答这个问题，不仅会扯得太远，而且还得针对梦的研究的某个最重要学说摆明自己的立场。可我必须限制讨论的范围，并进行约束，所以就暂时不谈你们的问题了。若这个留存已久的愿望能被间接证实是梦的起源，我们就可以感到满足了，然后就可以接着研究其他的恶念是否也能同样追溯到过去了。

我们继续来讨论这种除掉某人或让某人死掉的愿望。这种愿望常常被追溯到做梦者无节制的利己主义，它们也常被证明是激起梦的原因。每当有人妨碍我们时——我们人类的关系如此复杂，这种情形经常发生——我们在梦里便准备除掉此人，不论他是父亲、母亲、兄弟、姐妹还是配偶等。我们会惊讶于人性中竟含有如此多的邪恶本性，因此我们肯定不愿意没有任何异议地接受这个释梦结果。一旦有迹象显示，需要我们从过去找寻这类愿望的起源，我们便会发现，在个体过去的某段时间里，这类利己主义以及这类愿望冲动，即便针对的是做梦者最亲近的人，也不再陌生了。正是在童年的最初几年，这种利己主义经常以最极端的形式表现出来，并且从中可以看出有规律但明确的倾向或者真正的残余，只不过那些年的事后来被健忘症遮蔽了。因为孩子总是先爱自己，然后才学会爱别人，为他人牺牲一部分自我。即便是对那些孩子们似乎从一开始就喜欢的人来说，这种喜欢也是因为孩子们需要，离不开它们，换言之，也是受自我的驱使。直到后来，爱的冲动才脱离了利己主义。简而言之，利己主义教会了孩子如何去爱。

由这一点来看，比较孩子对兄弟姐妹的态度和对父母的态度是有益的。小孩子不一定爱他的兄弟姐妹，一般情况下，他显然一点也不喜欢他们。毫无疑问，他恨他们成为自己的竞争对手，并且这种敌视态度会持续很多年，直到人们长大成熟甚至成人以后，都不曾间断，这是大家熟知的事实。通常这种态度会被亲情取代，或者说掩盖，但在早期还是常常表现为敌意。这种敌视态度在两岁半到四五岁的孩子身上特别明显，当他有一个弟弟或妹妹出生时，他常常表现出一种非常不友好的态度。比如，他常说出“我不想要他！让鹳把他带走吧”这样的话。其后一有机会，他就贬损这位新来者，甚至试图伤害他的身体或直接攻击他，这也是屡见不鲜的。如果年龄相差不大，等到孩子具有强烈的心理活动时，就会意识到他有对手存在，便只能让自己适应这种环境。如果年龄相差较大，新生儿或许会唤起大点的孩子的同情心，将其视为一个有趣的对象，一个活玩具。如果他们的年龄相差 8 岁以上，便可引起大孩子的母性冲动，尤其是女孩，可能会立即发挥这种冲动的效用。不过说实话，当我们在梦里出现想要母亲或姐妹死亡的愿望时，无需感到费解，因为我们不难在童年时期或随后几年中找到其根源所在。

可能在养育过程中，手足间的冲突是无法避免的。其动机或是为争夺父母的宠爱，或是为共有的物品，也可能是生活空间。这种敌对的冲动可由哥哥姐姐引起，也可由弟弟妹妹引起。我记得萧伯纳曾说过："假如一位年轻的英国小姐恨某人胜过恨自己的母亲，那么此人一定是她的姐姐。"然而，这句话里的某些说法却引起了我们的反感。在必要的情况下，我们可以理解兄弟姐妹之间的仇恨和竞争，但这种仇恨又是怎么渗透进母女、父母与孩子间的关系的呢?

父母与孩子的关系无疑更受欢迎，即使是从孩子的角度来看。这也与我们的期望相符：我们发现父母与孩子之间缺乏爱的情况比兄弟姐妹之间缺乏爱的情况更让人不痛快。我们可以这么说，前一种情况里的爱是神圣的爱，丝毫不容玷污；后一种情况里的爱是世俗之爱，可以允许被亵渎。但根据日常的观察，我们发现父母与他们的成年子女间的这种情感关系远远达不到社会人伦所规定的那种理想状态。如果一方不表现出应有的孝道，另一方也不以温情相待，那么双方还不知会存在多少敌意，随时都可能爆发出来。这种相互敌视的动机很常见，而且倾向于使同性相互疏远，比如母女、父子。女儿觉得母亲的权威限制了自己的自由，因为做母亲的常负有限制女儿性自由的责任，这也是社会要求的。有时她还是女儿的竞争对手，因为她不愿被取代。这种情形在父子之间更为激烈。对儿子而言，父亲是社会约束力的化身，他天生就具有强大的阻力，父亲的阻碍使做儿子的无法随心所欲，包括不能早早地获得性满足，也不能尽情地支配家庭的共同财产。如果儿子是王位继承人，那么儿子等待父亲死亡的不耐烦情绪便会达到顶峰，这时就难免有悲剧发生。父女或母子之间的关系则不会那么紧张。因为他们中只存在纯粹不变的温柔和慈爱，不受任何自私想法的干扰。

我为什么要讲这些如此平淡无奇、众所周知的事实呢？因为存在一种明显想要否定这些事实在实际生活中的重要性的倾向，而且还夸大了社会理想实现的程度。不过，这最好由心理学家来坦白，那要比由那些愤世嫉俗的人来说好得多。实际上，这种否认也只适用于现实生活的范围。虚构出来的戏剧和诗歌艺术仍可自由描写这种理想与现实背离的主题。

如果大多数人的梦里出现除掉父母，特别是同性父母的愿望，也没必要感到奇怪。我们或许可以假定这种愿望在人们清醒时就已存在，甚至有时还存在于意识里，只是它隐藏在其他动机的背后，正如前文所述的第三个例子中，做梦者将自己的真实情感隐藏在同情父亲所遭受的不必要的痛苦的背后。这种敌意很少单独占上风，一般都隐藏在更缓和的刺激背后，并受其压制，而且必须等到在梦里才脱离出来。当我们的解释将这种敌意妥善地置于与生活相关的位置之后，它在梦里单独表现出来的夸大形式就再次恢复到了正常的比例（汉斯·萨克斯）。但是，有时在与现实生活无关，或是在成年人于清醒时不会承认的情况下，我们也会发现这类愿望的存在。因为这种根深蒂固的不友好动机，尤其是在父子、母女之间的，远在童年时期就已深植于心。

我所指的爱的竞争，特别强调性这一特点。在儿子还只是个小孩子的时候，就已对母亲产生出一种特殊的柔情，认为母亲是他的所有物，自然就会感到父亲是争夺他的所有物的竞争对手；同理，小女孩也把她的母亲视为干扰她与父亲之间情感关系的人，母亲侵占了原本适合自己的位置。通过观察可知，这些观念起源极早，我们称其为“俄狄浦斯情结”，因为这个神话以一种稍微弱化的效果反映出了从儿子的立场上产生的两种极端愿望——杀父和娶母。我并不认为俄狄浦斯情结已括尽了孩子与父母之间的所有关系；他们二者间的关系复杂得多。此外，俄狄浦斯情结差不多发展完备；它可能甚至还会出现一个逆转，但它是儿童心理生活中很常见且极其重要的一个要素；一般人倾向于低估其影响力和发展结果。再者，父母也常会刺激孩子产生俄狄浦斯情结，因为受性别差异的影响，父母往往偏爱与自己性别相异的孩子，故而父亲总是偏爱女儿，母亲则偏爱儿子；抑或在婚姻感情冷淡的情况下，对孩子的爱取代了对失去吸引力的伴侣的情感。

不能认为精神分析的研究提出了俄狄浦斯情结后，世人都会感到十分欣慰。相反，这一发现激起了成年人最强烈的反对；而那些不否认这种禁忌情感存在的人所给出的错误解释其实剥夺了该情结的所有价值。我始终相信，我们既无需否认它，也无需美化它。我们应该接受由这一希腊神话所认可的事实，作为无法避免的命运。从另一方面来说，有意思的是，俄狄浦斯情结虽被现实生活拒之门外，却能在诗歌艺术领域自由发挥、大放异彩。兰克经过仔细研究，展示出俄狄浦斯情结通过无休止的变化、衍生、伪装方式，以及类似于我们所熟悉的由梦的审查作用所引起的歪曲的形式，为我们的戏剧文学提供了海量的动机。有些做梦者幸运地在以后的生活中避免了与父母发生冲突，但我们或许也可以认为这类人还是会表现出俄狄浦斯情结。我们还发现与这种情结密切相关的“阉割情结”，指的是因父亲对儿童早期的性行为加以恫吓或限制而产生的反应。

通过将我们之前的研究应用于儿童的心理生活，我们发现或许可以用同样的方法解释梦的另一种禁忌的愿望——过度的性冲动——的起源。由此，我们现在也着手研究儿童性生活的发展。我们由一些线索发现了以下的事实：首先，认为小孩子没有性生活或是理所当然地认为人们要等到青春期性器官成熟时才会出现性行为的想法都是错误的。相反，小孩子从一开始就有内容丰富的性生活，只不过和成人所认为的正常的性生活有许多不同之处。我们所说的成人世界中的“性变态”，与正常的性生活有以下几点不同：（1）漠视物种之间的界限（如人兽之间的鸿沟）；（2）对传统所认为的恶心没有知觉；（3）打破乱伦的界限（从近亲那里寻求列为禁忌的性满足）；（4）同性恋；（5）将生殖器的作用转移到身体的其他部位和器官上。最初，人类并不存在这些禁忌，它们是随着发展和教育逐渐形成的。小孩子是不受它们拘束的。他不知道人兽之间存在不可逾越的鸿沟；人类自视高出动物一等的傲慢是一种后天习得。一开始，小孩子看到粪便并不会感到恶心，但在教育的影响下慢慢开始厌恶它；他对性别区分也不重视，反而认为男女的生殖器构造相同；他早期的性欲和好奇心都投射到他最亲近的人身上，以及从各种理由来讲都很亲的人，如父母、兄弟姐妹、保姆；最后，你们或许还可以在他身上发现另一特性，该特性在他恋爱时也会表现出来，即他并不单单指望性器官给他带来快感，身体的其他部位同样也很敏感，可以给他带来类似的快感，就和生殖器的作用相同。所以，这种孩子或可称为“多形性反常”（polymorphus perverse）。如果他只是对这些冲动有极少的利用痕迹，这就表明：一方面，它们的强度比长大后的性生活的强度要低；另一方面，在抚养小孩成长的过程中，教育能有力地压制住小孩的一切性表现。这种压制后来衍生为一种理论，也就是说，成年人不仅小心翼翼地控制住了儿童的一部分性表现，而且还通过错误地解读性本质将另一部分性表现也掩盖了起来，直至将儿童性表现的整个事实全部否定掉。这些人常常是刚斥责完小孩子在性方面所犯的错误，随后又坐在写字台旁为儿童的性纯洁据理力争。其实，小孩子在独处或被引诱的情况下，往往会表现出明显的变态性行为。诚然，成年人认为这类事情不过是“孩子气的行为”或“玩闹”而已，这种看法是正确的，因为孩子被认为尚不成熟，无论是在道德约束或者法律面前，都不足以为自己的行为负责。但这类事情确实存在，它们的意义在于可以成为孩子与生俱来的特性的证据，也可作为日后发展的起因和动力。我们由此可以深入了解到孩子的性生活以及人类的性生活。当我们在那些被歪曲的梦的背后重新发现这些变态的欲望冲动时，这只不过意味着梦在这方面又退回到了幼稚状态。

在这些列为禁忌的愿望中，尤其值得注意的是乱伦的愿望，即那些想与父母和兄弟姐妹性交的愿望。你们应该知道，这个社会有多反感这种性交或者至少假装反感，并且花了多大力气来禁止它。人们已尽了最大努力来解释对乱伦的恐惧。有些人从造物层面来分析这种禁忌，他们认为这是源于自然物种进化的原因，因为近亲繁殖会导致种系退化；还有一些人则坚信因为自小就生活在一起，所以人们不会向自己身边之人投射性欲。上述这两种情况保证了乱伦现象是可以自动避免的，需要对它严加禁止就难以理解了，这种禁止本身就反映出这种强烈欲望的存在。精神分析研究已确证了乱伦之爱通常是人们的第一个选择，也是最常见的一种选择，直到后来才遭到反对。个体心理或许能帮我们找到问题的根源。

现在来总结一下我们所研究的儿童心理学有哪些可用于理解梦的成果。我们发现，不仅被遗忘的儿童时期的经历可以入梦，而且儿童的心理生活及其全部特性，如利己主义、乱伦的对象选择等特性因为梦的缘故，仍留存在潜意识里，而且我们夜里因为梦又回到了这种幼稚状态。由此就更能肯定“我们心理生活中的潜意识如幼儿一般”这一说法。而“人性多恶”这一遥远的印象也开始弱化了。这种令人焦虑的邪恶只是人的心理生活中最初的、原始的和幼稚的部分，我们可在儿童的行为举止中发现其踪影。我们之所以忽略它们，一方面是因为它们的规模不大，另一方面是由于我们对小孩子的道德水准要求不高，所以对它们不太在意。由于梦退化到幼儿时期的阶段，看起来显得我们很邪恶。但这只是一种具有欺骗性的表面现象，通过这个我们允许自己感到害怕。事实上，我们并没有梦的解析中可能暗示的那么邪恶。

如果梦里的邪恶冲动只是幼稚的，或只是退回我们道德发展的初始阶段(因为梦只是让我们在思想上和感情上再次变成了小孩子)，那么如果我们是有理性的，就无需为这些邪恶的梦感到羞耻。但理性不过是我们心理生活中的一部分，还有很多事的出现是不合理的，因而我们会为这些梦深感羞愧。我们把这些梦移交给梦的审查作用审核，如若它们中的一个以不同寻常的方式成功突破审查作用，以未被歪曲的形式深入我们的意识之中，使我们意识到它的存在，那么我们不免会恼羞成怒。实际上，有时候只要一意识到被歪曲的梦的意思，我们也会感到羞愧不已。想想那位体面的老太太对她那未经解释的关于“慰安服务”的梦的愤慨吧。问题仍未得到解决，通过进一步深入研究梦中的恶的问题，或许可以使我们对人性形成另一种判断，做出另一种评价。

最终，通过整个研究，我们得出两个结果，不过它们只能算是新问题和新疑虑的起点。第一，梦的工作的倒退性或退化性不仅是形式上的，其意义也很大。它不仅把我们的思想转化为原始的表达方式，还重新唤醒了我们原始心理生活的特性——如古老的自我中心主义、性生活的原始冲动，甚至还有我们古老的智慧财富，如果象征关系可以算进去的话。第二，我们必须把所有这些曾经占主导地位的幼稚特性归于潜意识，而且我们现在关于潜意识的观念已得到了改变和拓宽。“潜意识”已不再是当时那个仅仅指代隐意的名称了，如今它是一个特别的心理领域，有自己的愿望冲动、自己的表达方法以及在其他领域通常不发挥作用的特殊心理机制。但由我们释梦所得的隐性梦思却不属于这一领域，而更像我们在清醒状态下的思想。可它们依然是潜意识，那么应如何解释这一矛盾呢？显然，这里有进行辨析的必要。源于我们的意识生活并具有其特点的一些想法（被我们称为“日间余念”），与其他一些来自潜意识区域的内容结合在一起形成了梦。梦的工作就在这两部分之间完成。潜意识对日间余念的影响是构成倒退作用的必需条件。在我们未对心理领域作进一步探究之前，这可被视为对梦的本质的最深刻理解。不过，我们很快就会给隐性梦思的潜意识特性另起名字了，以便将它与源于幼稚领域的潜意识特性区分开来。

当然，我们还可以提出这样一个问题：当进入睡眠时，是什么力量迫使心理活动产生退化作用的呢？为什么没有这个退化作用就无法应付干扰睡眠的心理刺激呢？如若因为梦的审查作用，它们必须通过一种古老的而今难以理解的表达方式来伪装自己，那么激活这些古老的已过时的心理刺激、愿望和性格特性又有什么用呢？也就是说，形式上和实质上的退化作用究竟有什么用呢？唯一令人感到满意的答案将是：只有通过这种方式才能形成梦，只有这样才能动态地满足这些致梦的刺激。不过，我们目前还无权给出这样的答案。

第十四讲　愿望的满足

诸位，是否还需要我再次提醒大家我们已讨论过的话题呢？当我们在应用释梦技术时碰到了梦的歪曲作用，我们是如何决定暂时将梦的歪曲作用搁置一旁，先通过研究幼稚的梦来获取梦的特质的决定性信息？然后，又是如何将研究所得出的结果直接运用于抨击梦的歪曲作用，并且我相信我们已在一定程度上克服了它？但我们必须认识到，由这两方面得出的结论未能很好地结合在一起。所以，我们现在的任务是将这两方面的结论融合在一起，使它们相互协调。

从上述两方面的研究来看，梦的工作主要是将思想转化成一种幻觉经历。该转化过程是如何发生的，十分令人费解，但这属于普通心理学研究的范畴，无需我们费神。我们从儿童的梦可知，梦的工作的目的就是以满足愿望的方式来消除干扰睡眠的心理刺激。就被歪曲的梦而言，除非我们已经知道该怎样解释它们，否则不能给出与儿童的梦类似的结论。不过，从一开始我们就希望能够把被歪曲的梦放到和幼儿时期一样的视角来分析。最早的期望的实现使我们相信，实际上所有的梦都是儿童的梦，而且它们都以幼稚的材料为素材，通过孩子气的心理刺激和机制来发挥作用。既然我们认为自己已经征服了梦的歪曲作用，那么我们必须继续探究愿望的满足的假说是否也适用于解释被歪曲的梦。

我们近来解释过不少梦，但还没有对“愿望的满足”这一问题加以讨论。我相信你们一定会一再问自己这样一个问题：“表面上，愿望的满足是梦的工作的目标，那么愿望的满足究竟是怎样的呢”？这个问题很重要。事实上，批评家常常会这样问。你们都知道，人类有本能地抵制知识创新的倾向。像这样创新的表达应该立刻被减少到不能再减的范围，如若可能，还会把它缩成一句老生常谈的短语。“愿望的满足”已成为梦的新论的口号。通常，外行人会问：“愿望的满足在哪里？”一听到这句话，就会发现他把梦理解为是满足愿望的，事实上，他这样问就等于是给出了一个否定答案。他立刻会想起自己所做过的数不清的梦，他对这些梦大都是厌恶的，因此，他会认为精神分析学由对梦的分析而形成的理论似乎不大靠谱。这个问题其实不难回答，愿望的满足显然不会出现在被歪曲的显梦里，这需要我们去寻找，直到梦被解析后才能找到。我们也知道，这些被歪曲的梦里的愿望其实是被禁止的愿望，同时也是被审查作用排斥的愿望，这些愿望的存在恰恰就是梦被歪曲的起因和梦的审查介入的理由。但要说服这些外行的批评家相信“要想求得梦的愿望的满足，必须先释梦”，可不容易。这一观点总是被忘记。他对愿望满足这一理论的怀疑态度也无非是梦的审查作用所致，是对被审查的梦中愿望的否定的结果和替代品。

当然，我们甚至也感到有必要解释一下为什么这么多梦的内容都令人不快，尤其是为什么会做那些令人焦虑的梦。这是我们第一次遇到梦中的情感问题。此问题值得单独拿来研究，但很遗憾，我们现在还不能对它加以探讨。如果梦是一种愿望满足，那么痛苦的经历就不应该出现在梦中；批评家在这一点上似乎是对的。但对于下面三种被他们忽略的复杂情况，我们必须加以考虑。

第一，可能睡梦在制造愿望的满足时没有成功，从而导致梦思中部分痛苦的情感出现在显梦之中。经分析可知，在此情况下，这些梦思的情感比它们所形成的梦的情感要痛苦得多。这在每个例子里都可以得到证明。我们不得不承认，梦的工作此时已无法达到目的，就好比因口渴而做喝水的梦却不能止渴一样。做梦者仍然感到口渴，为了喝水必须醒来。可这是一个真正的梦，它并没有牺牲其本质。我们必须说："虽力量缺乏，但应表扬其做事的意志。"至少，这种清晰可见的意图还是值得称赞的。这类失败的例子并不罕见。失败的主要原因在于，就梦的工作来说，改造梦的情感要比改造其内容棘手得多。情感的抵抗性较强，往往是梦的工作在将梦思中的不快内容转化为愿望满足的过程时，其不快的情感仍然保持不变。于是，这类梦的情感与其内容极不协调，我们的批评家便会乘机说梦根本不是愿望的满足，以至于一些内容无害的梦可能会令人觉得痛苦。对于这种不太高明的评论，我们认为，在这类梦里，满足愿望这一梦的工作倾向表现得最清楚，因为它得到了与情感分离的表现。之所以产生这种错误的批评，是因为不了解神经病患者的人总以为内容和情感之间的关系非常密切，因此没能注意到这一事实，即一段内容可能将会改变，与之相伴的情感却仍然保持不变。

第二，这一点更重要、更有广泛的意义，但同样易被一般人所忽视，即：愿望的满足肯定会带来快乐，问题是，给谁带来了快乐？自然，是给有此愿望的人带来了快乐。不过，我们知道，做梦者与他的愿望的关系非常特殊：他摒弃这些愿望，审查这些愿望，总之他不想有这些愿望。所以，实现这些愿望不能给他带来快乐，而只能起到相反的作用。经验表明，这种有待解释的相反的情感，以恐惧的形式出现。做梦者与其愿望的关系，宛如两个独立的人因为某些强大的共同之处而被束缚到一起。对这个问题，我不想多作解释，只想给你们讲一个人人熟知的童话故事，从这个故事中，你们将再次发现我所提及过的那些关系。一位善良的仙女向一对穷苦的夫妻承诺，可以实现他们的头三个愿望。他们欣喜若狂，决定万分慎重地选择这三个愿望。但由于妻子被邻人烹饪香肠的香味所吸引，于是希望自己能有几根这样的香肠。一眨眼工夫，香肠就出现在了他们的面前。第一个愿望就这样满足了。这位丈夫深感气愤，于是他恶毒地希望这些香肠挂在他妻子的鼻尖上。他的愿望也实现了，这些香肠便不能从她的鼻尖移开，这便是第二个愿望，只不过是丈夫的愿望而已。可他的妻子却因为这个愿望深感不适，故事的结局你们可想而知。因为他们毕竟还是一对夫妻，所以这第三个愿望便是让香肠离开他妻子的鼻尖。这个童话故事可用来比喻不同的事情，但这里仅用它说明一个道理：如若两人不同心，那么一个人的如愿以偿就会招致另一人的不快。

现在来理解焦虑的梦便不会感到有多困难了。不过，有一点还需进一步观察，然后我们便会有一个由多种事实推导出的结论了。这一点就是：焦虑的梦的内容往往不受梦的歪曲作用影响，而且还避开了审查作用的干预。焦虑的梦通常是未经伪装的愿望满足，但它并不是做梦者愿意接受的愿望，而是被遗弃的愿望。于是，焦虑潜入了审查作用的领域。某人虽可以说幼稚的梦是被允许的愿望的公然满足，被歪曲的梦乃是被压制的愿望的隐秘满足，而关于焦虑的梦，唯一适合的说法是被压制的梦的公然满足。焦虑乃是被压制的愿望显示其自身力量大于审查作用的标志，虽受制于审查作用，愿望仍能获得或大致获得满足。我们站在审查作用的立场上，应明白被压制的愿望获得满足只会徒生痛苦，甚而还会引起对抗。所以，梦中出现的焦虑情绪乃是由于未被压制的愿望的力量引起的。至于这种以焦虑形式表现出来的对抗为什么未能从梦的研究学说中揭示出来，我们还必须从其他方面加以研究。

我们不妨认为，适用于未经歪曲的焦虑的梦的假设，也可用来解释那些部分被歪曲的梦以及令人不快的梦，后者之中的痛苦印象十分近似于焦虑的情绪。焦虑的梦也常使人惊醒；往往是在梦里被压制的愿望未能击败审查作用而求得完全满足前，我们的梦就中断了。在这种情形下，梦的目的虽未达到，但其性质未变。我们曾把梦比作守夜人或睡眠的卫士，其愿望是保护我们的睡眠不被打扰。有时，当守夜人感到自己力量太弱，难以独自抵抗干扰物或危险，也会唤醒沉睡者。然而，我们即便感到梦变得可疑，开始令人焦虑，却往往能继续酣睡。我们会在睡梦里安慰自己："这只是个梦。"然后继续睡下去。

那么，什么时候梦的愿望才能压制住审查作用呢？实现这一点所需的条件或许梦的愿望和梦的审查作用都能轻松提供。梦的愿望可能由于某些不得而知的原因变得令人无法抗拒；不过就我们的印象而言，二者的力量对比发生混乱更多是由于梦的审查作用的态度所致。我们已听说每个实例中的审查作用的强度都不同，它处理梦的每个成分的严格程度不尽相同；现在，我们可以在此基础上再增加一个命题，即审查作用是个极易变化的东西，并不会在任何场合对同一个令人反感的因素施加同等的力量。如果审查作用偶尔感到自己无力驾驭某个梦的愿望，那它便会采取终极手段来对付这个愿望而不是将其扭曲，此手段的后果便是引起做梦者的焦虑以致其被惊醒。

为什么这些邪恶的、堕落的愿望只会在夜里被激发出来，从而打扰我们的睡眠呢？对此我们一无所知。要回答这个问题，就只能基于睡眠状态的性质做一个假设。白天，审查作用对这些愿望的施加巨大压力，导致这些愿望根本不可能以任何方式表现出来。到了晚上，很显然，为了满足睡眠这个单一愿望，审查作用便会像心理生活的其他作用一样消退，或者至少其影响力大幅削弱。被禁止的愿望必须感谢夜间这种松弛状态下的审查作用，正因如此它们才有了重整旗鼓的机会。有些受失眠困扰的神经症患者承认最初的失眠是自己有意造成的。他们不敢入睡是因为不相信自己，因为他们害怕自己的梦，即害怕因审查作用松懈而导致的后果。故而你们不难看出，审查作用的弱化并无大碍。睡眠只是削弱了我们的活动机能，纵然我们的邪念开始伺机而动，但它们除了形成梦之外，别的什么也做不了，它们其实是无害的。而做梦者所说的“不过是个梦”，是一句合乎情理的夜间呢喃，它不属于梦的生活，只是做梦者想起自己在做梦而已。我们姑且认为就是这么一种情况，然后继续睡吧。

第三，假若你们回想一下做梦者努力挣扎着反对自己愿望时的情景，就好比两个各不相干的人以某种方式被紧密地联系了起来似的，你们便能进一步发现一件令人相当不快的事，也就是说，惩罚是如何伴随愿望的满足一道实现的。在这里，我再借用一下之前那个关于三个愿望的童话故事：盘子里的香肠是第一个人(即妻子)的愿望的直接满足；鼻尖上挂着香肠则是第二个人(即丈夫)的愿望的直接满足，同时它也是对妻子的愚蠢愿望的惩罚。在神经症患者中，我们也会发现与这个故事里的第三个愿望动机相仿的愿望。人类的心理生活中有不少这样的惩罚倾向，它们的力量都非常强大，我们可将其视为一些痛苦之梦的根源。或许你们现在会说，若照这样下去，那就没剩多少值得说道的愿望满足的例子了。但经过仔细推敲后，你们会发现这种观点其实是错的。若和我们稍后将讨论的多方面因素相比较，根据多位作者的意见，梦的内容就是解决之道(愿望的满足、焦虑的实施、惩罚的实现等)，事实上这是非常狭隘的说法。据我们所知，这就是为什么焦虑与愿望是直接对立的，为什么正反两方面会在联想中关系如此之近以及为什么二者会在潜意识里一起出现；而且，这也是为什么惩罚是对另一方——审查者——的愿望的满足。

总的来说，针对你们反对愿望满足理论的说法，我没作丝毫让步。不过，我们理应在每个梦里建立起愿望满足机制，不论梦的歪曲程度如何。对于这项工作，我们当然绝不愿推诿。现在让我们再来看一个之前已经解释过的梦，即有关一个半弗洛林买三个位置不好的戏票的梦，我们曾由这个梦学到了不少知识。我希望你们还记得这个梦。那位夫人白天对丈夫说起只比自己小三个月的女友爱丽丝订婚了。当晚，她便梦见自己同丈夫去剧院，剧院正厅的座位有一半都是空的。她丈夫说："爱丽丝和她的未婚夫也想来剧院，但没来，因为他们只能买到位置不好的票了，而且是一个半弗洛林买三个差位置的戏票。"她认为这种情形也不算糟。我们知道她的这个梦思源于她对自己太早结婚的不满以及对丈夫的不满。我们或许会好奇这些懊悔的想法是以何种方式转变成愿望满足的，以及在显梦中何处可以找出它们的踪迹。现在，我们都知道“太快了，太早了”这一成分已由审查作用从梦里删除了。而空着的剧院正厅座位就指代这一成分。“一个半弗洛林买三张票”这句话原本令人感到困惑，如今借助我们学到的梦的象征的知识，就变得容易懂了。数字“3”[①]实际上代表丈夫，因此不难把显梦阐释为：用嫁妆买丈夫（“我本可以用嫁妆买到好十倍的丈夫”）。“结婚”显然由“去剧院”替代。“票买得太早”实际上是指婚结得太早。这种替代便是愿望满足的工作。我们的这位做梦者并不是经常如她听到女友订婚消息那天那样对她的早婚感到不满。那时候，她为自己的婚姻自豪，觉得她比她的朋友更招人喜爱。天真的女孩子常常会在订婚后不久便向朋友吐露，自己很快便可以去观赏迄今被禁的所有的戏了，届时所有的情节都会向她敞开。对于看戏的渴望和这里显示出来的好奇心无疑从一开始就指向了性，即性生活，尤其是其父母的性生活，而这便成了促使这名女子早婚的强烈动机。由此看来，去剧院显然成了结婚的替代品。就在她对早婚感到恼怒的那一刻，她回想起了过去，那时早婚是她想要达成的心愿，而她满足了自己的好奇心，如今她在旧日的愿望冲动的引导下，用去剧院来指代结婚。

我们或许可以说我们还没找到能证明潜在愿望得到满足的

① 在谈及一个无孩子的女人时，我并未提及数字“3”的另一种明显的解释，因为这种分析对解释该数字并未提供任何材料。

最简单的例子。我们会继续用类似的方法研究其他被歪曲的梦。我现在还无法向你们保证结果会如何，只希望这种研究方法无论在何处都会取得成功。不过，我还是想就这一点从理论上探讨探讨。经验告诉我，这是整个梦的理论中最危险的一段，极易引起许多矛盾和误解。另外，你们可能会认为我已撤回了自己的部分论断，因为我曾说过梦是愿望的满足或者愿望满足的对立面，比如焦虑或惩罚的实施；你们或许会觉得这又是一个迫使我让步的机会。同时，我还听到有人抱怨说我处理对我来说明显的事太过唐突，而且就因为这个原因，我给出的结果便不足以令人信服。

如果某人迄今一直在和我们一起从事释梦工作，接受了我们提出的一切结论，那么他在愿望满足这个问题上停下来并提问，也没什么好奇怪的。比如他问："即便每个例子里的梦都有某种意义，并且该意义都可通过精神分析技巧揭示出来，那么为什么在所有证据指向相反情况时，我们还要把它纳入愿望满足的公式里呢？为什么夜间想法的意思不像白天想法的意思那样多种多样呢；为什么梦不能在一个例子里表示愿望满足之意，而在另一个例子里，正如你自己所说，表示愿望满足的相反之意，如焦虑的成形呢；又或者它为什么不相当于一种决定，一种警告，一种兼顾正反面的反省，一种指责，一种良心上的刺激，抑或对预期任务做好准备的打算呢……？为什么硬要说它是一个愿望，或者至多把它说成是愿望的对立面呢？"

有人或许会认为只要我们能在其他观点上达成共识，那么仅在这个问题上持有异议便不足挂齿。我们还可以说，既然已经发现了梦的意义和认识它的方法，这就足够了；如果我们把梦的意义限制得太窄，就是一个无关紧要的问题了。但事实并非如此。对这点的误解会妨碍我们理解梦的实质，并将使我们的这些发现无法对神经症的理解贡献应有的价值。然后，同样地，这种在商业社会被认为是有教养的渐进法，对科学研究却不适用，甚而是有害的。

对于梦为何不能有多方面的意义这个问题，我的第一个回答很平常：我不清楚它们为什么不能这样。如若它们这样，我也不会反对。不过在我看来，它们未尝不能如此。但对梦做更宽泛更为人们所接受的解释时，只有一个小小的障碍，那就是它们并不符合实情。我的第二个回答要强调的是，认为梦相当于思想与智力运作的各种形式的猜想对我来说并不陌生。我曾描述过一个患者所做之梦，他连续做了三晚，而后便不再做了。我当时的解释是：此梦相当于一种决议，一旦它被实施了，就没有再做这个梦的必要了。后来，我还发表了一个有关忏悔的梦。那么，现在我为什么要自相矛盾，并主张梦一向只有愿望的满足这一形式呢？

我之所以这么做，是因为我不愿承认一个愚蠢的误解，它可能会毁掉我们之前在梦的问题上得出的一切研究成果，它还会把梦和隐性梦思混为一谈，并肯定梦里某些只适用于隐性梦思的事。因为梦的的确确可以代表并代替我们之前列举出来的东西：如决议、警告、反省、准备和解决问题的尝试等。但如果你们仔细观察，便会发现所有这些东西仅适用于梦里被改造过的隐性梦思。你们会通过释梦发现人的潜意识里的思想总是忙于处理决议、准备和反省等事，然后通过梦的工作来筑梦。假若你们此时对梦的工作不感兴趣，只对人的潜意识的思想工作感兴趣，那么你们抹掉梦的工作，将梦对应为一种警告、一项决议等，这从实际角度来说也是行得通的。精神分析研究也常常运用此法。人们主要是想努力消除梦的表面形式，并代之梦所引起的相应的隐思。

由此，我们从了解隐性梦思的过程中得知，我们列举的所有高度复杂的心理行为都可以在潜意识里发生，这一结论既令人惊讶，又令人困惑。

不过，回过头看，只有你们清楚地意识到自己使用的是一种简化的表达方式，并且不相信我们所说的多面性必须与梦的本质相关，那么你们就是对的。当你们提及梦的时候，你们指的要么是显梦，即梦的工作的产物，要么至多是指梦的工作本身，即由隐性梦思形成显梦的心理历程。这个词的其他用法都属于概念上的混乱，只会引起麻烦。如若你们的断言指的是梦背后的隐性梦思，那么就请直说，不要因为这种错误的表达方式掩盖了梦的实际问题。隐性梦思是梦的工作重塑显梦的材料。为什么你们一定要把材料和使用材料的工作混为一谈呢？有些人只知道这种工作的产物，既不清楚产物从何而来，也不清楚它是如何生成的；你们比这种人又高明多少呢？

梦的唯一要点就是梦的工作对思想材料施加的影响。即使在理论上我们也无权忽视这一点，在某些特定的实际情况下，我们可能无法考虑这个问题。分析观察也表明，梦的工作从来都不只是将这些思想转化成你们所熟悉的原始的或退化的表达方式；相反，它总是加入某些既不属于清醒时的但又是造梦主因的隐思。这一不可或缺的成分同时也是潜意识的愿望，为了实现这个愿望，梦的内容被重塑了。如若你们只考虑梦所代表的思想，那么梦可以是任何你们想到的东西，如警告、决议、准备等；但它也始终是一种未知愿望的满足，只要你们将梦看作梦的工作的产物，那它除了表示愿望的满足外就没有别的意思了。一个梦本身从来就不是一项决议、一种警告，或者除了决议什么也不是，等等；梦时常借助潜意识的愿望转化为原始的表达，并且为实现这个愿望而改变。愿望的满足才是梦的一个稳定特性；其他特性则可能发生变化；有时它本身就是一个愿望，因此在潜意识愿望的帮助下，梦就在清醒状态之外表现为满足潜在的愿望。

我对这些都理解得十分透彻，但我不确定自己是否也让你们明白了，而且我也很难向你们证明。一方面，如若不对大量的梦仔细推敲，就很难求得论证的证据；另一方面，对于梦的概念中最难和最重要的一点而言，只有参考以下内容，它才能令人信服。实际上，鉴于所有事物之间的关系都十分紧密，一个人岂能深入研究一种事物的本质而置其他有着类似本质的事物于不顾呢？因为我们对与梦关系最密切的——神经症的症状还不甚了解，所以不得不再次暂时满足于现已取得的研究成果。现在我想再向你们解释一例，并提出一种新观点。

我们仍然举之前已讨论过多次的一个例子，即一个半弗洛林买三张戏票的那个梦。我可以向你们保证，我最初举这个例子纯属偶然。你们已经了解此梦的隐意是，做梦者在听到她朋友订婚的消息后十分不悦，想到自己一早便匆匆结了婚，如若当初耐心等待的话，说不定还能找到更好的夫婿，于是对丈夫生出轻蔑之心。我们还知道，这些思想之所以形成梦的愿望，乃是出于一种"窥视欲"，被允许去看戏，很可能是终于知道婚后会发生什么的一种古老的好奇心的衍生物。众所周知，这种好奇心一般是指儿童对父母性生活的好奇，它属于童年时期的一种冲动，若我们至今还存有这种冲动，那它也必定源于婴儿时期。不过，在做梦的前一天得知的消息并没有引发好奇心，而是激起了做梦者的恼怒和遗憾。这一愿望的冲动没有立即与隐思有所关联，并且我们在分析时也完全没有考虑这个愿望冲动，就得出了释梦的结果。但恼怒本身并不能产生梦，"太早结婚真蠢"这个念头也并不足以形成梦，除非它能再次激起想看看婚后会发生什么的那个古老愿望。然后这个愿望形成梦的内容，因而用去剧院来替代结婚，还赋予梦的内容以早期的愿望满足的形式："所以现在我可以去剧院观赏所有被禁的戏剧，而你们还不能。我已经结婚了，你们还得继续等"。若按这种方式，那么目前的情形就转到了它的对立面，而近日的挫败也就被过去的胜利所代替。其结果便是好奇心连同以自我为中心的竞争意识都获得了满足，正是这种满足感决定了她所做的显梦的内容确实是她坐在剧院里看戏，而她的朋友却买不到票。附着于这种满意状态的梦的其他内容则被认为是不合适的、难以理解的修饰，其背后的隐梦依然不明。释梦时应考虑所有能代表愿望满足的表现形式，而且还必须从这些痛苦的隐梦的暗示里重构出来。

说了这么多，是想让你们把注意力转到我们如今要探讨的隐性梦思上来。第一，请你们不要忘了做梦者对这些思想是毫不知情的；第二，它们是完全合乎逻辑的，还具有连贯性，因此可将它们视为对梦境所做的可以理解的反应；第三，它们可能具备任何我们想要的心理冲动或智力活动的价值。我会比以前更不容置疑地把这些思想称为“日间的余念”；不论做梦者承认与否。我现在把“日间的余念”与隐性梦思分开来谈，并让它们与我们之前介绍隐性梦思时所用的概念名称相一致。“日间的余念”只是隐性梦思的一部分。接着，我们又发现还有其他一些东西也能添加进“日间的余念”中，即那些强烈的但受压抑的潜意识的愿望冲动，正是由于这种冲动才使做梦成为可能。而且这种冲动对“日间的余念”的影响造就了隐性梦思更深入的部分——清醒状态下的人的隐性梦思也不再显得那么合理和易于理解了。

我曾打过一个比方来说明日间的余念与潜意识里的愿望的关系，在这里我再重述一遍。无论何种企业都需要一个资本家来承担开支，还需要一位有头脑的企业家懂得经营。在造梦过程中，潜意识的愿望承担的就是资本家的角色，它负责为造梦提供心理能量。实际的劳动者则是“日间的余念”，由它决定具体花销。资本家本身可能具备精明的头脑和专业知识，或者企业家也可能拥有资本。这就简化了实际情况，但理论上的理解却更难了。从经济学角度讲，即便是针对同一个人，我们也会对他分饰的资本家和企业家的角色加以区别，因此，我们重构的基本情况就是我们打比方的起点。在造梦过程中也会有类似变化发生。在此我就不多说了。

讲到这里，我们就无法再继续了，因为或许你们受一个想法困扰已久，现在是时候把它提出来了。你们会问：“日间的余念”真的是潜意识吗？它和适用于梦的关键因素，即潜意识的愿望真的是一回事吗？你们问得很有道理，这是整件事的关键所在。这两者并不是同一意义上的潜意识。梦的愿望属于一种不同的潜意识，即我们所认为的那种源于幼年时期，又具有特殊机制的潜意识。要完全将这两种潜意识区分开来，最好分别冠以不同的名称。但还是等我们熟悉了神经症症状这个领域后再说吧。如若有人认为潜意识很荒谬，而我们现在却认为如果不区分出两种潜意识来就无法说明问题，那他们又会作何反应呢？

让我们就聊到这里吧。这又是一个未尽的话题；但是，难道我们不希望这个学科因我们或其他追随者的努力又取得一些新的突破吗？难道我们自己没有发现足够多的新奇的、让人惊讶的知识吗？

第十五讲　疑点与批评

在回答由我们的新思想新理念所引起的疑难问题之前，我们还不能结束关于梦的话题。你们中的一些更细心的听众或许已经积累了不少相关材料。

1. 你们也许会觉得，尽管我们一贯坚持采取技术手段，释梦结果还是存在那么多不确定性，故而要把显梦转译为隐性梦思是不大可能的。为证明该结论，你们会提出以下几点：第一，人们不会知道梦的某一成分到底采用的是字面意义还是象征意义，因为即便事物被用于象征意义，但仍保留了自身原来的样子。如若没有客观标准来评定，那么对此如何解释就全取决于释梦者的选择了。第二，因为梦的工作把正反两方面事物都结合在了一起，所以很难断定梦的某一成分到底是取正面意义还是反面意义，到底应被理解成其本身还是其反面，这又是一个让释梦者主观取舍的机会。第三，由于梦中常出现颠倒的事例，使得释梦者又可任意决断颠倒情形是否存在。第四，你们或许已听人说过，要断定一种解释是否唯一并不容易，难免会存在忽视第二种完全可行的解释方案的可能。在这种情况下，你们会得出释梦者自主决定的权限太大，难以保证结果的客观性这样的结论。又或者你们会认为出错与梦无关，它是由于释梦不够准确造成的，然而我们的概念和假设又导致了不够准确的释梦结果。

你们所说的这些情况都很在理，但我认为这仍不足以证明你们所提出的以下两方面的结论：即释梦结果是由释梦者任意决定的，并且结果的缺陷是由我们的研究方法不当所致。如果你们指责的不是释梦者的独断专行，而是他的技术、他的经验、他的领悟力，那我便赞同你们的观点。个人因素肯定是我们无法免除的，尤其是碰到释梦这样复杂的问题时。即便对其他科学研究而言也莫不如此。同一种技术，一个人在使用上或劣于他人，或优于他人，这都是没法避免的。譬如，解释象征意义给人的印象看似武断，但请你们联想一下梦思之间的关系，梦和做梦者的生活以及做梦时整个心境之间的关系，这种情形只允许最先出现的解释成为可能，也因为该原因，其他解释便都没有用。你们觉得释梦结果不够准确乃是由于我们的假设错误所造成的，可你们若是知道模糊性和不确定性其实是梦本来就有的性质，那么你们的上述观点也就站不住脚了。

请回忆一下，我们曾说过，梦的工作是将梦思译成与象形文字类似的原始表达方式。然而，所有的原始表达方式都具有模糊性和不确定性这两个特性，但这并不意味我们要怀疑它们的实际效用。梦的工作会将两种对立的东西融为一体，这和最古老的语言中所谓的“原始文字的对立意义”非常相似，这你们都是知道的。语言学家R.阿贝尔(1884)告诫，我们不要觉得人们一使用模棱两可的字眼沟通就会产生误会，我们得感谢他给我们提供了这样一个视角来看问题。说话者想要表达的意图，无论是正是反，都可由他当时说话的语气、手势及具体用语推测而知，根本不会让人产生任何疑虑。写字时，虽看不出手势，却可以图画代之，作为补充说明。比如，要表达某个模棱两可的象形文字到底呈现的是“弱”还是“强”的意思时，可附上相应的图画加以说明。若附的是懒洋洋的屈膝者的图，就表示“弱”；若附的是直立者的图，则表示“强”。因此，尽管字音和字符模棱两可，通过这个方法避免使人误解。

古代的表达系统，比如最古老的语言书写形式，存在很多不确定性，而我们现代文字对此是无法容忍的。闪米特族的文字书写只显示单词的辅音，读者只能根据自身的知识和上下文自行补充元音部分。象形文字尽管不完全如此，但也差不多属于这种类型，这就是为什么我们至今仍读不出古埃及文字发音的原因。神圣的古埃及文字还存在很多其他的不确定性。比如，图画应该从右往左看，还是从左往右看，这都取决于作者。要想读懂图画的含义，得由人脸、鸟和其他事物来决定。另外，作者还可以把图像符号排成列，如果要在小物件上进行书写的话，他还可以从书写美观和比例的角度出发进一步调整这些符号的顺序。或许象形文字中最令人困惑的特点就是文字之间没有间隔。每页的图像符号之间的距离从头到尾都排列相同，根本分不清哪个符号标志着一句话的结束，哪个符号又标志着另一句话的开始。相反，波斯的楔形文字倒是利用斜楔使文字分隔开来。

汉语的发音和书写尤为古老，但至今仍被四亿人使用。请不要以为我懂多少汉语，我只是因为想从中找出与梦的不确定性相似的地方才对它有了些认识。它也没令我失望。因为汉语有太多不确定性，让我们不寒而栗。众所周知，汉语由一些单、复音节组成，其中一种主要的方言就有大约四百种这样的语音。因为这种方言约有四千个字，可见每个音节就平均有十种不同的含义——有的多一点，有的少一点。由于一个人无法单单通过上下文猜出演讲者向听众传达的音节到底表达的是十种含义中的哪一种，这样便出现了许多避免单个音节同时具备多种含义的方法。其中主要包括以下两种：一是将两个音节合并为一个字，二是用四种不同的“语调”来念这些音节。出于比较的目的，我们发现了一个非常有趣的事实，就是该语言实际上是没有语法的。所以很难说这些单音节的字到底是名词、动词还是形容词，而且我们还发现，这些字的字形不会以变化的形式来表示性别、数量、词尾、时态或语态。因此，可以说该语言是由原材料构成的，和我们用来表达思想的语言被梦的工作分解成了原材料而不表达它们之间的关系非常相似。在汉语中，这种不确定性取决于听众如何根据上下文来理解。比如中国有一句俗话，可以从字面上译为“少见多怪”。这并不难理解，其意是说“一个人若见识越少，那么令他感到吃惊的事情就会越多”；也可以理解为“见识少的人不免会大惊小怪”。这两种解释只是在语法表达上略有不同，我们自然无需对它们进行取舍。尽管存在这些不确定性，但可以确定的是，汉语不失为一种表达思想的绝佳工具。由此可见，不确定性并不一定会导致表达含糊不清。

我们现在必须承认，梦的表达系统是远远比不上任何古老语言文字的表达系统的。因为后者毕竟是为了交流而设计出来的，也就是说，不管采用何种方式和提供何种协助，它们的目的只是为了能让人明白其意。但这点恰恰就是梦所缺乏的特性。梦不想向任何人表达任何东西，它并不是交流的工具；相反，它并不想被人了解。正因如此，若我们发现梦里存在不少疑点而无法定夺，那我们也不必感到惊奇或彷徨。由我们的比较研究可以肯定的一点是，这种不确定性其实应被看作所有原始语言文字表达系统的共性，然而人们试图将其作为否定我们释梦结果有效性的证据。

至于梦究竟能被我们理解到何种程度，只能靠实践和经验来决定了。我的观点是，我们对梦的理解已达到了较深的程度，若能对那些受过正规训练的分析师收集到的结果进行比较，便可证实我的观点。一般人，甚至是那些爱好科学之人，在面对科学研究中的困难和不确定性时往往会持怀疑的态度，以彰显自己的优越感，这在我看来是不可取的。或许你们之中只有一部分人知道巴比伦-亚述的碑文被破译为现代文字的时候，也曾出现过类似的情况吧。曾有那么一段时间，人们普遍认为那些破译楔形文字的人只凭幻想就宣布了结论，他们所做的这整项研究其实就是个“骗局”。然而在1857年，皇家亚洲学会做了一项具有决定意义的测试。该协会向当时从事楔形文字研究的最著名的四位专家——罗林森(Rawlinson)、欣克斯(Hincks)、福克斯·塔尔博特(Fox Talbot)和奥佩特(Oppert)——发出挑战，请他们分别将新近发现的碑文译好，以密封的信件寄给协会，由协会对他们的译文做出最终裁定。在比较了四人的翻译后，发现他们的译文大致相同，该结果足以证明我们在楔形文字上所取得的成果是可信的，并且未来还将取得更大的进步。从这以后，人们便不再嘲笑关于楔形文字的翻译工作了，而且读懂这类文字的信心也得到了极大的提高。

2. 第二类反对意见源于这样的印象，即认为我们的释梦方法多是生搬硬套、牵强附会或滑稽可笑的。你们不免也会这么认为。而且这类批判意见不在少数，我就以新近听说的一个为例吧。最近，在号称“自由国度”的瑞士，某寄宿学校的校长因对精神分析学感兴趣而被解除了职务。他对此提出抗议，但伯尔尼当地的报纸公开刊登了校方对此事的决定。我要引述其中几句关于精神分析的话：“此外，我们对苏黎世的普菲斯特(Pfister)博士书中列举的一些牵强附会、强词夺理的例子感到愕然不已……因此，身为寄宿学校的校长竟然会对这样的主张和未必真实的证据深信不疑，实在令人深感震惊。”据说这几句话还是“他们冷静判断后”的结论。我倒宁愿相信这种冷静

"不真实"。让我们再细细研究一下这几句话，希望一点反思和相关知识不会有损于这个"冷静"的决定吧。

对于深层心理学中较棘手的问题，一些人仅凭自己的第一印象就能又快又准地做出判断，这实在令我们耳目一新。我们的解释在他们看来似乎显得牵强附会、生搬硬套。他们不喜欢这些解释，所以这些解释便是错的，进而这整项研究工作也都是无意义的。可他们却从没有想过另一种可能，即这些解释之所以会出现，也许是因为有很好的理由。他们若能想到这一点，也许就会进一步探究到底是些什么理由了。

因此，对这些内容的判断一般与转移作用的结果相关，该作用是梦的审查作用最强有力的工具，这你们都是知道的。借助转移作用，梦的审查作用可产生出我们称为暗喻的替代物。但这些暗喻很难被认出来，也不大容易由此追溯到其背后真正的含义。暗喻与真正的含义之间是通过一种最奇特、最不同寻常也最表面化的联想连接到一起的。不过，隐藏在这所有情况之中的问题在于藏匿了什么，梦的审查作用的目的又是什么。我们要想找出被隐匿起来的含义，就肯定不能指望在它平常所属的地方找到。单从这方面来说，边境安全部门的稽查员要比瑞士的学校当局狡猾许多。他们若要搜查文件和地图，必不会只满足于检查文件夹和信件夹，他们会想到间谍和走私分子很可能会将这些违禁品藏在着装中最隐蔽的位置，即本不应放置的地方，如双层靴底之中。如果违禁品在这样的地方被查出来，那肯定是被硬找出来的，但无论如何它们还是被找到了。

假如我们意识到隐梦成分与其在显梦里的替代品之间可能是一种最疏远、往往也最离奇的关系，且这种关系有时滑稽可笑，有时又妙趣横生，那我们便只能遵循从梦的实例累积的丰富经验来求解了，而我们自身所掌握的解决方法一般是行不通的。我们自身的例子一般给不出这样的解释，并且任何一个理性的人都猜不出这种必要的关系。做梦者要么通过直接联想一下子就给出答案，他能这么做是因为替代品是他自己想出来的；要么就给我们提供足够的材料，这样我们无需什么特殊的聪明才智就能让答案自然而然地浮现出来。如果做梦者不使用上述方法中的任何一种来帮助我们的话，那么令人生疑的显梦成分就确实断无了解的可能了。我再用最近遇到的一个例子来说明吧。我的一位患者在接受治疗期间死了父亲。从那以后，她便利用每个机会在梦里使她父亲复活。有一次，她梦见她父亲以一种特殊的关联作用出现在她梦里，不过该作用不是特别重要，她父亲对她报时说：“现在是 11 点 15 分了，现在是 11 点 30 分了，现在是 11 点 45 分了。”她所能回想起来的与此梦相关的联想就只有她父亲喜欢看着自己已长大的子女准时回家吃饭这件事了。该联想或许与梦的成分有一些关联，却不能解释梦的起源。根据当时的治疗情况来看，我们有充分理由怀疑做梦者其实对她所敬爱的父亲暗含一丝批判性敌意，这在梦里也发挥了一定的作用。于是随着她的进一步联想，虽然该联想离题甚远，但她提到她头一天曾听过的关于心理学本质的讨论，她的一位亲戚说了这么一句话：“原始人（Urmensch）依然活在我们之中。”现在我们便想明白了，她由此想到她父亲也会继续活着。所以在梦里，她将她父亲想象成了一位报时者(Uhrmensch)，就这么一刻钟一刻钟地报时，直至午饭时间。

你们可能无法忽视这个例子和双关语之间的相似性。并且，的确时常出现将做梦者的双关归因于释梦者的情况。另外，还有不少例子令我们很难判断它们到底是个笑话还是一场梦，但你们应该还记得当我们研究口误的时候也面对同样的困惑。有个人告诉我们，他曾梦到自己和叔父同坐在叔父的汽车里，然后叔父吻了他。他马上对此作了解释，认为这意味着“自体性欲(auto-eroticism)”（该术语来自力比多或爱的冲动理论，表示不借助外物满足自己的情欲冲动之意)。这难道不是此人捏造了一个笑话来逗我们，然后又把它说成是个一语双关的梦吗？但我反正是信他的，他应该是真的做过这个梦。那么梦与笑话两者间惊人的相似又源自何处呢？该问题曾令我走了不少弯路，因此也让我下决心一定要彻底弄清楚这个有关诙谐语的问题。通过研究，我得出一个结论，诙谐语的起源应该是这样的：让思想的前意识训练暂时搁置一旁，听任潜意识的支配，诙谐的形式便显现出来。在潜意识的影响下，它还受到有效机制，即凝缩和转移的支配作用，换言之，它受到与梦的工作的相同机制的支配作用。因此，诙谐与梦的相似之处便来自这里。不过，这种无意的“梦的诙谐”并不如一般笑话好笑。若你们再进一步对诙谐进行研究，就会明白是什么缘故了。“梦的诙谐”是个蹩脚的笑话，它无法引人发笑，却会令我们难堪。

从这一点来讲，我们其实是在效仿古代释梦者的做法，虽然他们的释梦方法有不少糟粕，但也给我们留下了不少绝佳的释梦范例，令我们至今都无法超越。现在我给你们举一个很有历史意义的例子，达尔迪斯的阿尔特米多鲁斯和普鲁塔克讲述此梦的版本略有不同。做梦者是亚历山大大帝，他在围攻泰尔城（Tyre）的时候（公元前 322 年）遭到了顽强的抵抗，后来他梦到一个正在跳舞的萨提尔（satyr）。他的随军释梦者阿里斯坦德罗斯（Aristandros）通过把 Satyros 这个词分解为"Thine is Tyre"（意为"泰尔是你的了"），解释了此梦，并因此承诺他最终会征服这座城市。于是，亚历山大大帝在这个释梦结果的影响下继续攻城，最终占领泰尔。虽然这个梦的解释听起来有些虚假，但它无疑很正确。

3. 你们若是听说有些对释梦感兴趣的精神分析学家也对我们的释梦观点有异议，我想你们一定会特别关注此事。若你们以为可以借机发现很多被忽略的新的错误，那你们将会失望。由于混乱的理解状态和不恰当的归纳结果，导致他们所提出的主张如同从医学角度释梦一样错误百出。有一种学说你们是知道的：梦反映的是做梦者试图适应自己现在所处的情境，以解决将来的问题，换言之，梦具有"前瞻性倾向"（A.梅德语）。我们已说过该主张建立在分不清梦与隐性梦思的区别的基础上，而且还以忽略梦的工作为前提。如果他们以为"前瞻性倾向"指的是隐性梦思所属的潜意识的心理活动，则这种主张既缺乏新意，又不是很详尽，因为潜意识的心理活动除了为将来作打算外，还有许多其他任务要完成。还有一种更糟的谬见，似乎认为每个梦背后都含有“希望别人死”的愿望。我不太清楚这个假设具体是什么意思，但我觉得它背后隐含着一种混乱，即分不清梦与做梦者的整个人格的区别。

由少数梦的特例而得出的不恰当的概括宣称每个梦都存在两种解释：一种是我们之前已解释过的，即用精神分析法来释梦；还有一种被称作寓意或神秘解释，这种解释忽略了本能的冲动，旨在表现更高层次的心理作用（西尔伯莱［V. Silberer］语）。的确有这样的梦存在，不过若你们想将此观念推及大多数梦，那只会竹篮打水一场空。不过，在你们听完上述所有解释之后，还有一个说法认为所有的梦都可以两性来解释，即都可解释为男性倾向与女性倾向的混合（阿德勒语）。诚然，这样的梦也是有的，你们随后就会意识到这种梦与某种癔症的症状极为相似。我之所以在此提及这些新近发现的梦的一般特性，是为了告诫你们不要信以为真，或者至少不要再质疑我是如何评判它们的了。

4. 梦的研究的客观性曾一度遭到质疑，人们认为接受精神分析治疗的患者会有意使自己的梦的内容与医师所推崇的理论相契合，于是，一些人主要梦到性冲动，一些人主要梦到支配别人，还有一些人甚至会梦到复活（斯塔克尔［W. Stekel］语）。然而这个观点是不大可信的，一是因为在尚未引入精神分析疗法影响人们的梦之前，人们早已有做梦的习惯；二是因为至今还在接受治疗的患者在未被治疗前就已有做梦的习惯。这种新观点的意义很快就能被证实，且与梦的理论毫不相干。引起梦的白天的余念其实是对清醒生活强烈感兴趣的泛滥表现。如果医师的话语和他所施加的刺激对患者很重要，那么它们便成了白天的余念的一部分，并作为心理刺激，和白天其他未处理的热情高涨的兴趣一道在形成梦的过程中起到刺激梦的作用，其作用的原理与入睡者在睡眠状态中所受到的身体刺激的原理类似。由医师激发的思绪也像其他刺激梦的因素一样，或出现于显梦之中，或流露于隐梦内容之间。事实上，我们知道梦可由实验引起，或者换个更准确的说法，部分梦的材料可被引入梦中。精神分析师对患者的影响仅仅与实验者所扮演的角色一样，例如沃尔德在做实验时，就让他的实验对象把四肢固定成某种姿势。

人经常能影响做梦者做梦的主题，却不能影响做梦者会梦见些什么。因为梦的工作的机制和隐藏在梦里的潜意识的愿望是不受外界影响的。我们已意识到，当我们在评估那些受身体刺激的梦时，梦的生活的特性和自给自足性可以从梦对抗身体或心理刺激时所呈现的反应中看出来。我们现在正在讨论的问题，即那些对梦的研究的客观性的怀疑，其实又是将整个梦与梦的材料混为一谈了。

女士们先生们，有关梦的问题我们已经聊得够多了。你们会怀疑我略去了很多内容，并且你们还会发现我几乎每一点都讲得不够详尽。可这是由于梦的现象与神经症现象之间的密切关系造成的。我们以梦的研究作为研究神经症的引论，这个顺序肯定比倒过来研究它们要好得多。然而，正因为梦如同我们了解神经症的准备知识，所以反过来说，我们要等到掌握了一些神经症方面的知识后，才能对梦有个更准确的理解。

我不清楚你们会怎么想，但我向你们保证，我一点也不后悔让你们花如此多精力和时间来研究梦的相关问题。要想让人们很快就相信精神分析理论是正确的，除此之外别无他法。从一方面来看，假如我们要说明神经崩溃的症状是有意义、有目的的，那么就要花费数月甚至数年的努力，利用患者的病症历史来证明。从另一方面来看，就梦而言，起初看起来是非常混乱、难以理解的，却可以证实精神分析的种种假设、潜意识的心理过程、它们所遵循的特殊工作机制以及它们所突显出来的原动力。如若我们还记得梦的构造与神经症症状的构造是相似的，同时再考虑一下如何让做梦者迅速变成一位清醒且理性的人，我们便可确定神经症不过也是由于心理生活中各种力的均衡被打破才导致的。

第三部分

神经症通论

第十六讲　精神分析法与精神病学

很高兴看到你们回来继续参与我们的讨论。我之前曾给你们讲过用精神分析来解释过失和梦的方法，现在我带你们来了解神经症现象。你们很快就会发现，这种现象与梦和过失有诸多相似之处。但我必须事先告诫你们，我不会再让你们以从前那种态度来对我了。那个时候，我的研究每往前推进一步都必先咨询你们的意见。我总是和你们多做辩论，听任你们诘难，总之，我很尊重你们的意见和你们的“常识”。现在我们不会再这样了，原因很简单，梦和过失都是大家熟悉的现象，或许你们对这方面的经验并不亚于我，而且就算一时没什么经验，也能很快累积到和我一样多的经验；但神经症对你们来说是陌生的，因为你们并不是医生，我的讲述是你们了解它的唯一渠道。如果对要讨论的材料都不是很熟悉，即便你们再擅长做判断又有什么用呢？

不过，不要把这番话理解成我将对你们进行教条式的宣讲，只准你们无条件接受我所讲的一切。这将是个很严重的误会。我不指望你们信服我的话，我只是想激起你们的研究兴趣并动摇你们的偏见。如果由于不了解事实而无法做判断，那么你们暂可不必相信，也无须诘难。你们应该安静地听讲，让我的讲述慢慢对你们产生影响。人是不能轻易被某一信念说服的，至少如果一个人毫不费力就获得某种信念，这种信念就不会有什么价值，也无法自我保持。只有研究同一材料多年，还能从中不断获取新奇发现的人才有资格真正拥有信念。在学问领域，面对某一信念为何要闪电般毫无保留地信服，抑或不假思索地加以反对呢？难道你们没有觉得“闪电式恋爱”，或者说“一见钟情”的爱情，乃是与学问截然不同的情感领域的产物吗？我们甚至不会要求我们的患者必须相信精神分析的方法并轻易接受相关观点。当他们这样做时，反而会令我们陡生疑虑。我们所推崇的是带着善意的怀疑态度。你们为什么不试着让精神分析的观念伴随着流行的精神病学的看法一道在心里发展起来呢？它们之间会相互影响，相互评估对方的力量，直到某天，它们会自然而然地在你们心中完成自己的取舍。

从另一方面讲，你们不应该觉得我所讲的精神分析观点纯粹是猜测性质的。事实上，它是经验的结晶，或源于直接的观察，或源于由观察得出的推论。这些推论是否妥帖合适，所用方法是否得当，得根据这门学科的进一步发展而定。经过这二十五年来的研究，我现在的年纪也算比较大了，我可以直言不讳地指出，要得出这些观察结果殊为不易，需要全身心投入其中，深入细致地做这项工作。我常常会有这样的印象，我们的反对者不愿了解我们所主张的观点的客观起源，就好像它们只是些随意的主观臆断似的，人们可以对其任意指摘。这样的反对态度，我是完全不能容忍的。这或许是由于医生习惯性避免与他们的神经症患者接触，对他们说的话也不太在意，以致失去了从他们的话语中获取有价值的信息的可能，也因此无法对他们作出深入透彻的观察而造成的。我想借此机会告诉你们，在演讲过程中我尽量不提有争议的观点，至少不与个人进行争辩。我是从来不信“争论是万物之父”这种说法的。我觉得它实质上是希腊诡辩家的哲学，这种哲学派别所犯的错误就是过分夸大辩论的价值。在我看来，恰恰相反，这些所谓的科学的批判似乎也没起到多大作用，更不消说这种批判基本上都是从个人角度出发的。就我而言，几年前，我甚至可以夸口说我曾参与过一次正规的科学辩论，即与一名学者——慕尼黑的洛温菲尔德(Lowenfeld)展开辩论，辩到最后我们成了好朋友，到今天都是。但此后很长一段时间我都没有再尝试过，因为我不能确保最后的结果还会是这样。

我这种拒绝讨论的表态，你们肯定会认为我太固执，对所有的反对意见都保持特别迟钝的反应，或是像科学界的一句俗语所说的那样——是“固执己见”。针对你们的这类看法，我想这么回答：通过苦心钻研而获得信念之人，必有坚持此信念之权利。此外，我还要强调这样一个事实，在我的研究过程中，但凡我对一些重要观点进行修正，或改变、替换，每次都会公开声明。可这种坦诚的结果又如何呢？有些人对我的自我更正视而不见，直到现在还在批判我以前的一些观点，而这些观点我早就弃之不用了。还有人则因为我前后观点的偏差而指责我，并由此认为我是不可信的。在他们看来，一个屡屡修改自己观点的人难道还值得信赖吗？他最新的主张不也同样可能会出错吗？同时，一个固执己见或不愿轻易让步的人也会被认为是固执且偏颇的。面对这种矛盾的批评意见，除了遵照自己的判断行事外，还有什么更好的办法吗？我决定就这么做，我仍会根据后来的不断发现修正自己的学说。但我的基本思想现在还没什么需要改动的，而且我还希望以后也会如此。

现在，我用精神分析的观点来给你们讲解神经症的临床现象。不过，为了便于进行类比和对比，最自然的方法就是将这些现象与我们之前见过的现象相关联。我先来讲一下在我工作时常会遇到的症状。当然，对于那些来诊室求助并花上十五分钟时间叙述自己多年痛苦经验的人，分析师通常也做不了什么。他所掌握的深层知识使他不会像其他医师那样快速判断："没什么问题。"然后给出建议："去做一段时间水疗。"我的一位同事在被问到怎么应付那些患者时，耸耸肩简单答道："得为他们这种淘气的行为罚他们不少钱。"因此，当你听到最忙的分析师也没多少患者咨询时，就不会感到奇怪了。我在候诊室和咨询室之间设有一道门，咨询室又另设一道门，感觉上起到了加强的作用。我这么布置有明确的目的，这是毋庸置疑的。患者被允许从候诊室进入咨询室时，常常发生的情况是，他们会忘记关上身后的门；事实上，他们基本上是两扇门都不关。我一看到这种情况，便会毫不客气地让他或她回去重新把门关上，不论来人是衣着考究的绅士或是打扮时髦的淑女。这难免会给人一种迂腐的感觉。其实，我偶尔也会怀疑自己提这个要求是否过分，因为有的人是连门把手都没能力触到的，但我还是很乐意看到陪同他们的人帮他们关门。其实大多数情况下，我提这个要求是对的，因为这么做的人，即不关候诊室到咨询室之间的门的人，属于不文明之人，应受到不客气的对待。不过你们在未听完我下面要讲的话之前，先不要为这种人辩护。事实是这样的，患者只会在整间候诊室只有他一人时才会忘记关门，他会大摇大摆走进咨询室，撇下身后空荡荡的候诊室。如果还有其他人或陌生人和他一起候诊的话，这种疏忽情况就不会发生。在后一种情况中，他清楚地知道要保护自己的隐私，他和医生的谈话不愿被别人听见，因而他会小心谨慎地将两扇门都关严。

可见，患者忘记关门的疏忽是可以被预测出来的，它既不是偶然情况，也不是无意义的行为，甚至不可谓不重要，因为正如我们所看到的那样，它反映了患者对待医生的态度。他就像去求见有权势者的大多数人那样，怀着一种头晕目眩、诚惶诚恐的感觉。或许他已电话询问过什么时间打电话最好，还想象过会碰到牛奶站前那样人头攒动的情景，并已做好了准备。结果他只是走进了一间空荡荡的候诊室，而且室内装修也相当简朴，他便觉得很失望。他必须找医生要回自己被浪费的尊重，于是他故意不关候诊室与咨询室之间的门。他是想通过这样做来告诉医生："看吧，反正这儿也没别人，无论我在这里待多久，一个人都不会来。"如果他这种放肆无礼的态度不事先被狠狠打压一番的话，那么后面在他接受治疗的过程中，也会表现得傲慢无礼、盛气凌人。

如若没有事先注意到这种细小的症状行为，你们根本分析不出个所以然来。也就是说，这种行为不是偶然的，而是带有动机、有意义和有目的的；它有与其一一对应的心理学联系；它是某种更为重要的心理过程的细微表现。但更重要的是，做出这种行为的人并没有意识到这个动作，因为任何一位留着两扇门不关的患者都不会承认他们这么做是出于对我的蔑视。有些人或许还能回想起进入这个空旷的候诊室时带有的一丝失望之情，但他的确没有意识到这种印象与其后所发生的症状行为之间的关系。

现在，除了对这个症状行为进行小小的分析之外，我们再举一个对患者的疾病进行观察的例子。我举这个例子是因为一方面它在我的印象里属于新例子，另一方面它比较简短，便于描述。不过在具体讲述中，免不了要描述一些细节之处。

有位休假在家的年轻军官请我为他的岳母看病。这位老妇人尽管生活在幸福的环境里，却因一种荒唐的想法让自己和家人都过得痛苦无比。我的这位患者 53 岁，是位保养得当、性情友善且纯朴的人。她不带一丝迟疑地告诉了我：她的婚姻很幸福，与丈夫住在乡下，她丈夫经营着一家很大的工厂。她说她丈夫的善良体贴数不胜数。他们因为相爱而结婚，已经 30 年了，却从未发生过郁郁寡欢、争吵或妒忌的情况。甚至连她的两个孩子都已结婚了，她的老伴出于情感上的责任心，仍在尽职尽责地履行作为丈夫和父亲的义务，不愿退休。就在一年前，发生了一件令人难以置信的事，也令她觉得不可思议。她收到一封匿名信，信上指控她的好丈夫与一名年轻女子有染，她信以为真，从此她的幸福就完全崩塌了。有关这封信的更具体细节是：她曾雇了一名女孩做仆人，并可能时常与其聊些自己私密的事。这个女孩对一位年轻女士怀有明显的恶意，后者虽然出身卑微，但比起这位女仆来显然生活得好多了。这位年轻女士因为受了商业技能培训，便进了工厂，而没有去当女仆，再加上由于男职工都去服兵役了，工厂缺人手，所以她很快就得到了一个好职位。她现在住在厂里，与不少绅士都有往来，甚至被尊称为"女士"。而那位女仆的生活就远不如她这么幸运了，因此只要一有机会，这名女仆就用各种恶毒的言语攻击她。一天，我的这位患者与她的女仆聊起一位来过她家的老先生，据说这位老先生并没有与他的妻子住在一起，而是养了一个情妇。这位老妇人也不知当时是怎么了，忽然说道："要是我听说我那好丈夫也有个情妇的话，那将是我身上所能发生的最可怕的事了。"第二天，她就收到了一封匿名信，信上的字迹一看就是伪造的，说的正是她那天想象出来的事情。她认为——几乎断定——这封信是她那深怀恶意的女仆所为，因为信里提到的她丈夫的情妇正是女仆痛恨并想要加害的那位女士。尽管我的这位患者很快就识破了这个诡计，并且看透了她所住的镇上发生的种种闹剧，也清楚地知道这种怯懦的诋毁行径不值得相信，但还是陷入信中的谎言不能自拔。她变得异常激动，立即派人把她丈夫叫了回来，对其大加指责。但她的丈夫只是笑着否认了此事，并予以了妥善处理。他还请来了一位家庭医生，同时也是厂里的医生，为他妻子看病。大夫极力安抚这位不幸的女人。他们后来采取的举动也十分合理，那位女仆——而不是她的假想敌——被解雇了。从那以后，我的患者不断声称自己再也不会相信那封匿名信的内容了，但即便如此，她仍无法彻底且长久地从痛苦中解脱出来。只要一听到那位年轻女士的名字，或是在街上遇到她，她就会重新陷入疑虑、痛苦和怨恨之中。

以上就是这位老妇人的病史了。要理解她所描述的情况，并不需要多少精神病学方面的经验。要说有什么特别的，就是与其他神经症患者相比，她表现得简直太淡定了。我们可以说，她表现出来的都是假象，实际上她从未忘记过那封匿名信上指控的事。

那么，一个精神病学家该对这样的病例采取怎样的态度呢？我们已经知道，针对患者不关候诊室的门这种症状他会怎么做——他会声称这只是个偶发事件，不具有心理学意义，所以不用理会。但这种态度不能用来对付妒妇的病例。以上这种症状看起来似乎无足轻重，但其情势严重，理应引起我们的注意。从主观上讲，它与强烈的痛苦感相连，从客观上说，它有使家庭破裂的危险；因此，毋庸置疑会激起精神病学的兴趣。

精神病学家首先会描述这种症状的一些特征。这位老妇人折磨自己的那些念头不能说是荒谬的，因为年老的男性确实有可能会与年轻女性有染，但此例还存在其他一些既荒唐又难以理解的地方。患者除了匿名信之外，再无其他理由相信自己体贴忠诚的丈夫会是那种人，尽管出轨的已婚男人并不罕见。她明知信件本身没什么说服力，并且还能给出令人满意的关于消息来源的解释；因此她是能够说服自己没有理由妒忌的。事实上她确实这么做了，但她还是承受了巨大的痛苦，就好像觉得妒忌是应该的似的。我们认为这种不基于逻辑或事实建立起来的观点应称为“妄想”（delusions）。因此，这位善良的女士是“执迷于妒忌”（obsession of jealousy），这无疑是这个病例的主要特征。

确立了第一点之后，我们对精神病学的兴趣就更浓了。如果我们无法通过现实消除这种妄想，那它就不是源于现实。那么这种妄想到底源自何处呢？妄想的内容是多种多样的，为什么在这个病例中却以妒忌为妄想的内容呢？哪种类型的人易产生妄想，尤其是妒忌妄想呢？我们向精神病学家寻求答案，但他让我们一头雾水，而且他只留意到我们诸多问题中的一个。他会研究这位老妇人的家族史，或许会给我们一个这样的答案：“如果一个人的家族中曾发生过类似的或其他类型的精神错乱，那么其本人也会患有这种妄想症。”也就是说，如果这位老妇人患上了妄想症，那是因为遗传基因造成的。这个说法有几分道理，但这就是我们想要的全部答案吗？难道它就是引起这种疾病的唯一原因吗？难道针对患者患的是妒忌妄想症而不是其他类型的妄想症这一情况，我们就应该满足于假设它是无关紧要的、偶发性的以及难以解释的吗？我们是否同样该接受遗传因素从消极意义上讲有着决定性影响？这意味着不论她之前经历过什么，都注定会产生这种妄想。你们或许想知道为什么精神病科学不能给出进一步的解释，那么我来作答吧："只有骗子才会空口白牙地诓人。"精神病学家在这个问题上已找不出任何方法来进一步解释了，尽管拥有丰富的经验，他也只能止步于做出诊断以及并不确定的预测。

那么，精神分析能对此有更深一步的作为吗？答案是肯定的。我希望告诉你们的是，即使是这种难以断定的病症，通过精神分析也可有所发现，从而使深入了解情况成为可能。我想请你们先注意这样一个看起来显然无足轻重的事实，其实是患者自己招来那封支撑她妄想的匿名信的。因为就在前一天，是她对那位爱耍诡计的女仆说，如果是她丈夫与年轻女孩不清不白，那她便会深感痛苦。她通过这种方式使女仆起了送匿名信的念头。由此，从某种程度上讲，她的妄想与那封匿名信无关；它其实早就以恐惧或愿望的形式存在于她身上了。现在让我们再来看看，通过短短两小时的分析便又发现了不少新的细节。患者在讲述自己的病情时的确表现得很配合，但当我要求她进一步描述她的想法、观点及回忆时，她却说什么也想不起来了，她已把所有的事情都告诉我了。就这样过了两个小时之后，治疗被迫中断了，因为她说她觉得自己已经好了，不会再出现那种病态的想法了。当然，她之所以这么说，一是出于抗拒的心理，二是因为害怕被我们进一步分析。不过，在这两小时的治疗过程中，她曾说过一些话，使我们有可能做出明确的解释，事实上是毋庸置疑的解释，而且这种解释会揭示出她产生妒忌妄想的根源所在。原来，她十分迷恋那位督促她上我这里来做专业咨询的年轻人，也就是她的女婿，但她自己是毫不知情的，至少知之甚少。因为她现在是他的岳母，所以她对他的迷恋之情很容易被她所展现出来的无害的慈爱之情掩盖。根据我们的丰富经验，不难感受到这位诚实的女人，同时也是一位好母亲的具体心理活动是怎样的。这种迷恋，这种畸形的、不应有的情感自然不会出现在她的意识之中，但它仍是存在的，并化为一股沉重的压力加诸在她的潜意识里。压力既已产生，自然要寻求缓解之法，那么最快的缓解方法便是利用转移作用，于是就导致妒忌妄想症的产生。如若不只是她这位老妇人爱上了年轻小伙，而且她的老伴也与年轻女子有染，那么她就不必担心因自己的不忠而受到良心的谴责了。故而她对她丈夫不忠的妄想乃是一副冷却自己灼热伤口的膏药，她从未意识到自己的爱意，而由此爱意折射出来的妄想倒是给她提供了诸多便利，可现在这种妄想却成了进入意识层面的情不自禁的强迫性症状了。自然，所有针对这种妄想的理由都是无用的，因为它们只针对投射的映像（即捏造其丈夫与年轻女子有染一事），而并不针对那隐藏在潜意识里，强大而难以发现的原本之物（指她对自己女婿的爱恋）。

现在我们把所有的片段都拼凑起来，看看这个简短的并且受到阻碍的精神分析疗法能为我们理解这个病例提供什么帮助吧。当然，得先假定我们的问询方式都是规范化操作的，对这一点，我是不会让步听从你们意见的。第一，这种妄想已不再是无意义且难以理解的了，它非常有意义，不仅具备合理的动机，而且是患者情感经验不可或缺的一部分。第二，它是对潜意识心理过程的必然反应，可通过其他方式将其推导出来，而且它之所以在这种情况下具有妄想的性质，那也是因为它那抗拒事实和逻辑的特性。该妄想源于某种愿望，属于某种慰藉。第三，这种病症之所以是妒忌妄想而不是其他类型，是由于患者自身的经验所致。你们也会注意到在我们所分析的症状中存在两个重要的相似点：一是关于症状的意义和意图的解读；二是此症状与该情况中的潜意识因素之间的关系。

自然，我们还未回答完这个病例的全部问题。其实，这个病例充斥了太多问题，有一些我们目前还找不到解决方法，另一些则受制于现有条件，还不能得到解决。譬如，为什么这个婚姻幸福的女人会迷恋她的女婿呢？就算背负这份沉重的爱恋，也可以有其他种种解压之法，为什么一定要将她自身的处境投射到她丈夫身上制造出某种镜像呢？我相信你们一定不会觉得这些问题既无聊又荒唐，而且我们手头已经有解决这些问题的眉目了。原来，这位老妇人已步入某个关键的岁数，她在性方面突然出现了难以启齿的强烈需求，光凭这一点或许就足以阐释她的病情了。此外，她那忠实的好丈夫可能多年来始终无法充分满足这位保养得当的老妇人的性需求。经验告诉我们，这种男人往往会一直很忠诚，并对自己的妻子温柔有加，还能时常体恤她们心灵的不安。另外，独独是她女儿的年轻丈夫而非别人成了她畸形爱恋的对象这一事实也相当重要。在前面的分析中，女儿的性对象复归为母亲的性对象——其原因在于，母女之间有着强烈的情欲联系，这种联系又常以诸如此类的方式伪装得以延续。或许我应该提醒你们，岳母和女婿间的关系一直以来都很微妙，这种关系还导致原始族群产生了一些极大的禁忌和回避。[①]通常它还逾越了积极意义和消极意义上的文明社会的规范。至于这三个因素中究竟哪个抑或是两个甚而是全部都在我们这个病例中发挥作用，我还无法判定——正如你们所知，我的时间有限，分析在进行到两个小时的时候就被迫中止了。

女士们先生们，我意识到这一点，即我现在给你们讲的这一切，你们还听得云里雾里。但我这么做是为了比较精神病学与精神分析学。我现在可以问你们一件事吗？你们有注意到它们二者之间的矛盾？精神病学并不运用精神分析法的技术，不去留意妄想症的内容是否重要，它只是给我们指出一种又普通又遥远的病因——遗传作用，而不是先去寻找更具体、更直接的病因所在。这是否意味着二者之间存在矛盾和对立？它们不能互为补充吗？难道遗传因素会抵消经验的重要性吗？这两者

① 参见弗洛伊德的《图腾与禁忌》(1913)一书。

难道就不能结合在一起，从而形成最有效的方式吗？你们必须得承认，精神病学研究在本质上确实没什么可以和精神分析学研究相抵触的地方。因此，反对精神分析法的不是精神病学，而是精神病学者。精神分析学与精神病学的关系就好比组织学之于解剖学：一个研究器官的表面形式，另一个研究由组织和细胞组成的更为精细的结构。这两种研究互为终始，很难看出它们之间的矛盾。解剖学目前是现代医学的基础，但在以前，人们对解剖尸体以研究人体内部结构的行为也是反对的，就同现在人们严禁我们实施精神分析以研究人的内在心理机制一样。或许在不远的将来，人们就会意识到，如若不具备对心理生活的潜意识过程的深入了解，精神病学就算不得是一门科学。

精神分析法虽饱受诟病，但你们之中或许会有一些人支持该学说，并急于看到它能否在治疗方面自圆其说。你们知道，精神病学向来都不具备影响妄想症的能力。那么，精神分析法有能力影响吗？毕竟它能深入地了解这些症状的机制。不，女士们先生们，答案是否定的。至少就目前来说，它和其他那些疗法一样，对这些疾病也是无能为力的。我们可以理解患者身上发生了什么，但我们还无法让患者自己也搞清楚这些问题。其实，我只能对这种妄想症做些初步分析。你们会因为这种分析得不出什么结果，就断言它不适宜分析这些病症吗？反正我是不会这么想的。事实上，我们有权利也有义务进行科学研究，而不去管它是否会获得立竿见影的效果。也许有一天，虽然我们还不知道具体是何时何地，每一片零散的知识都会转化为一种力量，甚至是治疗的技术力量。即便精神分析学还治不了妄想症及其他的神经病和精神病，它仍不失为科学研究中的一种不可或缺的工具。我们确实还不能运用此工具，因为我们要研究的对象是人，凭人本身的实力，一个个是有生命力和意志力的个体，要让他们协助我们的研究就必须有动机，但他们也会否认自身的动机。因此，我愿以下面这句话作为此次讲座的结束语：我们对诸多神经症更全面的理解和知识已转化为治疗的力量；此外，这些病本就难治，在某种特定条件下，我们所获得的结果在该领域已算得上是首屈一指了。

第十七讲　症状的意义

在上一讲中，我给你们解释过临床精神病学是不怎么关注症状的表现形式或内容的，而精神分析学却以此为切入点，认为症状是有意义的，并与患者的经验相关。神经症症状的意义由布洛伊尔(J. Breuer)率先发现，他于1880年至1882年间研究并治愈了一名癔症患者，此病后来受到广泛关注。冉涅(P. Janet)也以自己的独立研究，得出同一结果。事实上，从字面意义上讲，这位法国学者发布结果要比布洛伊尔早，因为布洛伊尔是在十年后(1893—1895)发表其观察的结果的，即在我与他合作的那段时期。总之，究竟是谁先发现的并不重要，因为你们知道每一个发现都要经过多次验证，并不是一蹴而就的，而且成功与收获并不成正比。比如，美洲并不是以哥伦布的名字命名的。在布洛伊尔和冉涅之前，著名的精神病学家勒雷(Leuret)就曾谈起过研究精神患者的妄想，如果我们知道该怎么翻译这些妄想的话，那么它便是有意义的。我承认自己在很长一段时间内都非常推崇冉涅对于神经症症状的解释，因为他曾将这种症状视为支配患者内心的“潜意识观念”的表现。但此后，冉涅的态度变得慎之又慎起来，他似乎想表明“潜意识”一词对他来说不过是词的一种形式，一个权宜的称呼，“一种说法”，并没有什么明确的含义。从那以后，我便不再了解冉涅的学说了，不消说，我相信他已丢掉了他本可获得的崇高学术声望。

神经症症状同过失和梦一样具有意义，并且也像它们一样与患者的生活相关。为了让你们能更好地理解这种症状的特征的重要性，我举几个例子来说明吧。我只能假定(还不能证明)所有的神经症都适用于这种情况，我们每个人都可根据自己的经验来证实这一说法。不过出于某种原因，我不会以癔症为例，而会以另一种与癔症在本质上密切相关，但又很古怪的神经症为例。关于此病我必须先跟你们简单介绍一下，此病被称为强迫性神经症，知名度不像癔症那样高。如果要我形容该病的症状，我觉得它不怎么闹腾，表现得更像是患者自己的私事，几乎没什么身体方面的症状，只有心理方面的症状。精神分析法的建立最初就是基于对强迫性神经症和癔症这两种病症的研究，我们在对这两种病症的治疗手段和疗效上都取得了成功。但强迫性神经症没有令人费解地由心理症状扩散到身体表现上来，它也因精神分析研究变得比癔症更容易理解，其表现也更明显。并且我们已经意识到，强迫性神经症更能形象地体现出神经症的某些极致的特性。

强迫性神经症的主要表现如下：患者的头脑里充斥着他实

际上并不感兴趣的想法，时不时被一些不可思议的冲动推着去做出某些事来，而这些事根本就不是他喜欢的，但他却无法抵制这种冲动而不得不去做。这些想法可能荒谬无比，或者对患者来说很陌生，它们常显得很幼稚，是紧张思虑导致的后果，患者常被这些想法搞得精疲力竭，他虽极不情愿，却又无法抗拒。若违背这些念头，他就会被搞得心力交瘁，仿佛面临生死问题似的。患者感到自己体内的这股冲动会给人造成一种幼稚或滑稽的印象，但就大多数情况而言，这些冲动都是些可怕的内容，如诱惑他们犯下可怕的罪行，故而患者不仅会拒绝它们，还会恐惧地逃避它们，并通过限制自己的自由等种种预防措施来阻止它们的实现。事实上，患者从没有将这些冲动付诸于行；他总能成功地实施这些逃避和预防措施。实际上，患者干的(即他所谓的强迫性行为)都是些无害的琐事，且大部分都是日常行为的重复和仪式性的繁琐细节，以致他生活中的一些必要行为，如睡觉、洗漱、穿衣、走路等都成了难以克服的困难。这些病态的想法、冲动和行为在各种形式和种类的强迫性神经症病例中的效果并不同；大体来说，病症的哪种表现是主导因素，就决定了该病的名称叫什么；不过，所有这些表现形式都有很多共同之处，这点是毋庸置疑的。

这无疑意味着巨大的痛苦。我相信即使是精神病患者最疯狂的幻想也一定捏造不出类似这样的病来，如若我们不是每天亲眼所见，简直无法相信。然而，你们不要以为治疗这种患者就是要努力劝他转移自己的注意力，抛开这些愚蠢的想法，找些有意义的事来做，而不是做那些异想天开的事。这其实也是如他所愿的，因为他自己也很清楚，并认同你们所持的关于他的强迫性症状的观点，实际上，这些观点他自己也会提出来。但他就是做不到，在强迫性神经症的情境下所做出的举动像是被一股力量所驱使，绝非常态心理生活中的力量所能抵抗。而患者唯一能做的就是转换和改变。比如他可以用一个不那么荒谬的想法代替那个愚蠢的念头，他还可以把一种预防和禁止的措施转变成另一种措施，或是从事另一种仪式以代替之前的仪式。总之，他可以以此易彼，但就是不能完全消除强迫性念头。该病的主要特征就是病症的不稳定性，任何症状的表现都能被转换成与它们的本来形式相差十万八千里的现象。此外，这种病最显著的一点是，在这种情形下，患者的心理体验的对比会非常突出。再加上除了强迫性的积极和消极内容之外，人的理智也开始游移不定，甚至逐渐发展到对最平常最肯定的事也存有疑虑。凡此种种，最终会让人陷入一种日益迟疑不决、精力匮乏、逐渐丧失人身自由的状态，尽管强迫性神经症的患者最初都是精力充沛、十分固执己见、智力超出常人的。通常情况下，患者的道德水准很高，且行为过分谨慎，一般都不会出什么差池。你们可以想象，在这种极端矛盾的特性和症状表现所构成的迷局中，要想寻出病因是非常不容易的。因此，我们现在的目的只是理解并解释一些此病的症状。

听了我们前面所述的内容后，你们或许想知道现在的精神病学在解决强迫性神经症方面能有什么作为。其实，那不过是些微不足道的贡献。精神病学除了能给各种强迫症命名外，其他方面就无能为力了。另外，精神病学强调这些患者患的是退化症。这个说法并不能让人觉得满意，这只是一种道德评判或者谴责，而不是解释。现在让我们来假设这种退化是一种病，那么自然就会引发各种怪症的出现。在我们看来，出现这类症状之人必然与其他患者有本质上的不同。不过，我们想问的是，他们是否比其他神经症患者，如患癔症或其他患精神疾病的患者，退化得更厉害呢。这一特性描述得也太过宽泛了。你们若得知一些杰出男性和女性，尤其是公认的才华横溢之人，也有这样的症状时，就不免会怀疑这个特性的描述是否恰当了。我们通常很难对伟人有所了解，这是因为伟人们的言行谨慎，加上传记作者的失真描写的缘故。不过，他们之中也有狂热的真理爱好者，比如左拉(Emile Zola)，而且我们还听说他的一生有许多古怪的强迫症习惯。①

精神病学采取权宜之计，将这类患者称为“优秀的退化者”，以为就大功告成了。干得漂亮！但通过精神分析，我们发现这些特殊的强迫症症状也如那些患其他病症的普通人的症状一样，都有可能被永久地消除。我自己就试验成功过。

在这里，我仅给你们举两例来分析这种强迫症症状。一个是旧病例，但我还没找到比它更全面的例子；另一个是新病例。因为这样的叙述既要明确清楚，又要细节详尽，所以我只

① 参见 E·图卢兹，《关于爱弥尔·左拉的医学心理学研究》，巴黎，1896 年。

举这两个例子来说明。

一位30岁左右的女士患有很严重的强迫症。我本可以为她治疗的，若不是命运的反复无常打断了我的工作的话，关于这一点我以后有机会再告诉你们。患者在发病的每一天都会多次重复这样一个奇怪的行为：她常从自己的房间跑到隔壁房间，在房子中间的一张桌子前站定，接着打电话叫来自己的女仆，交办一些琐事，或是根本没事可办就把她给遣走了，然后又跑回自己的房间。这种症状显然不算很严重，但已足以激起我们的好奇心了。后来病因找到了，完全无需医生帮忙，是用一种最简单的方式找到的，即由患者自己说出。这种方式无人会反对。光凭我自己几乎是不可能猜到这个强迫性行为的意思的，我也无法对怎么解释给出任何建议。我经常问那位患者："你为什么要这么做呢？这么做有什么用呢？"她回答说："我不知道。"但在某一天，在我成功说服她克服了某种严重的道德顾虑之后，她突然意识到了一些什么，进而联想到她的强迫性行为的由来。十多年前，她嫁给了一位比自己年长许多的男人，在新婚之夜，她发现了自己丈夫性无能的事实。数不清有多少次他从自己的房间跑到她的房间，一次又一次地尝试，可是无一成功。第二天早上，他生气地说："这未免让整理床铺的女仆太看不起了！"于是顺手将房里的一瓶红墨水倒在了床铺上，却没有倒对位置。起初，我还不理解这种回想与我们所讨论的强迫性行为有何关联；我唯一找到的关联就是从一个房间跑到另一个房间，或许还要加上有女仆出现这一幕。随后，患者带我走入第二个房间，指给我看桌布上的一大块污渍。她解释说她这样站在桌旁，女仆一进来就会看到这块污渍。尽管还有许多东西待商榷，但她的这种强迫性行为与她新婚之夜的场景之间的密切关系是无需置疑的了。

首先，显然患者把自己当作了自己的丈夫，模仿的是她丈夫的角色，从一个房间跑到另一个房间。其次，我们必须承认，如果她认定了这个角色，那么她其实是用桌子和桌布替代了床和床单。这似乎看起来很牵强，但我们可从有关梦的象征意义的研究中获得参考。在梦里，桌子常被解释为床。“床和桌”一起则表示结婚，所以床可表示桌子，桌子也可表示床。

凡此种种都证明了该强迫性行为是有某种意义的，似可将它视为最初的重要场景的反复再现。不过，我们也不应仅仅满足于这一个相似点，若我们更为细致地检查这两人之间的关系，或可受到更为重要的启发，从而揭示该强迫性行为的目的。该目的的核心显然是召女仆前来。对她而言，她希望给仆人看那块红色污渍，以此来驳斥她丈夫所说的那句话：“这未免让整理床铺的女仆太看不起了”。这样，患者扮演了丈夫的角色，在女仆面前维护了颜面，因为这块污渍就在它本该在的位置上。所以，她不仅是在重复这一场景，也是在对其加以延伸和修正，使其向好的方面转变。同时，她还在修正另一件事，就是使那天晚上变得如此尴尬并让红墨水成为必需的事——性无能。这种强迫性行为好像在说：“不，这不是真的。他无须在女仆面前感到丢脸，他并没有阳痿。”她以梦的方式，通过公开的行为实现了自己的这个愿望，其目的是想帮她丈夫克服那件不幸的事。

我所告诉你们的关于该病例的一切情况都能与此解释相符，而我们所知道的关于她的其他情况也再一次强化了对这个令人费解的强迫性行为的解释。这位夫人已经与丈夫分居多年，并且正在为是否要与他诉讼离婚进行着思想斗争。但她总摆脱不了他，她强迫自己依旧对他忠实，于是她离群索居，抵御外界诱惑；在她的幻想里，她不仅原谅了他，还把他理想化了。她的病的最深层的秘密就是使她的丈夫免受恶意的蜚短流长的攻击，从而使他们俩的分居合理化，并让他尽可能地过上舒适的单身生活。因此，对这种无害的强迫性行为的分析直接把我们引向该病例最核心的部分，与此同时还揭示了一般性强迫性神经症的隐秘特征。我很高兴地看到你们仔细推敲此病例，因为它包含了许多在其他病例里看不到的情况。这种症状的解释是患者自己在她电光石火般的闪念中想到的，根本未经分析者的指导或干预。并且它不像平常的病例一样，来自幼时差不多快遗忘的经验的回忆，而是源于患者对仍然记得的成年生活的回忆。因此，批评家通常加诸我们对于症状解释的种种反对意见，在此例中都行不通了。当然，这样的好运气我们不常碰到。

此外还有一事，难道你们没注意到吗？一个微不足道的强迫性行为竟然引领我们直击患者最私密的生活！女人最不愿和人分享的最隐秘的东西莫过于自己的新婚之夜了，我们竟碰巧了解了她的性生活隐私，这难道没有更深层的意义吗？当然，这也可能是我特意取此例的结果。让我们先不要急于下结论，看看第二个例子再说。此例与之前的例子截然不同，它是一个很平常的例子，一个关于睡觉仪式的例子。

一位 19 岁的女孩，长得漂亮而且聪明，是个独生女，从小就接受了比父母还好的教育，智力水平也超过了她父母。小时候，她是任性调皮的，近几年不知什么原因竟变得神经紧张起来，尤其易对她母亲动怒；她总是抑郁不满、犹豫不决又满怀疑虑，到后来竟自称再也不能单独行走在广场或大街上了。关于她的复杂病情，我们在这里不想多谈，但对她的病至少可作以下两种诊断：广场恐惧症和强迫性神经症。现在请注意这样一个事实：她还形成了一种睡觉仪式，这引起了她父母的极度不安。从某种意义上讲，每个正常人都有自己的睡觉仪式，换言之，至少需要某种条件才能入睡，不然就睡不着；他在这种由醒转睡的过渡过程中创造出了某种方式，并且这种方式每晚都可重复。不过，正常人所需的睡眠仪式都很容易理解，最重要的是，当外部条件发生变化时，他们也能迅速做出相应的调整。但这种病态的仪式则是硬性的条件，不能发生改变，并且需要付出巨大的牺牲才能坚持下去。表面上看，它的存在似乎也合理，与其他的常态仪式相比，仅仅是实行起来显得过于小心了。可我们若仔细观察，便会发现其存在的借口并不充分，被它所掩盖的意图远远超出了这个合理的理由，甚至还有些意图直接与该理由相背。我们的患者宣称为了便于入睡，夜间需要安静，因此必须排除一切噪音干扰。为此，她做了两件事：停掉了屋里的大钟，还把其他的时钟也移开，甚至连放在她床头柜上的腕表也不例外。花盆和花瓶都放在她的写字台上，以免夜间坠落干扰她的睡眠。她明白为了安静而采取的这些预防措施并不合理：即便腕表放在床头柜上，那滴答滴答的声音也根本不可能听到，更不消说我们都清楚时钟那规律的滴答声其实是有助于而不是干扰睡眠的。她也承认，花盆和花瓶即便放在原来的位置，夜里也不至于坠落摔碎，她的这种担忧是毫无道理的。可从她对这种睡觉仪式所采取的其他措施来看，她似乎又放弃了寻求夜间安静的要求。她要求自己的房间与父母房间之间的门要半开着，为此她将各种物品置于门口，而这样似乎又招来了产生噪音的源头。她所做的一切最重要的仪式都与床有关。床头的长枕不得接触木制的床背，小枕头必须放在大枕头之上，形成一个菱形；这样她刚好可以把脑袋放在这个菱形的对角线上。盖被子前，必须先抖一抖，使其底部变得平整，而且她也从不会忘记将被子压实，使其厚薄均匀。

请允许我将这个仪式的其他琐碎细节略去不谈；这些细节不仅不能给我们提供什么新信息，还会使我们离题太远。不过，你们切不可小瞧了，所有这些仪式做起来并不顺利。她每做一事都担心做得不好，总是会去检查，一遍又一遍。她先怀疑这一点，然后又怀疑那一点，结果一两个小时就这么过去了，其间她无法睡着，她那担惊受怕的父母也不敢入睡。

分析这些折磨人的病症，不如之前的病例那么简单。为了得出相关解释，我得不断给这个女孩一些暗示或建议，但她不是直接表示拒绝，就是讪笑表示怀疑。不过，在最初拒绝了我的解释之后，她接下来又认同了我所提的建议的可能性，并留意它们所引起的相关联想，努力回忆，建立起相关联系，直至后来她经过自己的努力，得出并接受了这所有的解释。在这之后，她便停止去想那些强迫性的仪式动作，甚至治疗还未结束，她就完全放弃了整个仪式。你们得知道，我们如今的分析工作的本质绝不是把单一的症状彻查到底，直至其意义明了；相反，我们常常要丢开正在研究的课题，直到在其他相关情形中对其加以确定，我们才又会将它提起。所以，我现在要告诉你们的对该病例的解释，是许多结果的综合，要得出这些结果常常需要数周或数月的时间，而且时常会被其他工作打断。

我们的患者逐渐明白，她之所以在夜间把那些时钟和手表都移出屋外，是因为钟表是女性生殖器的象征。尽管我们知道钟表也有其他象征意义，但它们之所以具有女性生殖器的象征意义，是因为它们也有周期性动作和规律的间隔。例如，某位女性可以自夸其生理期如钟表一样规律。然而，我们的患者却尤为担心钟表的滴答声会干扰自己的睡眠。钟表的滴答声可与性兴奋时阴蒂的兴奋相比。她确实时常被这种痛苦的感觉所唤醒，故而因为怕阴蒂勃起，不得不每夜都把所有的钟表移走。花盆花瓶都是容器，也是女性生殖器的象征。因此，她所采取的以防它们跌落摔碎的措施也并非没有意义。我们知道，人们为庆祝订婚而打碎盆子或碟子的风俗十分流行。每个宾客手里拿着的碎片象征着放弃对新娘的占有权，我们可将这一弃权举动视为建立在一夫一妻婚姻习俗的基础之上的。另外，关于这个仪式，我们的患者还产生了一些回忆和联想。她还是个孩子的时候，有次不小心滑倒了，打碎了一个玻璃杯或瓷杯，碎片割伤了手指，顿时流出血来。当她渐渐长大，懂得了性交等事后，便产生了恐惧，害怕自己在新婚之夜不会流血而不能证明自己是处女。为避免花瓶被打碎而采取的措施，是对包括首次性交流血在内的整个处女情结的拒斥。同时，她还拒斥对流血的恐惧与对不流血的恐惧。这也意味着她想摆脱初夜是否会流血的焦虑。实际上，她所采取的这些预防措施几乎与防止噪音毫无关系。

有一天，她突然猜到了她的仪式的中心意义，也忽然明白了自己之所以不让枕头靠到床背的原因。在她看来，长枕像是一个女人，而直立的床背则像是一个男人。我们可以说，她想借助某种魔法将男人与他的妻子隔开。她想要分开的实际上是她的父母，目的则是为了阻止他们的夫妻生活。在前几年，她还没有建立这种仪式的时候，她曾采用一种更直接的方法来达到此目的。那时，她假装很害怕或利用天生胆小，使自己的房间与父母的房间之间的门不被关上。这一要求一直保留到她现在的仪式中。因此，她有机会偷听父母的动静，此举曾导致她失眠数月有余。那时她还不满足于仅以这种方式打扰父母，并且时不时为达到目的而睡在父母中间。这样“长枕”与“木床背”就真的不能靠在一起了。后来，她长大了，再睡在父母中间就不合适，也不舒服了，于是她就假装害怕以便与母亲成功交换位置，睡到父亲身旁。这种情况无疑开启了她的幻想，至于后果如何，可以在她的仪式里看到。

假如枕头代表女人，那么抖动羽绒被，直至羽毛下沉到底部，使之隆起，这也一定是有意义的。这意味着怀孕；然而，她的仪式从未忽略过要杜绝这种事情。她把羽绒被的羽毛都抚平也正是此意。事实上，我们的患者多年来一直担忧她的父母有性交行为，这样又会生出一个孩子，成为她的竞争对手。假如长枕代表女人，即她的母亲，那么小枕头就只能代表女儿了。可为什么小枕头还要斜放在大枕头之上形成一个菱形呢？为什么这个女孩的脑袋要刚好枕在菱形的对角线上呢？她很容易就会记起，画在墙上的菱形符号表示的是女性生殖器。而她自己扮演的是男性角色，她的头则代表男性生殖器。（参见杀头为阉割的象征。）

你们或许会说，这种疯狂的想法出现在一个处女的脑海中真是荒唐。我也承认这一点，但不要忘了我并没有创造这些想法，只是将它们揭示出来罢了。这种睡觉仪式本身就很奇怪，你们不能否认，是仪式与幻想之间的一致导致我们得出了相应的解释。就我而言，我很希望你们在该仪式中看到的不是单个幻想的产物，而是一系列必须被统观的幻想的集合，事实上这些幻想总会汇集于空间的某处。还有一点值得注意的是，她的仪式所产生的性需求时而积极，时而消极，一部分是对性欲的反抗，另一部分则代表性欲。

如若能将其他患者的症状与这个仪式结合起来分析，或能得出更好的结果。但我们不能偏题。让我们在此打住，即假设这个女孩自幼时起就对父亲有一种性方面的依恋，这或许就是她对母亲怀有敌意的原因。我们还不能放过这样一个事实：对这个症状的分析还会牵涉到患者的性生活。我们对神经症症状的意义和目的了解得越深，对这一切就越会感到不足为怪。

通过这两个例子，我已向你们证明神经症症状与过失和梦一样有意义，并且还与患者的经验密切相关。但我怎能指望你们仅凭两个例子就相信这一至关重要的观点呢？这是不可能的。可你们能指望我继续举例，直到你们相信为止吗？这同样也不可能。因为我每举一例都会尽量叙述得明白清楚，这样光讲这一点，就要花上五个小时，即一整学期的课才能讲完。因此，我必须满足于只给你们提供这一条论据，然后推荐你们参考一些关于该问题的其他文献，其中首推布洛伊尔对他的第一个病例（癔症）的经典诠释的著作，以及荣格对所谓的早发性痴呆（dementia praecox）的模糊症状的出色阐释，那时他还只是一位精神分析者，还没想过会成为一名专家；此外还要加上后面陆续刊登在我们各个杂志上的所有论文。这类研究是极为丰富的。对神经症症状的分析、解释和翻译引起了精神分析学家的极大兴趣，相比之下，对于神经症其他方面的问题就暂时被他们忽略了。

无论你们中有谁不嫌麻烦对此事有过研究，无疑都会被其丰富的证明材料所震惊，但在这过程中还是会遇到困难。我们已经知道，病症的意义与患者的经验密切相关，因而病症的个性化程度越高，我们就越能迅速了解这种关系。所以，我们的具体任务就是针对每一个荒谬的想法和无意义的行为，找出之前分别与它们相对应的合理想法与带目的性的行为来。那位跑到桌旁打电话叫女仆来的患者，她的这种强迫性行为，就是这类病症的典型。但与该病症的性质截然不同的症状也不少。它们应被称成某种疾病的典型病状，因为它们的特点反映到各病例中都是差不多的，只是它们的个性化差异都消失不见了，即便存在差异，也被缩小到难以再将它们与患者的特殊经验或以前的特殊情境联系起来的地步。我们再来看看强迫性神经症。我们的第二位患者的睡觉仪式就可引为典型例子，但它同时还有足够多的个性化特征，而使所谓的具有历史影响的解释也成为可能。不过，所有的强迫症患者都倾向于重复某一截然不同于他人的动作，并使这一动作被迫以某种特定的频率进行。而且他们之中大多数都喜欢洗濯不止。如今，广场恐惧症(agoraphobia)(即场所恐怖，害怕空旷)再也不会被归入强迫性神经症了，而是被称为焦虑性癔症(anxiety hysteria)。它总是表现出同样的病态情况，疲惫不堪地重复着同一个单调的病态特点，患者惧怕密闭空间或开阔的广场，或长长的街道和风景区干道，当有人陪着他们或有车跟随其后时，他们便会很有安全感。然而，除了这些相同的基本特点外，每个患者还兼有自己的个体化特点——其基本特征是情况不同、对比鲜明。譬如有的人只害怕狭窄的街道，有的人却害怕宽阔的街道；有的人看见街上人少才敢上街行走，而有的人看见街上人多才敢出来行走。癔症也是同样的情况，除去诸多因人而异的症状特点外，还有许多属于该症所共有的典型症状，但似乎不易以患者的历史经验为依据来解释这些症状。不过，请不要忘了，正因为有了这些症状，才可做出诊断。假如针对一个癔症的病例，我们最终发现它的一个典型症状源于某一经验或某组相似的经验，如一种癔症的呕吐症状起因于一连串令人作呕的印象，可我们若是发现另一个病例的呕吐症状竟源于另一系列完全不同的经验时，便不免会感到困惑。在此情况下，似乎所有的癔症患者总会由于某种未知原因呕吐，而那些经分析找出的以前的病因只是因患者内心需要而随机捏造出来的托辞，以便用它们掩盖自己真正的目的。

因此，我们很快就得出这个令人沮丧的结论，虽然我们可根据患者的个人经验求得针对个体的神经症症状的满意解释，但我们的技术还无法解释这些病症之中更常见的典型症状。此外，你们要记住我并不准备告诉你们在对病症的历史意义刨根究底的过程中所遇到的种种困难。我之所以不打算告诉你们，是因为我虽不想对你们有所隐瞒，但我也不想在你们一开始从事研究工作时，就原原本本地告诉你们这所有的一切，让你们陷入迷茫和沮丧之中。我们的确才开始了解这些症状的意义，但我们也希望能坚守住已取得的成果，一步一步地征服那些未知的困难。因此，我想用以下想法来给大家打气：两种症状之间的基本区别几乎难以被假定。假如个体的症状明显依赖于患者自身的经验，那么种种典型症状也并非没有能追溯到人类共有的典型经验的可能。而神经症中的其他规律特征，如强迫性神经症的重复特征和疑虑特征或许只是一般反应，患者却因其病理变化的性质而被迫强化了这些反应。简而言之，我们不应过早地灰心丧气，我们应该看看以后还会有什么发现。

我们在研究梦的理论时也遇到过类似的难题，不过该难题在之前讨论梦的时候还未加以探究。梦的显意内容非常丰富，且因人而异，借助分析推导会发现何种隐梦意义，我早已清楚地告知各位了。除此之外，还有些梦被称为“典型的”，为人类所共有。它们的内容相同，所以解释起来遇到的困难也一样，典型病症的情况也是如此。这些梦有：跌落、飞行、漂浮、游泳、被包围、赤身裸体，此外还有其他各种各样的焦虑型的梦。这些梦因做梦者不同，解释也各异，并不会导致单调重复的解释结果。同样，就这些梦而言，它们所共同的基础成分也点缀着个体不同的特性。或许建立在其他梦的研究基础上的知识，也适用于这些梦的解释，要做到这一点不必加以曲解，只需逐渐拓宽我们的见解即可。

第十八讲　创伤性固着——潜意识

上一次我曾说过，我们不应从疑虑出发进行我们的工作，而应以我们已得到的结果来继续作研究。不过，我们还未谈过由前面的两个例子分析得出的两个十分有意思的结论呢。

首先，这两位患者都给我们造成了一种固着于过去某一特定事件的印象；她们都无法对往事释怀，以致自己与现在和将来的生活脱节。她们如同借病遁世，或古人遁入修道院以逃避自己的悲惨命运一样。就第一个例子的患者而言，她与她丈夫那早已结束的婚姻对她影响很大。她的病症使她得以继续保持与丈夫的联系。我们还从她的症状中知悉了多种声音，分别是替他辩护、原谅他、称赞他和为他惋惜。虽然她那时还年轻，可能还会有追求者，但她却利用各式各样的无论是真实的还是想象的(戏法似的)防范措施来保持对他的忠贞。她不见生客，懒得修饰打扮；坐下便不愿起身。她拒绝签名，到最后，由于她不想让其他任何人拥有她的任何东西，她甚至无法再送礼给别人。

就第二个例子的患者来说，那个年轻女孩早在青春期之前就对父亲产生了一种性依恋，这种感情对她的生活造成了很大影响。她还得出结论，只要自己生了病，就不会结婚了。我们可以猜测，她生病是为了不结婚，这样便可一直陪在她父亲身边。

我们不禁会问：一个人怎么会这样，他究竟是以何种方式、出于何种动机才会对生活抱有这样一种奇特且无益的态度呢？让我们假定这种态度是神经症的普遍特征，而不是这两位患者所特有的特征。实际上，这确实是所有神经症的一个既普遍又重要的特征。布洛伊尔的第一位癔症患者同样沉浸在自己照顾病重的父亲的那段日子。尽管她已康复，可从某些方面来说，自那以后，她的生活就已中断了与现实的联系；虽然她仍健康能干，但已无法适应正常女人的生活了。通过分析我们发现，每位患者的症状和结果都能追溯到他们过去生活中的某一时间段。就大多数病例而言，这一过去时间段很可能指的是很早之前的一个生活时期，比如童年，甚至是哺乳期。

与这种神经症状况最相似的是近来欧战时频发的流行病——创伤性神经症。甚至在开战以前，这种病症就出现了，一般出现在火车事故和其他危及性命的恐怖事故之后。创伤性神经症从本质上讲，与我们之前分析和治疗过的自发性神经症并不一样；再加上我们之前解释其他神经症的假说也不适用于它，我希望以后能有机会向你们解释这一限制。不过，需要强调的是，这两种神经症之间还是存在相同之处的。创伤性神经症清楚地显示出它们是固着于发生创伤性灾难的那个时期，患者经常会在梦里反复经历自身遭受创伤时的情境。那些可被分析的癔症也是如此，其发作近似于这一创伤情境的某种完整翻版。患者似乎没能挺过这个创伤性情境，后者作为一个未完成的任务，似乎始终横亘在患者面前。我们要特别重视这一点，由此便可明白心理现象中所谓的经济观点是什么。实际上，“创伤”一词除了含有经济意义外别无其他。所谓创伤性经历，指的就是一种在短期内给予患者内心强烈刺激的经历，其强度足以导致内心再也不能以正常方式来有效地应对或适应现实，以致其内心现有的能量分配方式受到永久性干扰。这种扰乱将永久性破坏心灵对于其可支配能量的处理机制。一种经历，如果能在短时间内极大提升对心灵的刺激强度，以至于心灵对外在经历的吸收乃至加工功能无法再以通常的方式实现，则可称为创伤性经历。

这个类比促使我们把那些看起来似乎是神经症患者固守的经历归为创伤性经历。由此，我们似乎找到了一个判定是不是神经症的简单因素。神经症和创伤性疾病类似，都源于患者无法应对的强烈的情绪经历。事实上，它看上去像是布洛伊尔和我在 1893 年至 1895 年间将我们新观察到的事实归为理论时所提出的第一个公式。第一个例子里的患者，那位已同丈夫分居的年轻女人，就非常符合该观点的描述。她无法接受自己婚姻失败的现实，一直无法从这个创伤情境中摆脱出来。但我们的下一位患者，那位恋父的少女则向我们表明此公式并不完善。

一方面，小女孩对父亲有孩童式的爱恋很正常，而且一般会随着年龄的增长而克服，故而“创伤”一词用在这里没多大意义；另一方面，由患者的经历可知，她最初产生的对性爱的执念，在那时似乎是全然无害的，直到若干年后才以强迫性神经症的症状反映出来。由此可见，此病的成因复杂多变，由多种因素决定。不过，我们也认为没必要将这种观点视为错误而放弃；或许它还适用于其他不同情形。

由此，我们便不得不中断这条研究路径，因为这条路现在已无法走下去了，我们必须先研究些其他东西方可找到出路。但在转移话题之前，我们可以注意到，“对过去某一特殊阶段的执念”这一问题已远远超出了神经症的范围。每种神经症都包含这样一种执念，但并非每种执念都会导致神经症，它们既不与神经症同属一类，也不会为神经症的发展创造条件。譬如悲伤，按之前的理论来判定，就是一种对情感的执念，它会导致对现在和未来的完全隔绝。但一般的悲伤与那种可诊断为病态的悲伤神经症是截然不同的。

也可能出现这样的情况，一个人因经历了创伤性打击而走入死胡同，导致其赖以生活的根基都动摇了，并丧失了对现在和未来的兴趣，完全沉浸在对过去的回忆之中；但这些不幸的人并不一定是得了神经症。我们不应过分高估这个特点，而将其视为诊断神经症的一个特质，无论它显得多常见、多有力。

现在我们再来看看由分析得出的第二个结论。不过对这个结论，我们无需加以限制。对于第一个例子的患者，我们曾叙述过她所做的那些无意义的强迫性动作，以及由这些动作引起的对私密往事的回忆；我们曾研究过她的经历与症状之间的关系，也因此发现了隐藏在强迫性动作背后的目的。但我们完全忽视了一个值得关注的因素，即只要那位患者还在重复自己没意识到的强迫性动作，那么这些动作就与我们所不知道的经历有关。这两者之间的联系她是不知道的，所以她只能诚实地回答说不知道什么东西驱使她这样做。有一次，因为治疗的关系，她突然想起了这层联系，便说给我们听。但她仍没明白她所做的这些强迫性动作的目的就是要纠正过去那段痛苦经历的错误，以抬高她依然深爱的丈夫。她花了很长时间和很多努力才明白并承认这个动机就是驱使她的强迫性行为的动力。

那个不愉快的新婚之夜的场景与患者对丈夫的柔情，这两者间的关系构成了强迫性行为的意义。但只要她还在继续这些强迫性动作，她就不会明白这些动作的根源以及自己为什么要做这些动作。她的内心一直存有某种心理变化过程，而这些强迫性动作乃是该过程的结果。她能以一种正常的心态观察到它们的结果，但此结果之前的心理变化过程在她的意识里却是一无所知的。伯恩海姆曾做过催眠实验，命令被催眠者醒后五分钟在病房内打开一把伞，被催眠者醒后便按要求做了，却不知自己这么做的动机何在。我们的这位患者就类似于此。当我们谈及潜意识的心理过程的存在时，脑海里浮现的正是这样的案例。如若有人能对这种案例做出更科学的说明，那么我们将非常乐意完全抛弃对潜意识心理过程的假设。不过在那之前，我们仍会继续坚持这种假设。若有人反对，认为潜意识一说完全没有现实的科学依据，只是一时的权宜之计（一种说法）而已；那么我们只能耸耸肩，驳斥其说法令人费解。不真实且没有根据的东西竟然也能产生像强迫症这样既真实又明显的现实效果，真是太匪夷所思了！

在第二位患者身上，我们也碰到了基本相同的情况。她定下一个自己必须遵守的规则：枕头不能接触床架；不过她并不知道这个规则的起因、意义以及动机何在。无论她对这个规则是漠然视之或是努力抗争、竭力抵制，还是决心克服，这些都不重要。她仍然得服从并执行这一准则，即便她有心究其原因也是徒然。我们必须承认，这些强迫性神经症显然营造出了一种特殊的心理活动氛围，并与其他心理活动切断了联系，以至于患者产生这些观念和冲动的原因是什么，它们又来自何处，竟无人知晓。该症状具备强大的阻力以抵制其他正常心理生活所产生的全部影响，还给患者造成这样一种印象，即它们是从另一个世界来的超能力人士，或是落入凡间的神灵。神经症症状清楚无误地向我们证明潜意识心理学的确存在。也正由于这个原因，只承认意识心理学的临床精神病学才会对这些症状不知所措，只将其当作某类特殊退化的表现。诚然，强迫症的观念和冲动本身并不是潜意识的，它们不过是逃离意识的强迫性行为的表现。如若它们没有渗入意识之中，就不会形成强迫症症状。但由分析来看，它们的心理前提和通过解释发现的联想都属于潜意识，至少在患者经由分析过程而意识到是怎么一回事之前是这样的。

至此，现在请考虑以下各点：（a）前面两例中所确立的事实都可被各种神经症的症状证实；（b）患者无论何时何地都不知晓这种症状的意义；（c）各种分析无一例外地显示，这些症状源自潜意识的心理历程，但在各种有利条件的作用下，它们又可转化为有意识的。若你们考虑到了以上几点，便会明白若不考虑心灵的潜意识部分，精神分析就无法开展下去；而且我们已习惯于将潜意识当作有形的、实质的东西来对待了。或许你们还得弄明白，那些对潜意识的理解还只停留在概念上，从未分析过它、从未释过梦、也从未探究过神经症症状的目的和意义的人，在这个问题上是最没有发言权的。让我们再重申一遍我们的观点：通过分析解释的手段给予神经症症状意义，这一点无可辩驳地证明了潜意识的心理过程是存在的——又或者若你们愿意，可将这一点看作有必要作此假设的无可辩驳的证据。

但这还不是全部。多亏了布洛伊尔的第二个发现，这全是他一个人的功劳，该发现于我而言比第一个的意义更为深远，因为我们能借此深入了解潜意识与神经症症状之间的关系。且不说病症的意义总藏于潜意识中，就连病症是否存在也受制于它与潜意识之间的关系。你们很快便能明白这一点。我同布洛伊尔的主张如下：每发现一个病症，便可断定患者心里一定怀有隐瞒了病症意义的潜意识的心理过程。反之亦然，要产生症状，其意义必属潜意识。病症不会源于意识的历程；只要上述潜意识历程一变成有意识的，病症就会消失。你们会立即意识到这便是治疗的方法，它可以让病症消失无踪。实际上，布洛伊尔就是用这种方法治好了患者，让他们从病症的折磨中解脱了出来。他找到了一种将患者的包含病症意义的潜意识历程带入意识之中的技术，这样病症便消失了。

布洛伊尔的发现并非推测出来的结果，而是通过与患者的合作得出的一个巧妙的观察结果。因此，你们不必自寻烦恼，将自己已知的事拿来与这些事作比较，相反你们应意识到这是一个本质上全新的事实，可用来说明许多其他的事实。因此，请允许我从另一角度再重温一遍此事。

病症其实是其他被压制事物的替代品。就目前而言，某些心理历程通常会发展到患者有意识地明白这些情形为止。然而，若不能如此发展，而是被中断和干扰的话，就会被禁锢在潜意识里，病症也就随之而来。也就是说，某物在这一替换过程中受到了影响，而通常成功的治疗措施就是要将此过程还原，这样精神分析疗法就能解决神经症症状的问题了。

由此来看，布洛伊尔的这个发现还是精神分析疗法的基础。随后的所有研究结果均可以证实，当潜意识的过程转化为意识的过程时，病症便会消失，尽管在发生这一转变时，我们会碰到许多非同寻常的大大出人意料的困难。我们的治疗工作就是将潜意识转变为意识，而且只有实施了这种转变，我们的治疗工作才会奏效。

若此时我们不聊几句题外话，你们未免会觉得这个治疗工作太容易了。据我们已知的经验来看，神经症似是某种无知，因为患者意识不到他所应知的心理历程。这就很像苏格拉底的那句名言：罪恶源于无知。通常，有分析经验的医生很容易察觉出患者有哪些心理冲动仍然是潜意识的，故而治疗起来似乎很容易。他只需将这种知识灌输给患者，使其免于无知即可。至少部分病症的潜意识意义很容易以此法来处理，尽管另一部分，即病症与患者经历之间的关系难以由此推知，因为医生不知道患者的所有经历，只能等后者想起来再告诉他。但在很多情况下，这个困难也是可以克服的。我们可向患者的亲友了解他的经历，他们通常知道是哪些经历给患者带来了创伤，他们有时还能说出患者毫不知情的事来，因为那些事发生在患者的幼年时期。这样，通过把这些方法结合起来，患者那无知的病源便有望在短时间内消除，而不用大费周折。

假如这就是事情的全部就好了！但事情总是出乎意料。此知与彼知并非同一，知的种类各异，在心理学上不具有同等价值。正如莫里哀所说："虽是柴捆，各有不同。"[①]医生的知与患者的知不同，两者产生的效果也不同。因此，直截了当地讲，医生将他所知道的灌输给患者是无效的。或许这么说还不够准确，虽然该方法无法让症状消失，却产生了另一效果——使分析得以开展，患者会激烈否认——但这通常是分析启动的第一个信号。至此，患者便会知道自己以前所不知道的东

① Il y a fagots et fagots.

西——他的病症的意义，不过他知道的还很有限。故而，我们可以知道无知也不只一种。我们必须更为深入透彻地理解心理学，才能弄清它们之间的区别。不过，“清楚病症的意义便可让病症消失”这个结论仍然是正确的。因为其限定性条件只有以下一条：该知识必以患者内心的改变为基础，而这种改变只能通过指向特定结果的心理活动来实现。于是，我们会碰到不少问题，这些问题很快就能带领我们详细阐述病症构成的心理动力学。

现在我必须暂时打住，问问你们，是否觉得我讲的这些东西太含糊太深奥了？我是否经常收回自己说过的话并对它们重新加以限制？是否在提出一连串的思路后随即又将它们反驳回去？这么做会不会把你们弄糊涂了呢？如果真是这样，那我十分抱歉。不过，我十分厌恶以牺牲真理为代价的简化，我宁愿让你们充分感受到这个学科的多面性与复杂性。而且我觉得，即便我所说的很多东西你们一时受用不了，也并无害处。我知道每一位听众和读者都会将自己听到或读到的事实按自己的想法安排整理，化长为短，化繁为简，从中摘录出他自己想要保存的东西。在既定范围内，如果人们开始时处理的信息越多，那么他后来得到的也就越多。因此，我希望即便我讲的东西很复杂，你们也仍然可以明白其中的本质部分，即关于病症的意义、潜意识，以及这两者间的关系。你们可能也明白我们以后的研究将沿着以下两个方面展开：首先是临床方面的问题——发现人们是怎么生病的，以及他们怎么会对生活采取一种神经质的态度；其次是心理动力学方面的问题——了解神经症症状是如何从神经症的决定因素中发展而来的。毋庸置疑的是，这两方面的问题必有交集。

我今天不想再深入探讨这个问题了，但因为还未到下课时间，故而请你们注意上述两个案例分析中的另一特性，即记忆空白或失忆症，你们以后就会完全理解其意。你们已经知晓精神分析治疗的任务可用这样一个公式表达：所有病态的潜意识历程必须转变为意识的历程。你们或许会惊讶这个公式可被另一个公式所替代：填充患者的记忆空白，消除其失忆症。实际上，二者表示的是同一层意思。由此可看出，就形成病症而言，神经症患者的失忆症所起的作用很重要。然而，通过分析我们的第一个病例，很难证实失忆症的作用。患者并没有忘记引发其产生强迫性行为的情景，相反，她对此历历在目，而且对形成病症起作用的其他因素也都一一记得。就第二个例子中举行强迫性仪式的少女而言，其情形也大体类似，只是她记得不是很清楚而已。她其实并未真正忘记自己早年的行为，比如她坚持父母与自己的卧室之间的门要开着，不让她母亲睡在父亲身旁等，都记得十分清楚，只是回忆起这些时表现得有些闪烁其词和不情愿罢了。不过，在第一个例子中有个值得特别注意的地方，虽然患者无数次地实施了她的强迫性动作，却没有一次会想到这和新婚之夜的情景可能有类似之处；甚至在直接要求她搜索其强迫性动作的动机时，她也没想起来。就第二个例子中的那名少女来说，不仅她的仪式，就连引起仪式的情境也是每晚重复上演。这两个例子都不存在真正的失忆症和记忆空白的情况，但理应引起情景再现和记忆复苏的联想却被打断了。这种对记忆的干扰已足以导致强迫性神经症的产生。然而，癔症却有所不同，它常以最夸张的健忘症为特征。通常，对每一例癔症症状的分析都可引出患者对一连串事情的印象，这些事在被记起来以前，可视为全然被遗忘了。一方面，这些事情可追溯到患者最早期的生活，以致癔症中的失忆现象可看作患者婴幼儿时期健忘的直接延续。于我们正常人而言，我们之所以不清楚自己幼年时期的心理生活，就是源于这种遗忘。而另一方面，令我们吃惊的是，患者连最近发生的事情都记不清，尤其是导致疾病加重或引发疾病的诱因，即便没有完全忘记，至少也忘了一部分。通常情况下，一些重要细节或从这种近期记忆中消失，或被虚假记忆所取代。事实上，几乎总是在分析快要结束时，这些近期记忆才会浮出水面。而整个分析过程中，这些记忆一直处于被压抑的状态，使患者的整个经历有一个引人注目的缺口。

我们之前曾提过，记忆力受损是癔症的一个特性。有时候癔症的症状状态(即癔症发作)虽已出现，却不必在记忆中留下任何痕迹。如果强迫性神经症不发生这样的状况，你们便可断定这些失忆表现乃是癔症心理特征的一部分，而非神经症的通性。这种区别的重要性可通过接下来的一些观察来降低。症状的意义由以下两方面构成；一是“来源”，一是“去向”和“目的”。换言之，即症状源于何种印象和经历以及症状意欲达到的目的。一种症状的来源可追溯为种种印象，这些印象原先定是有意识的，后来因被遗忘而成为潜意识。然而每一个病例症状的去向，即意欲达到的目的都是一种内心的过程，它由内心发展而来，起初可能有也可能没有意识，但也很容易根本就没有进入意识，从一开始就是潜意识的。因此，症状的“来源”，即症状所赖以维持的印象是否被遗忘，像在癔症中发生的情况一样，都无关紧要了；因为它对潜意识的依赖取决于症状意欲达到的目的，实际上该情形在癔症与强迫性神经症中莫不如此。在这两种情况中，病因，即意欲达到的目的，从一开始就可能是潜意识的。

我们如此看重心理生活中的潜意识，不免招致人们对精神分析最恶毒的攻击。你们不用感到诧异，不要认为这是因为不大明白潜意识的概念，或是难以获得潜意识存在的证据造成的。我觉得这种攻击另有深意。人类幼稚的自恋曾先后受到过科学的两次重创。第一次重创是人们意识到地球并非宇宙的中心，仅是浩瀚宇宙体系中的一个很难看清的小点而已。这让我们联想到“哥白尼”的名字，尽管亚历山大派的学说也表达过几乎相同的观点。第二次重创是生物学研究夺去了人类自视高于万物的创物特权，使之沦为动物界一员，而且其身上也同样具有难以根除的兽性。此价值重估要归功于达尔文、华莱士及他们的前辈的共同努力，不过它也遭到了与他们同时代之人的猛烈攻击。然而，人类的妄自尊大受到第三次也是有史以来最沉重打击的，是我们的现代心理学研究。它意欲证明，“自我”甚至就连其本身也做不了主，而是取决于自己心理生活中在潜意识里进行的事的极少信息。提倡反观内心，这并非我们精神分析学家首创，我们也不是这一观念的唯一支持者。但我们似乎注定是它坚定的代表者，并采用对每个个体而言都很重要的经验材料作为对它的支持。世人之所以诘难我们的学说，甚至不顾学术礼节上的考虑以及公正严密的逻辑思维，都是由于这个原因。此外，我们还不得已以另一种方式扰乱了世界的安宁，这一点你们很快便会知晓。

第十九讲　抵抗与压抑

为了进一步了解神经症，我们还需要一些新的经验，有两种经验随手可得。它们都十分特别，刚发现它们的时候还不免令人惊异。实际上，你们早就通过上学期的讨论对它们做好了思想准备，所以无需担心。

首先，当我们要治疗患者，使其免受病痛折磨时，患者却在整个治疗过程中对我们进行顽强抵抗。这种情形相当奇怪，简直令人难以置信。而且最好不要向患者的亲友提及此事，因为他们从不会去分析原因，只会认为这是我们找来掩饰治疗过程漫长或治疗失败的借口罢了。此外，患者表现出种种抵抗，却意识不到是在抵抗；如若能让他理解这一点并重视起来，可谓治疗上的一大进步。你们想想看，患者因病症的折磨而使自己和关心他的亲人一同遭罪，再加上他还愿意牺牲大量的时间、金钱、精力，甚至不惜自我否定来治病，结果在治病这个节骨眼上，竟然抗拒任何愿意帮助他的人。此话听起来未免太不合理了吧！然而事实确是如此，如果你们指责我们不近人情，那我们只需举一个类似的事实作答。一人因为牙痛难忍去找牙医，而当牙医拿着钳子准备拔他的病牙时，他却推开了牙医的胳膊。

患者的抵抗方式各种各样，极为巧妙，通常难以察觉，如蛋白质般具有多种变化。医生必须抱着怀疑的态度，时刻保持警惕。我们在精神分析治疗中使用的方法，还是你们所熟悉的释梦时用的方法。我们设法让患者平静下来，进入自我观察的状态，排除杂念，什么都不要想，然后将自省出来的结果如感情、想法及回忆等按照浮现于内心的先后顺序，一一叙述出来。同时，我们还需警告他，不要对联想到的事情进行筛选，不能因为这些想法“太令人不悦”或“太轻率”而说不出口，也不能因为它们“无关紧要”或“不相关”“很荒谬”就认为没有说出来的价值。我们要让他留有这样的印象，即他必须撇去浮于意识表面的东西，对自己的发现不做任何形式的评价。我们会告知他治疗结果，尤其是治疗时间的长短取决于他是否认真遵守了这个基本的分析规则。我们由释梦技术可知，在随机出现的观念中，那些会引起疑虑和反驳的想法往往包含着可揭示潜意识的材料。

定下这第一基本规则后，我们得到的第一个反应竟然是患者尽全力抵制它，而且是想方设法地规避。他先是对我们说什么也想不起来，而后又说想法太多，不知说什么好。接着，我们又吃惊地看他一会儿反驳这个观点，一会儿又驳斥那个观点；这一点从他在讲话中有较长时间的停顿可以看出来。随后，他又坦言有一事他真的无法说出来，因为着实令他感到羞愧；他情愿不再遵守这一约定了；或者他会说他想起了某事，但因为此事与他人而非自己相关，所以就没必要讲出来；又或者他说他刚想到的事情太琐碎、太乏味、太愚蠢了，而这样的事绝不是我要让他讲的。他就这样用各种方法推脱，纵然我们不断重申“说出一切”这个规则其实就意味着无论什么都要说出来。

几乎没有一个患者不设法隐藏自己的部分想法，以防分析者颇具侵略性的分析。我记得有位患者特别聪慧，曾把自己的一段亲密的恋爱关系隐瞒了数周之久，当问及他为什么要违反已经约定好必须遵守的规则时，他却辩解道这属于他的个人隐私。精神分析治疗自然不会容忍患者享有这种庇护权。如果容许这种权利的话，就好比我们一方面很想抓到某些坏人，另一方面又在维也纳设立像霍赫集市或斯蒂芬斯广场那样的大型公共场所作为特区，并规定不准在那些地方抓人；那么他们既无处可藏身，便只有藏在这些避难所中了。我曾给某人开过特例，他的工作性质使他受到誓约的束缚，不能将某些事告诉他人。诚然，他对这个结果感到很满意，我却决定再也不在这种限定条件下开展治疗工作了。

强迫性神经症患者常因过度谨慎和多疑这两个特点而使我们的分析规则变得几近无用。焦虑性癔症患者有时也会令该规则变得荒谬可笑，他们只会联想到一些相差十万八千里的事，使分析变得没什么意义。但我的本意并不是想告诉你们在技术上碰到的这些困难。你们只需知道，通过坚定的决心和毅力，我们终于成功地使患者得以稍微遵守这个基本规则；然而，他们又在别的方面进行了抵抗。这次是理性抵抗的方式，通过辩论的方式开战。他们利用那些未受过专门训练的平常人在精神分析学中找出的全部困难与可疑之处来反驳我们的理论。我们处处听到的都是同样的批判和反对之声，与从科学文献中反映出来的反对声可谓异曲同工。因此，所有从外界传来的批判的怒吼之声都是些陈词滥调。这真是一场名副其实的茶壶中的风暴啊。不过，仍会有患者表示理解，并急于说服我们来教导他、训练他，推荐文献给他阅读，以便他能自行解决问题。总之，只要他自己不作为被分析的对象，他便很愿意成为精神分析学说的拥护者。不过，我们意识到他表现出来的这种求知欲其实也是一种抵抗，他是想借此机会避免作为被我们分析的目标，我们当然也会相应地满足他。而在强迫性神经症病例中，我们预料到他们的抵抗方式会包含一些特殊的手段。他们经常会让分析治疗顺利进行，以便使自己的病情获得越来越多的关注，而我们却会对这些分析为什么没有达到实际效果而深感纳闷，因为患者的病症一点也没有减轻。接着，我们会注意到他们的这种抵抗存在于强迫性神经症的多疑特征之中，并且就因为抵抗所在的位置而使我们感到无能为力。患者会对自己说："这很好，有点意思。我很乐意继续下去。如果它真的有效的话，就会大大减轻我的病痛。但我不相信它是有效的，而只要我不相信，它就治不了我的病。"就这样持续了很久，直到患者开始失去耐心，然后爆发出毅然决然的反抗。

理性抵抗并非最糟的情形，我们总是可以战胜它。但患者却能在分析架构内加大抵抗力度，而要击败这种抵抗是分析法最困难的工作。患者不是通过回想，而是通过移情作用将他过去生活中的态度和情感再次表现出来，并以此来抗拒医生和治疗。假如患者是一名男性，那么他通常会从自己与父亲之间的关系取材，然后让医生取代父亲的位置，他以此方式进行抗争，以追求人身和思想的独立；或是意欲力争与父亲平等甚至超越父亲；又或是为了不愿再次背负感恩的负担而反抗。长久以来，我们一直有一个这样的印象，即患者想找医生的茬，想通过打败医生让医生觉得无助，这一渴望已完全取代了治愈疾病这个更好的意图。女性患者为了达到抵抗的目的，擅长利用自己的柔情蜜意移情于医生。当这种嗜好达到一定程度时，她们对于实际疗效的兴趣以及在治疗中应承担的责任意识就全部消失了。而她们惯有的妒忌以及被无论多委婉地拒绝所引发的愤恨则会毁掉医患的私人关系，由此，分析治疗便失去了一种最强大的动力。

我们不应片面谴责这种抵抗。因为它们含有诸多患者过去生活中的重要素材，并能以如此令人信服的方式再现出来，如若分析者能运用自己高超的技术将它们引向正道，那么它们无疑会成为分析的最大助力。然而，一个明显的事实是，这类素材刚开始时总是为抵抗所用，并成为治疗的绊脚石。我们也可以说是患者的性格特点与自我调节意识在作祟，见不得发生一点变化。由此，我们可以知道这些特点在神经症之中是如何产生的，它们也是随神经症要求而出现的一种反应。从这一角度来看，我们可以更清楚地观察到这些特点，通过其他方式它们就不可能呈现得这么清楚，至少达不到这种程度，还很可能被认为仅仅是潜在的。你们不能形成这样的印象，即认为我们把这些抵抗视作分析治疗中无法预料的危险。相反，我们知道这些抵抗一定会出现；只有当我们不能将它们全部激发出来，以便患者明白其存在时，我们才会感到不满。实际上，我们终于明白克服这些抵抗乃是分析的根本任务，也是确保治疗稍见成效的证据。

你们还必须考虑到患者会利用分析治疗时发生的一切偶然事件——如分散注意力的事，或他圈子里的权威人士对精神分析的批判之言，或足以使神经症加剧的任一疾病或机体失调等——阻碍分析的顺利进行；甚至连他病情的每一次好转也被他用作可以减少自己努力的理由。你们现在大概知道分析时会遇到的和需要克服的抵抗具有怎样的形式与手段了。我之所以如此详尽地介绍这一点，是因为我将要讲到的有关神经症动力学的概念就是建立在我们的神经症患者对治疗的抵抗经验之上的。布洛伊尔和我最初都是用催眠法来实施心理治疗的。他的第一位患者就是在完全处于催眠暗示的状态下接受治疗的，我起先也是效仿他的做法。我承认该方法最初让治疗工作进行得非常顺利和惬意，而且用时很短，不过结果却时有反复且不持久；因此，我最终放弃了催眠疗法。那时我已意识到只要仍在利用催眠术，我就无法了解产生这些疾病的力量何在。因为催眠术不会让医生意识到抵抗的存在。催眠术击退了抵抗的力量，开辟出一块专供分析之用的领域，但这样做亦让所有抵抗都堵在这块领域的边界区域，因而无法攻破。这便与强迫性神经症中的多疑特点所产生的影响十分类似。这就是为什么我会说只有在放弃催眠术后，真正的精神分析法才会登场。

然而，如果确立抵抗之事如此重要，那么在我们还未能完全确定它们是否存在的情况下，凡事都应小心谨慎。或许真有些神经症病例里的联想是因为其他原因才会浮现出来的，又或许我们所做的那些批判假设还需多加考虑，抑或我们不应轻易地将所有理性的批判分析都视为抵抗而加以拒绝，这样的话会有失公允。实际上，女士们先生们，我们的判断并非很容易就能得出。我们有机会观察每一位爱批判的患者的抗拒从刚出现一直延续到消失后的情况。在治疗过程中，患者的抵抗力度不断发生变化。每当我们接近一个新问题时，他的抵抗力度便不断增强；当我们着手解决该问题时，其抵抗力度达到了最高值；当我们将这个问题解决完毕时，其抵抗力度也随之消失了。此外，如果我们不犯技术上的错误，就必不会引起患者的全力抵抗。因此，我们可以确信的是，即使是同一位患者，在被分析的过程中也会忽而奋起抵抗，忽而偃旗息鼓。每当我们要把一些让患者感觉特别难受的潜意识素材引入他的意识之中时，他便会极力反抗。即使他先前已对此有所了解，并接受了不少，然而此时看起来一切努力似乎又付之东流了。患者可能会不惜一切代价进行抵抗，而此刻的他表现得像个情绪性迟钝之人(emotional feeblemindedness)。如果我们成功地帮他克服了这一阻力，他就会重拾自己的洞察力与理解力。由此可见，他的批判力无法独立行使，不值得我们予以尊重；它只是情绪的奴隶，并受抵抗的控制。如果有什么事惹怒了他，他便会巧妙而严厉地回击；如果事情合他的脾胃，他就会轻易相信。或许我们都一样。被分析的患者，其理智之所以如此明显地受情绪影响，只是因为他处于被分析的状态下，心理承受的压力较大罢了。

那么，这一观察到的事实，即患者抗拒解除其病症及恢复其正常心理活动的努力，应当如何解释呢？我们告诉自己我们遇到了强大的力量，它反对患者的病情发生任何改变；这肯定也是最初导致这种病症的那种力量。在病症形成的过程中，必会有某种活动在起作用，我们可以借助在消除病症的过程中获得的经验方式来重建该活动。我们由布洛伊尔的观察可知，病症存在的一个先决条件是有些心理活动在常态下没有进行到底，以致最后没能成为意识。而病症乃是这种未完成的活动的替代品。现在我们知道那些我们猜测在起作用的力量来自哪里了。患者必会极力抵制某种可疑的心理活动进入意识里，因此该活动便成了潜意识的。因为它是潜意识的观念，所以便具有形成病症的能力。在分析治疗过程中，这股同样的反抗又活跃起来，以抵制将潜意识变为意识的努力。这就是我们所认为的抵抗，我们将这种明显由抵抗所致的发病过程称为压抑。

我们现在准备更确切地描述压抑的过程。它是症状形成的先决条件；没有类似的现象可供我们进行比较。我们以某种冲动或意欲转化为行动的某种心理活动为例来说明，我们知道它可能会在遭到排斥时屈服，这个排斥就是我们所说的“拒绝”或“责备”。如果发生这种情况，冲动所支配的力量就会从中撤出，变得软弱无力；但会留存于记忆之中。这整个决策过程是在自我的充分意识下进行的。如若我们假定这股同样的冲动受到压抑，那么结果将大不一样。冲动会保存自己的力量，但不会留下记忆的痕迹；另外，压抑的过程能在不被自我意识到的情况下完成。然而，通过比较这两种情形，我们并未能更深入地理解压抑的本质。

现在我来给你们讲讲相关的理论知识，这有助于进一步明确压抑的概念。首先，我们必须从“潜意识”一词的纯粹描述性意义进入其更具系统性的意义之中；也就是说，我们认为某一心理活动是属于意识的还是潜意识的，都只是其中一种属性而已，并不是决定性的属性。如果这一过程一直停留在潜意识里，不能进入意识，这或许只是它所经历的命运的一个迹象而已，却不会是它最终的命运。为了获得更直观具体的观念，我们假设每种心理活动——但有一种例外，这个容我稍后解释——起初都存在于潜意识状态或阶段，然后只能从这里转化为意识阶段，就好比一张照片最开始只是一张底片，只有冲洗出来才能成为照片。但并非每张底片都需要冲洗成照片，就如同不是每种潜意识的心理活动都需要变成有意识的一样。任何起初属于潜意识心理系统的个别活动，只有在某种条件下才会进入意识系统。对我们而言，若要对这些系统进行最粗略的把握，最便利的做法就是将其作空间上的类比。我们将潜意识系统比作一个大的前厅，其中的心理冲动好比一个个人摩肩接踵地挤在一起。与前厅相连的是个小房间，类似小客厅，意识就停留于此。但在两房之间站着一名看守，他对各种心理冲动进行核准和审查，只要潜意识不合他意，他就不允许它们进入小客厅。你们很快就会发现，无论那位看守是在门口撵走那些冲动，还是待它们侵入小客厅之后才将其赶走，这都没什么分别。因为这只是一个关乎他看守的警觉程度以及判断是否及时的问题。我们可以继续使用这一比喻来扩充我们的术语。因为另一个房间里的意识是察觉不到前厅中的潜意识冲动的；故而它们暂时只能处于潜意识状态。若这些冲动奋力向前越过门槛，却被看守赶了回来，那它们就不能成为有意识的，我们将其称为被压抑的。不过，即便是看守允许进门的那些冲动也不一定会成为有意识的，因为只有在它们成功吸引意识的注意力时才可以成为有意识的。因此，这第二间房应被称作“前意识”系统。因而，这种成为有意识的过程可保留其纯粹的描述意义。对任何单个冲动而言，被压抑意味着看守不允许它由潜意识系统进入前意识。至于这位看守，我们早就熟知他了，他便是我们通过分析治疗试图释放被压抑的意念时所遇到的抵抗。

我知道你们要说这些概念既生硬粗略，又荒诞不经，不会为科学论述所允许。我知道它们确实很粗略，甚至不太恰当，但如果我们没有完全弄错的话，会有更好的说法来替代它们。至于到那时，你们是否还会觉得它们很荒谬，我就不得而知了。就目前来看，它们都是派得上用场的概念，就像在电流中游泳的安培侏儒[①]一样。只要它们有助于使人理解我们的见解，它们就不应被人看轻。我愿向你们保证，以上这些粗略的假设，包括这两间房，站在它们之间门槛上的看守，以及站在第二间房尽头的作为看客的意识，它们与实际情形都大体相同。我还愿意听你们承认说我们所用的潜意识、前意识和意识等术语比其他人提出的诸如下意识、交互意识和并存意识等说法引起的成见要少很多，并且更能自圆其说。

而如果你们能提醒我，心理机制的上述模型——像我用来解释神经症症状的假设那样——必然具有广泛的适用性，并且必然适用于正常的心理功能，那将对我更为重要。当然，在这一点上，你们说得很对。只是我们现在暂时还无法对此做出确切回答，不过我们若能对病态心理的研究，对向来藏得极深的常态心理事件有所发现的话，那么我们对于病症形成的心理学方面的兴趣定会大大提高。

你们或许会意识到支持我们那两个系统的假说是什么，并同时领会到它们与意识之间的关系。而介于潜意识与前意识之

---

① 安培是法国物理学家，电磁学创始人之一。在早期的一次实验中，他用一个磁铁侏儒模型验证了电与磁之间的关系。——译者

间的那位看守就是控制显梦获取其形式的稽查员。那白天留下的经验，是引发梦的刺激源，也是前意识的材料，并会在夜间睡眠状态中受到潜意识与被压制的愿望的影响。它们借助于这些愿望冲动的能量形成隐梦。受潜意识系统的支配，该材料经过阐释和转移，其加工情况就连正常的心理生活，即前意识系统都无从知晓，或者只有异常的加工情况才会被知晓。这两个系统的特点由于它们机能的不同而显露出来。前意识与潜意识之间相互依赖的关系只被我们当成属于这两个系统之一的一种指针。而梦绝不是什么病态现象；每个健康的人在睡眠状态中都会做梦。我们有关心理机制结构的假设可以使我们理解梦与神经症症状的形成与发展机制，至于正常心理生活，也当无可争议地被纳入我们的这个假设中来考量。

关于压抑的话题我们就说这么多。它只是病症形成的一个前提条件。我们都知道病症是被压抑作用所阻的某种过程的替代品。然而，要想从压抑作用跳到理解这个替代品的形成过程绝非易事。我们必须先回答其他一些有关压抑作用及其相关证据的问题：什么样的心理刺激才是压抑作用的基础？压抑作用是通过何种力量实现的？它又是出于何种动机？我们对这些问题也只是略懂皮毛而已。我们由研究抵抗作用得知，其力量出自自我，换言之，出自明显的或隐藏的性格特征。因此，肯定也是这个特征造成了——至少是部分造成了——压抑作用。就目前而言，我们所知的只有这些。

我在前面提过的第二种观察，现在可以对我们有所帮助了。通过分析，我们可以断定神经症症状的普遍意图是什么。这对你们来说当然不算新鲜。我在前面所讲的两个病例中已向你们证实了这个事实。不过，这两个病例究竟能说明些什么呢？你们有权要求我举出无数个病例向你们证明。但我做不到。因此，你们必须再次倚仗自己的经验和看法做出判断，你们的看法可以以所有精神分析学家都同意的意见为准。

你们应该还记得我对那两个病例的症状进行的深入详细的研究吧，正是这种分析使我们深入了解到患者最隐秘的性生活。第一个病例的目的或趋向特别明显；第二个则或许受到某一因素的影响而显得不那么清晰了，这一因素留待我们以后再作考虑。我们从这两个例子里所得出的共识，在其他病例里也会反映出来。每一次，无论分析哪个病例，我们都可由分析推知患者的性欲与性经验，每当要下结论时，我们便会得出患者所表现出来的症状就是为了达到这个目的。这个目的便是性欲的满足；患者想利用病症达到满足性欲的目的；故而病症实际上是现实中没有获得满足的替代品。

请想一想第一例里的患者的强迫性行为。那位女士深爱着自己的丈夫，但她丈夫的缺陷和弱点使她无法与其一起生活。她觉得自己必须忠于他，不能让其他任何人取代他的位置。她的强迫症恰好满足了她的欲望，她可以因此抬高她的丈夫，否认并纠正她丈夫的缺点和缺陷，尤其是他的性无能。这种症状从根本上讲是一种愿望的满足，就和梦一样；不过，它通常是性愿望的满足，而梦却不常如此。就第二例里的患者而言，她举行仪式的目的之一就是为了防止她父母性交，或阻止他们再生一个小孩。你们或许还猜到她根本是想借此仪式来取代她母亲的位置。我们又再次发现该症状的目的就是去除性满足方面的障碍，以满足患者自己的性欲。第二个病例里的复杂之处，我们稍后再作讲解。

在这里，我想先就这些陈述普遍适用的限定条件预先作一声明，我可不想以后再说。因此，请你们注意我所说的关于压抑作用、病症形成及病症解释的陈述都来自针对焦虑性癔症(anxiety-hysteria)、转换性癔症(conversion-hysteria)和强迫性癔症(compulsion-neuroses)这三种神经症症状的研究，而且就目前来说，这些陈述也只与这三种形式的病症相关。我们习惯将这三种病合称为“移情神经症”(transference neuroses)，对它们均可采取精神分析疗法。而其他神经症还未被精神分析法研究透彻，就其中某一种病而言，之所以无人研究，是因为它不能受到治疗的影响。你们不要忘了，精神分析还是一门刚发展起来的科学，需要我们花很多时间和精力为它的发展做准备。可以这么说，就在不久前，它还处于襁褓之中呢。不过，我们现在正准备全方位地深入了解这些非移情神经症的症状。我希望将来仍能对你们说，我们的假设和结论随着新材料的发现而取得了新发展，并向你们表明进一步的研究并没有与之前的研究发生冲突——相反，它们是建立在我们知识体系更高的统一性之上。我在此所说的这一切仅限于这三种移情神经症的情况，现在请允许我再加上一句关于评估病症的话。针对致病原因进行比较研究得出的结果，可由以下公式表示：这些人之所以通过自我否定的方式生这样或那样的病，是因为在现实中他们的性欲没有得到满足。你们会意识到这两个结果是如何完美地取得一致的。于是，病症应被理解为生活中缺失的欲望的替代性满足。

诚然，关于神经症的症状是性欲满足的替代品的说法，肯定会招致各种各样的抗议。今天我只打算探讨其中两种。假如你们当中有人曾经研究过大量的神经症病例，你们或许会严肃地告诉我有一类病例不适用于这种情况，因为这些病症的目的似乎恰恰相反，是想排斥性满足或将其终止。我先不纠正你们的这个说法。精神分析的内容一般比我们想的要复杂得多。若它们很简单，也就用不着精神分析了。事实上，第二例里的患者所举行的仪式里有一些特点就带有禁欲的性质，与性满足的愿望相悖；比如她移开时钟是为了拥有神奇的本领，能防止夜间性器官的勃起；她提防瓶瓶罐罐摔碎，意味着她想保护自己的童贞。就我们分析过的其他睡眠仪式而言，这种禁欲的意味更为显著，贯穿整个仪式的保护性规则似乎都是为了抵制性回忆和性诱惑而制定的。但另一方面，我们时常在精神分析中得知，相反之事并不意味着矛盾。我们或许可以扩展这个说法，认为病症的目的要么是性满足，要么就是对性满足的抵制；癔症以积极的愿望满足为优先特点，强迫性神经症则以消极的禁欲意味为主要特点。我们还未聊到病症机制呢，其两面性（two-sidedness）或两极性（polarity）使病症既可以实现性欲满足的意图，又可以达到禁欲的目的。正如我们所看到的那样，病症是两种相反的倾向在融合的过程中相妥协的结果；它们不仅代表被压抑的力量，也代表起初导致病症产生的压抑因素。这两个因素必有一方在病症中占主导地位，但另一方也很少出现完全丧失地位的情况。在癔症中，这两种意图常融合于同一症状之中。而在强迫性神经症中，这两个因素常常是彼此分离的，故而其症状是双重的，包含两种相依相伴、相互抵消的动作。至于其他的异议就更难打发了。如果你们要将病症的解释逐一检查一遍，或许会认为性的替代满足的概念必须极力扩展，才能将这些解释都囊括在内。你们会毫不犹豫地强调这些病症并不能提供真正意义上的满足，它们时常局限于再生一种感觉或实现一个由某种性情结而产生的幻想。你们还会宣称这个性满足显然是幼稚的、毫无价值的行为，类似手淫，或者使人想起早在儿童时期就被禁止的下流习惯。而且，你们还会感到吃惊，认为我们竟将可怕的或令人毛骨悚然的甚至是反常的欲望满足也看作性满足。对于这些问题，唯有对人类的性生活进行彻底调查，并定好“性行为”一词的界限范围，我们才有可能达成共识。

第二十讲　人类的性生活

你们或许会认为“性”（saxual）一词所具有的意义是无可争议的。首先，它是不雅的，我们不应谈论它。据我所知，有一位著名的精神病学家，他的几名学生某次试图让他们的老师相信癔症的症状时常会带有性意味。带着这个目的，他们将这位学者带到一位女性癔症患者的床前，她的症状表现无疑是在模仿生孩子的行为。但这位老师却反驳道：“生孩子与性无关。”诚然，生孩子并非不正当的事。

我知道你们并不赞成我拿如此严肃的事开玩笑。但这并不全然是个笑话。严肃地讲，要给“性”一词下定义没那么容易。或许，恰当的定义应该是“与两性差异有关的事”。然而你们又会觉得这个界定太空泛、太苍白了。若你们强调性行为是核心因素，那么也许会认为身体获得的性兴奋，尤其是从异性的性器官获得的性兴奋，才是“性”的含义，这个词意指性器官相结合以及性行为的表现。然而，照这么说的话，你们便会真的把与“性”有关的东西跟“不雅的”东西等同起来，生孩子也就真的与性无关了。可如果你们将生殖机能视为性的核心要素的话，那么你们不免会将手淫或接吻这类肯定与性有关，其意却不在于生殖的事排除在“性”的定义之外了。不过，我们早已意识到下定义不易；故而在这里就先放弃这种力求完善的尝试。我们或许会猜到，在“性”一词的概念形成过程中，会因某些事而产生一种虚假的伪装结果。整体而言，你们口中的“性”一词是什么含义，我们是很清楚的。

当下列因素被纳入我们的“性”概念后，已足以满足日常生活中所有的实际目的了：如两性差异、获得性兴奋、生殖机能以及不正当而必须隐藏的特点等。但这个见解对于科学来说，是远远不够的。因为只有通过深入细致的研究(只有具备无私的自我奉献精神才有可能完成这种研究)，我们才会发现有些人的性生活明显与常人不同。他们中有一类人，即“性倒错者”(the perverse)，似乎在生活中感受不到性别差异。只有同性才能引起他们的性欲；而异性，尤其是其性器官竟无法引起他们的性欲，在一些极端情况下，甚至会成为他们厌恶的对象。当然，这也意味着他们完全放弃了生殖机能。我们将这类人称为同性恋者或性倒错者。他们通常(并不总是)在体能、智力和道德发展方面优于常人，只不过要受此怪异的畸形特征影响。按照他们的科学的说法，他们将自己划分为“第三性”，是人类的一个特别物种，与其他两性平起平坐。对于这种观点，我们以后再作批判。当然，他们也并不是他们常常自许的人类“精英”，他们中也有不少低劣或无用的平庸之辈，与其他两性一样。

无论如何，这类性倒错者至少与普通人一样希望对自己的性对象做同样的事。但他们中还有一系列倒错之人，他们的性行为与正常人所感兴趣的行为相去甚远。他们的行为方式可谓五花八门、离奇古怪，可与老勃鲁盖尔（P. Breughel）所画的《圣安东尼的诱惑》（*the temptation of Saint Anthony*）中的各种奇形怪状的怪物，或与福楼拜所描绘的在虔诚的忏悔者面前经过的一长队被人遗忘的神灵及信徒相比。若不想使我们感到迷茫，就得对这一堆乱七八糟的东西进行分类整理。我们将那些与同性恋者一样，只是其性欲对象已经改变的人归为第一类，将性的目标已改变的归为第二类。第一类性倒错者，他们不需要性器官的结合，而是让性伙伴以其他器官或部位来替代生殖器官的功能；在这个过程中，他们既不畏惧生理结构上的障碍，也不会有嫌恶之情。他们中另一些人仍以生殖器官为对象，却不是因为其性机能，而是因为其组织结构的原因或是其他相近的机能。在这些人身上，我们意识到就连小孩子亦视为不雅的行为——如排泄行为，都能勾起他们的性兴奋。还有一些人完全不以生殖器官为性对象，而以身体的其他部位作为自己的性对象，如女性的胸部、脚或毛发等。还有些人类似拜物教徒，就连身体部位也无法引起他们的性欲，一件衣服、一件白衬衫或一只鞋反倒可以。最后一类人，他们需要的性对象要么有特殊偏好，要么有恐怖的要求：比如他们会垂涎一具无力反抗的死尸，在犯罪念头的驱使下，他们竟以此来满足欲望。

好了，关于恐怖的东西就说到这里吧。

第二类性倒错者，其性欲表现只是正常人的性引导动作或准备动作而已。他们通过眼睛和双手来达到满足欲望的目的。他们或观看或窥视他人最隐秘的行为，抑或裸露自己本应遮掩的身体部位，隐隐约约地希望对方也会以类似行为相回应。还有些令人费解的虐待狂，其唯一的目的就是让他们的目标对象感到痛苦和难受，其虐待方式花样百出，从精神上的羞辱到身体上的打击，不一而足。与虐待狂相反的是受虐狂，他们只求受到心爱之人的各种羞辱和折磨，无论是象征性的，还是实实在在的。还有一些人，他们身上兼有好几种这样的变态倾向。另外，在这几类人中，有些人要在现实中寻求性满足，有些人则仅靠想象就能获得满足，他们根本无需实际的对象，只是代之以自己的奇思妙想。

毋庸置疑，这些人的性行为是荒诞不经、变化无常和耸人听闻的。不仅他们自己认为这些行为已起到了充分的替代作用，我们也应意识到它们在他们生活中所起的作用与正常的性满足在我们的生活中的作用相同，他们为之付出了同等的代价，甚至是更大的代价。我们完全有可能大体或详细地描绘出这些倒错状况会在哪方面与常态相融合，又会在哪方面与常态分道扬镳。你们还能在这些变幻莫测的倒错行为中发现属于性行为的所有不雅特点，只是其强度达到了令人厌恶的地步。

女士们先生们，我们应该怎样看待这些反常的性满足方式呢？若仅仅对它们表示愤慨或憎恶，并保证自己没有这样的欲望，显然是没什么用的。这并不是我们要寻找的答案。这种现象与其他现象一样需要面对。如果借口说这些人并不常见，只是些怪胎，这种说法很容易被驳倒。其实，这些现象很普遍，很常见。不过，若我们被告知，我们对性生活的看法不必受它们影响，其原因就在于它们是性本能的倒错现象，那么我们对该问题就必须严肃作答了。如果我们无法理解性的这些倒错现象，也不能将它们与正常的性生活联系起来，那就无法理解正常的性的问题。简言之，我们必须在理论上解释所有我们碰到过的倒错现象的可能性，并说明它们与正常的性之间的关系。

我们可以借助一条深刻的见解和两个新的实验结果来说明这个问题。这条见解应归功于伊万·布洛赫（Ivan Bloch）。他反对将一切性倒错视为“退化的迹象”；他证实无论在何时，无论是最原始的民族，还是现代最文明的民族，都存在这种性目标及性对象的异常现象，并且这种现象有时也会得到人们的容忍与认可。至于那两个新的实验结果，则来自精神分析学对神经症患者的研究；在我们关于性倒错的观点上，它们无疑起到了决定性影响。

我们已经说过神经症症状是性满足的替代品，还告诉过你们要从分析症状入手来证明这种说法不免会碰到很多困难。其实，我们得把所谓的性倒错的目的看成一种性满足才行，因为要解释病症就会以它为根据，其牵扯频率实在太高了。当我们得知没有一种神经症不具有同性恋倾向，且大部分病症都是潜伏的同性恋倾向的表现时，同性恋者或性倒错者所宣称的稀缺性观点便站不住脚了。那些宣称自己是同性恋的人，只不过他们的同性恋倾向是自觉且明显的，其实他们的数量远不及潜在的同性恋人数。我们不得不将选择同性作为自己的性对象的这种欲望看成爱欲生活中一种普遍的倒错情况，并将其看得不那么重要。当然，明显的同性恋倾向与正常的性取向之间的差距并不会因此消失；它们的实际意义仍然存在，只是其理论方面的价值被大大弱化了。妄想狂(paranoia)是一种不属于移情神经症的神经错乱，常常是由于试图抑制强烈的同性恋倾向所致。或许你们还会记起之前有一位强迫症患者，其强迫性行为表现似是男性，即那位与她分居的丈夫；模仿男性行为的现象时常会发生在女性神经症患者身上。虽然这种现象并不能直接归因于同性恋，但它的确与同性恋的先决条件有关。

你们或许已经知道，癔症这种神经症可以在身体的各个组织系统产生症状，从而扰乱身体的各种机能。分析表明，那些以其他器官代表生殖器功能的倒错倾向都在这些症状中表现了出来。因此，这些器官便可替代生殖器的作用。我们通过研究癔症症状得知，这些器官除了具有其原本的机能之外，还兼具性意味，若性要求太过强烈，它们原有的机能便会受到限制。在这些明显与性无关的器官中，表现为癔症症状的大量感觉和冲动通过将性本能转移到其他器官的方式，与反常的性满足紧密联系。这些症状向我们显示，消化器官和排泄器官也可成为性兴奋的载体。性倒错行为很容易辨认，不过要解释癔症症状则需多费些周折；所以在这种情况下，你们不应将性倒错倾向归因为有意识的，而要将其视为无意识的个体行为。

在强迫性神经症所显示的诸多症状之中，最重要的是由过于强烈的虐待狂倾向造成的症状，譬如带有变态目的的性倾向。与强迫性神经症结构相一致的症状，主要用于抵制这些欲望，或显示出满足与抵制之间的冲突。在这场斗争中，满足是从来不走捷径的，它通过让患者付出迂回曲折的努力来达到目的，宁愿让患者自讨苦吃。神经症还有其他形式，如过分焦虑，这其实是将在常态中仅仅被视为获得性满足前的预备动作——如窥视、抚摸和探索的欲望——的性意味加以夸张后的体现。因此，在这里也就可以解释为什么触碰恐惧和强迫性洗手冲动会那么重要了。大部分强迫性行为都是变相重复或改版的手淫。诚然，手淫是唯一一种伴随着各种性幻想的一贯动作。

本来，要解释性变态与神经症之间的密切关系不是件难事，但我认为我所讲的这些已达到这个目的了。我们不能根据这些病症的解释过分高估性倒错倾向的频率及强度。你们应该听说过正常的性满足需求受挫可能会导致神经症，正是由于这种拒绝，导致性满足的需求被迫转向非正常的性兴奋发泄渠道。对于该过程是怎么发生的，你们以后会理解得更清楚。你们肯定清楚，通过这种侧面的阻碍，性倒错倾向的程度必然会强烈许多，至少比在正常的性满足没有受到阻碍的情况下要强烈得多。事实上，在明显的性倒错行为中可以看到类似的影响。在诸多病例中，如果正常的性满足需求或因临时原因，或因永久性的社会制度因素而受阻，那么性倒错行为就会被激发出来。当然，在另一些病例中，性倒错倾向与这些情况均无关联，它们就好像是某人性生活的正常状态。

你们或许暂时会觉得我们是在混淆而不是理清正常性生活与倒错的性生活之间的关系。但你们要记住以下这点，如果正常的性需求受阻或被拒绝，就会导致那些之前没有表现出性倒错倾向的人现在表现出这种倾向，那么我们便不得不断定这些人必定存在相似的倒错倾向；或者说，他们体内潜伏着性倒错的倾向。这便引出了前面提过的第二个实验结论，即，精神分析研究显示，有必要研究儿童的性生活。因为由分析病症所引起的回忆和观念时常会追溯到早期的儿童时代。无论我们以这种方式揭示了什么，都不过是由对儿童的直接观察一点一点证实的。结果显示，所有的性倒错倾向都源于患者的儿童时期，儿童不光有这类倾向，还会在某种程度做出这样的事来，正好与其不成熟的特质相符。简而言之，性倒错行为不过是被分出具体倾向的、放大版的婴幼儿性行为罢了。

你们现在可以以另一种眼光来看待这些性倒错问题了，也不会再忽略它们与人类性生活之间的关系了；不过你们无疑会惊讶，产生不快的情绪。起先，你们肯定会选择否认一切——否认儿童会有所谓的性生活，否认我们观察到的事实，否认儿童的行为与日后的性倒错行为有关系的论证。请允许我先解释一下你们否认的原因，然后再来陈述我们观察到的事实。要假定儿童没有性生活——如性兴奋、性欲以及某种程度上的性满足等，只有等他们长到 12 岁至 14 岁之间才突然获得，这从生物学角度来讲是不大可能的，甚至是很荒谬的。因为从生物学的角度来看，如果他们生来是没有生殖器的，到了青春期才开始长出来，这显然是无稽之谈。青春期开始活跃的新因素是生殖机能，该因素能利用现有的生理和心理材料来达到目的。你们是由于犯了混淆性行为和生殖概念的错误，因而不能理解性行为、性倒错和神经症的意义。这种错误其实是一种偏见。说来也奇怪，你们自己也曾经是小孩子，那时也都受过教育的影响。社会的一个重要教育任务就是控制和限制那些会突然迸发出生殖冲动的性本能；并使之服从与社会要求相一致的个人意志的支配。故而社会从自身利益出发，会延迟儿童的全面发展，直到他的智力发展成熟，因为可教育性就是随着性冲动的全面发作而终止的。否则，性本能必将失控，变得一发不可收拾，而人类苦心经营起来的文明成果也会破坏殆尽。压抑性欲从来不是件易事；其效果有时过小，有时过了头。从根本上讲，经济才是人类社会发展的动力。由于社会不具备充足的资源来供养那些不工作的人，因而社会成员的人数必将受限，他们的精力也必须从性活动转到工作上来。故而我们面临的是一个永恒的生存斗争，史前就已存在，并一直延续至今。

经验已经让教育者明白，引导下一代的性意愿的任务应从孩童时期抓起，在他们还未进入青春期之前及早控制他们的性行为，而不能等他们进入青春期，性本能萌发时才开始。带着这个想法，几乎所有幼年时期的性行为都遭到禁止，令儿童感到不快。人们理想的目标是让孩子过无性的生活，久而久之，大家便真的相信小孩子过的都是无性的生活，就连科学也奉此为信条。为了不与人们的信条和意图相冲突，儿童的性活动就被忽略了，或满足于以另一种说法来诠释它。这可不是一件小事，小孩子就应该是纯洁和天真无邪的，要是有谁对此有异议，那他就是无耻地亵渎了人类柔软神圣的情感。

可小孩子才不管这些习俗教条呢，他们会自然地展露身上的动物性，并一再向我们证明纯洁的天性还需后天的修炼。奇怪的是，那些否认孩童性生活的人，却没有因此放松管教，相反，他们会严厉地惩罚儿童的各种性表现，不过他们并不将这些表现与性关联，而称这些儿童是“孩子气的捣蛋鬼”。从理论上讲，极有意思的事还有：与儿童没有性生活的偏见相抵触的时期，是孩童到了五六岁时，这段时期所发生的一切都容易被遗忘，只有通过深入彻底的科学研究才能唤回人们的印象；但这一时期所发生的事也有成为梦的可能。

现在我要向你们展示一下儿童最易辨认的性生活是什么。首先，为了方便起见，我给你们讲解一下力比多的概念。力比多，类似于饥饿，都是一种本能的力量，这里指的是性本能（在饥饿的情况下则指吃的本能）。而其他概念，如性兴奋和性满足就不作解释了。你们很容易看出这种解释在揭示婴儿性行为方面所起的重要作用；事实上你们还会以此作为反对的理由。这些解释以分析研究为基础，由既有症状追溯病因。对婴儿而言，其第一次性冲动与其他必需的生活机能密切相关。像你们所知道的那样，他主要的兴趣在于汲取营养；当他在母亲的怀里熟睡并深感满足时，他那种带着幸福的满足感的表情，在日后体验了性高潮之后还会再次表露出来。当然，这并不足以形成结论。不过，我们发现婴儿喜欢重复吮吸的动作，却并非为了获取更多食物；故而他做该动作并非受饥饿的驱使。可以说，婴儿吮吸完母乳之后又带着满足的表情睡着了，这一事实表明吮吸这个动作可以带给他满足感。正如你们所知，他迅速安排好了这些事，以至于不吮吸他就无法入睡。林德纳是布达佩斯的一位老儿科医生，是第一位确定这个过程具有性意味的人。照顾孩子的人虽不懂这方面的理论知识，但似乎对这样的吮吸动作也持类似的看法。他们都十分肯定该动作的目的在于获得快感，并将这种行为称为“调皮”。如果小孩不自愿放弃该行为的话，他们就会以令人不快的方式迫使其放弃。于是我们得知婴儿的行为除了获得感官上的满足之外，别无其他目的。我们认为这种满足感最初是从汲取食物中获得的，不过后来他很快就学会了将这种满足感从情境中分离出来。这种满足感属于口腔和唇部区域的兴奋，因此，我们把身体的这些部位称为“性敏感区”（erogenous zones），并认为由吮吸获得的快乐带有性意味。或许我们还应讨论一下这一名词是否得当。

如果婴儿可以表达自己的想法，那他必会承认吮吸母乳的动作是他生命里最重要的事。他的想法没错，因为这一动作满足了他生活中的两大需求。我们通过精神分析愈加惊讶地发现，吮吸动作在精神上具有何等的重要性，并被终身保留下来。吮吸母亲胸部这个动作乃是所有性生活的起点，是日后各种性满足的典范，在有性需求时，会在幻想中借此自慰。母亲的胸部从而成为性本能的第一个对象。这一对象对于以后性对象的选取有多重要；通过改造和替代作用，它对即使是心理生活最偏远的区域所产生的影响有多深远；这些我都无法向你们一一详尽阐述。婴儿一旦放弃了吸乳动作，就会立刻换成吮吸身体的其他部位，比如自己的拇指或舌头。因此，他通过这种方式不经外界帮助也能获得感官上的快感，并将身体的第二区域也囊括进来以增大兴奋的强度。身体的性敏感区所产生的快感其实是不同的。因此，正如林德纳医生所指出的，婴儿在触碰自己的身体时发现生殖器区域尤易兴奋，便由此找到了从吮吸到手淫的途径，这是一条很重要的经验。

在评判吸乳动作的过程中，我们了解了婴儿性生活中的两大决定性要素。婴儿为满足其强烈的感官需求会表现出一种自淫(auto-erotically)行为，即从自己身上寻找性对象。从婴儿汲取营养的动作中很容易辨别出该行为。当他排泄时，也会重复该行为的一部分。我们还断定，婴儿在大小便时都能体会到快感，他们不久便会故意做这些动作，以期性敏感区中的皮膜区域能产生相应的兴奋，从而获得最大的快感。露·安德烈亚斯(Lou Andreas)以她细致的观察力发现了此时的外部世界是如何作为障碍物来干扰、反对婴孩的这种追求满足感的行为的，于是婴儿便隐约知晓了这种内外冲突。这样，他便不能随便大小便，而得由他人来为他设定排泄的时间。为了引导他放弃这些快感的来源，凡是与这些机能有关的事都被宣称为不文雅行为，必须隐秘地进行。这是他首次不得不为了体面而牺牲掉自己的欢愉行为。起初，他对排泄物的看法与我们大有不同。他对自己的粪便并不嫌恶，而是将其视为身体的一部分，并不想将其轻易丢弃，因为他可以把它们作为“礼物”，送给自己尤为尊敬的人。甚至在他接受教育，成功地放弃这些倾向之后，他仍视粪便为“礼物”和“金钱”。另一方面，他似乎把尿尿也看作特别值得骄傲的成就。

我知道你们已迫不及待地要打断我，并叫道：“真是太胡扯了！排泄竟被婴儿当成获得性满足的来源！粪便竟然是有价值的东西！肛门竟成了某种生殖器！我们无法相信这些，却明白了为什么儿科医生和教育者会毅然反对精神分析及其发现了。”不，你们只是忘了我的意图，我是想告诉你们婴幼儿的性生活与性倒错的事实之间的关系。你们难道不知道有许多成年人，无论是同性恋还是异性恋，他们在性交时曾以肛门代替过阴道吗？还有很多人承认自己始终能从排泄中体会到快感，并将其看得很重要。当儿童稍微长大一点，能够表达自己的情感时，他们通常会承认自己对大小便很感兴趣，并且看别人大小便又是如何欢乐。当然，如果这些孩子之前常被恫吓，那他们会非常清楚地意识到在这个问题上应保持沉默。至于其他你们不愿相信的事，建议你们去查一下精神分析的结果以及对儿童直接观察所得出的报告。这样你们就会知道对这些问题要么全然不予理会，要么就得以另一个不同角度来看待，要做到这一点着实不易。我甚至不排斥将儿童的性活动与性倒错行为之间的关系向你们挑明。这种关系不仅是真的，还是自然而然就存在的。假如儿童有性生活，那肯定是倒错的，因为他除了有些模糊的幻想之外，并不知道如何将性行为转化为生殖机能。所有性倒错行为的共性，从另一方面来说，就是摒弃了生殖机能，不以该机能为目的。当性行为不以生殖机能为目的，而以追求欢愉为单独的目标时，我们便将其定义为性倒错行为。所以，你们意识到性生活发展的转折点就在于服从生殖目的。而转折点的另一边，凡是摒弃了这一目的，只为追求欢乐的行为，都被冠以“倒错”之名，并受人鄙视。

因此，请允许我继续简要叙述婴儿的性生活这一话题。我给你们讲过的两大器官系统，可以通过讨论其他器官进行补充。儿童的性生活在于实践一系列性本能行为，这些本能有的可以在自己身上寻得，有的要在外界物体上求得。它们彼此独立，互不干扰。在身体的各器官中，生殖器官很快便占据优势地位。有些人从婴幼儿时期到青春期，甚至到青春期后，都不断手淫，利用生殖器获得快感，而不是借助于其他生殖器或性对象。这么长时间以来，我们不时地提到手淫这个话题，却没有详谈，是因为它需要从多角度加以说明。

尽管我倾向于缩小这个话题范围，但有关儿童对性的好奇心一事却必须叙述一二。这种好奇心是儿童性活动的特征，也是研究神经症症状的一个要点。儿童对性的好奇心开始得很早，有时发生在 3 岁以前。它与性别差异无关，对儿童来说，性差别毫无意义。因为至少男孩就认为两性的生殖器官是一样的，均为男性生殖器。当小男孩头一次发现异性的性器官时，首先会马上否认他所看到的，因为他无法想象有人竟然会没有这样一个如此重要的器官。随后，他会对呈现在自己面前的事实感到惊恐，并且他以前因这个器官所感到的种种恐惧现在也延时发挥了影响，这种恐惧感有时是由于他对这个小器官太过痴迷所造成的。于是，他便处于阉割情结的支配之下了。如果他保持正常，那么该情结的形成对他性格的发展很重要；如果他得了神经症，那么该情结便是他的病因；如果他接受分析治疗，那该情结就又成了他抗拒治疗的源头。就小女孩而言，我们知道她们会因为没有一个又大又明显的阴茎而感到很受伤，她们会羡慕男孩拥有这东西，并且她们想要成为男性的愿望也主要源于此。如果她们以女性角色生活碰到了什么不幸的话，想要成为男性的愿望便会出现于神经症症状之中。在儿童时期，女孩的阴蒂的作用与阴茎的作用相同，极易产生兴奋，是一片可通过自淫获得性满足的区域。在女孩转变为女人的过程中，最重要的是必须及时将刺激性感受完全由阴蒂过渡到阴道口。而那些所谓性冷淡的女性，就是因为其阴蒂还顽固地保留着这种刺激性感受所致。

通常，儿童的性兴趣最初源自分娩这个神秘的问题——与忒拜的斯芬克斯之谜的基本问题是一样的。这种好奇心多半由出于私心而惧怕其他孩子的出生引起。托儿所对此的回答是：孩子是由鹳鸟衔来的，但儿童，甚至是很小的孩子对这个答案的怀疑程度往往超出了我们的想象。因为受到了大人的欺骗，小孩子会倍感孤独，于是便决定自己独立探索这一问题。但他还不能在没有帮助的情况下自行解决该问题。他的性构造还未发展成熟，这限制了他的理解能力。他起先假定小孩子是由食物中的某种特殊物质造出来的，因为他并不知道只有女人才能生孩子的道理。后来，他意识到这种想法的局限性，便放弃了孩子来自食物的想法，尽管神话仍保有这种观点。当他长大一点时，他又意识到父亲在生小孩中必然起到了某种作用，至于是何种作用，他不得而知。一次偶然的机会，他瞥见了父母的性行为，他将其视为男人试图征服女人的行为或是一场打斗，并把性交误解为虐待行为；但不会很快就将这种行为与生孩子联系起来。当他发现床单上或他母亲的衣服上的血迹时，他会把这当成父亲伤害母亲的证据。又过了几年，等他进入童年后期时，他会觉得男性生殖器在生孩子的问题上具有重要作用，但他对该器官唯一的了解还是停留在会尿尿而已。

儿童从一开始都会认为孩子是通过肛门生出来的；因此，对他们来说，婴儿刚出生的样子就像一坨粪便。在对肛门的兴趣完全消退后，他们才会舍弃这一观点，进而假定肚脐或两乳之间才是生孩子的地方。好奇的孩子就是通过这种方式逐渐了解性知识的，但由于知识的匮乏，他总是无法看到真相。在青春期之前，他所接受的通常是一种不完整、不真切的解释，而这往往是导致他出现创伤性后果的原因。

你们或许听说过，“性”概念被精神分析过度地扩展是为了支持所有关于神经症的性起源和症状的性意义的假说。你们现在可以评判一下这种扩展是否合理。我们只是将性的概念扩展到将儿童的性生活和性倒错之人的性生活囊括其中，也就是说，我们重新恢复了性的概念的原有范围。至于精神分析之外的性，只不过是狭义的理解，是一种以生殖机能为目的的正常的性生活。

第二十一讲　力比多的发展与性的组织

我知道自己还未能说服你们相信性倒错对性的概念的重要性。因此，我会尽可能对我讲过的话进行阐明和补充。

我们修正性的概念，并因此招致人们猛烈地抨击，但这一修正的必要性并非仅仅来自性的倒错现象，与此相比，有关婴儿性生活的研究对其影响反而更大——事实上，是性倒错与婴儿性生活的一致性对我们起到了决定性影响。但婴儿的性表现最初却是难以捉摸的，不似在儿童时代后期表现得那么明显。而那些不顾演化史和分析连贯性的人，会否认性在其中的作用，并认为这些表现只具有一些普通的泛化特点。别忘了，我们还未制定公认的标准来判定一种现象是否具有性意味，除非假定该标准与生殖机能相关，但若是这样，我们又会觉得这一标准定得未免太狭隘了，应予以否定。弗利斯(W. Fliess)提出的生物学标准，如23天和28天的周期性尚未成定论；我们所主张的性的历程的特殊化学性质仍有待考察。成年人的性倒错行为却是真实且明确的。正如它那被众人认可的名称，无疑是具有性意味的，无论我们将其称为退化迹象或其他什么，无人敢把它们归为与性无关的现象。光凭上述说法，我们就可断定性与生殖机能不是一码事，因为很显然，所有的性倒错行为都不是以生殖为目的的。

这让我想起一个类似的有意思的事实。“有意识的”和“心理的”被普遍认为是同一回事，我们于是不得不扩展“心理的”概念，使其包含潜意识的部分。同理，“性的”与“和生殖相关的”（或简而言之“生殖器的”）这两个概念也被人们认为是一回事，精神分析学不得不确认有些“性的”东西并不是“生殖器的”，它们与生殖机能毫无关联。这两组概念只是形式上的近似，其中并无更深刻的基础。

但假如性倒错的存在是这一问题的极有说服力的论据，那么人们为什么不早点完成这一工作，解决这一问题呢？对此我无话可说。这似乎是因为性倒错早已属于一个特殊禁区，甚至还形成了一种理论，阻碍了科学对它们的认知；似乎没人会忘记性倒错不仅是令人作呕的现象，还是荒诞危险的——它似乎具有一种诱惑力，以至于人们必须从根本上扼杀自己对那些可以享受其乐趣之人的隐秘的嫉妒。正如著名歌剧《唐豪瑟》里那位通过了审判的伯爵的夸张的自白：

在维纳斯山上，名誉和自尊就这样被遗忘，
奇怪的是，这种事从不会发生在我这样的人身上。

说实话，性倒错者不过是个可怜虫，为难以求得的满足感付出了极其痛苦的代价。

尽管性倒错的对象都比较怪异，但显然具有性意味，这是因为寻求倒错欲望满足的行为时常伴有一个完整的高潮，直至射精。当然，这只适用于成年人。就儿童来说，他们不可能出现性高潮和射精行为；它们会被相似的行为所替代，后者却依然不被视为真正的性行为。

我还要再讲几句，以完善我们对性倒错的看法。虽然它们备受谴责，与正常的性活动对比鲜明，但稍加观察便会发现，即便是正常人的性生活也难免不会含有倒错特征。甚至连接吻都能被称为倒错动作，因为它包含的是唇部两个性敏感区而不是生殖器两两接触的动作。但没人会视之为倒错而加以指责，相反，在戏剧表演中还被视为美化的性动作。接吻其实很容易变成完全的倒错行为，只要其刺激的强度增大，达到让人射精和达到高潮的效果，此事也并非完全不可能。此外，我们可能知道，有些人在享受性愉悦之前，必须先抚摸和凝视其性对象；而有些人在达到性兴奋之时，会出现手捏口咬的行为，还有些人要达到性高潮不是靠爱侣的生殖器，而是靠身体的其他部位，诸如此类，不胜枚举。若要把这些有单个反常癖好的人都列入性倒错者的行列，显然是说不过去的。相反，我们越来越清楚地意识到性倒错的本质不在于性的目标被逾越，也不是生殖器的功能被替代，甚至不在于种类繁多的性对象，而仅在于这些反常行为的排他性，这些性行为并不以追求生殖功能为目的。当这些倒错行为对正常性行为起到准备或增强作用时，它们实际上就不再是倒错行为了。显然，正常性行为与性倒错行为之间的鸿沟可由这些事实得到填补。由此，很容易推导出这样的结论，正常的性活动源于早先就存在的性活动，其演变过程先是去掉了某些成分，然后又融合了一些其他成分，使它们从属于一个新目的，即生殖目的。

在我们利用性倒错的相关知识以更清晰的视角重新研究婴儿的性活动之前，必须先让你们注意一下这两者之间的一个重要差别。性倒错行为一般非常集中，其整个行动直指一个目标，通常是单一的目标；某一局部的本能冲动占优势地位，要么只有这个本能可以显示出来，要么即使其他本能得以显现也不得不臣服于这一本能，并服务于其目的。从这一点来说，正常性活动与性倒错之间没什么差别——除了后者中占优势地位的这部分本能不同于性目标。这两者都建立起了一个组织良好、有序的专制统治机制，只是彼此的统治势力各异。从另一方面来说，婴儿的性活动基本上是缺乏这种集中性和组织性的，其各部分的冲动力量是均衡的，彼此独立地寻求性快感。由这种集中的缺乏和存在可以看出，性倒错和正常的性活动都源于婴儿的性活动。还有些与婴儿的性行为更为相似的性倒错行为，在它们之中，有许多局部本能坚持着各自的目标，彼此独立地发展起来，或者说永久地保存了下来。在这种情形下，与其说是性倒错，不如说是性生活的幼稚阶段要更准确一些。

有了这种准备知识之后，接下来我们可以考虑一些我们无法回避的问题了。人们会问：“为什么你要把那些童年时期的表现——它们后来发展成成年人性生活的表现——包括在性生活之中，但是根据你的说法，这些表现的起源又是不确定的？为什么你们不满足于仅仅进行生理方面的描述，不满足于简单叙述婴儿的一些行为，譬如吮吸东西或抑制排泄等，而要借此说明他其实是在追求生理快感呢？这样，你们就可避免说婴儿有性生活，免得招人反感了。”对于生理快感这个问题，我没什么好反驳的；我知道性交的极致兴奋也只是一种生理快感，这种愉悦源于生殖器的活动。不过，你们能否告诉我这种原本未被区别对待的生理快感究竟是何时才获得——并在此后发展成天经地义地持续拥有的——性特征的呢？你们对“生理快感”的认识比对“性活动”的认识多吗？你们会回答：当生殖器发挥作用时，它才具备性特质；“性的”就意味着“生殖器的”。你们甚至会回避由性倒错引起的障碍，而向我指出，尽管性倒错会另辟蹊径，不依赖生殖器相结合的方式，但大多数性倒错达到的性高潮实际上还是生殖器的高潮。如果你们能因为性倒错现象的存在而否定生殖与性特质的关系，那么你们的立场就有所进步了。这样，我与你们之间的分歧也就没那么大了，就只有生殖器官取代其他器官的问题了。无数实践证明，其他器官可以取代生殖器获得性满足，比如正常的接吻，“放荡的”性倒错行为或癔症症状等，你们对此怎么看？就神经症而言，原属于生殖器官的刺激、感觉和神经冲动，甚至是勃起等，都可转移至身体的其他较偏远的部位，由此，你们所谓的性的特质便都不复存在了。于是，你们也不得不跟着我一起扩展“性的”概念，以便涵盖童年早期寻求生理快感的一切活动了。

现在，为了让我的观点更合理，我希望你们匀点时间考虑以下两个问题。如你们所知，我们之所以把童年早期所有寻求不明确的快感的活动都称为“性的”，是因为我们在分析病症时所利用的无疑都是“性的”材料。姑且承认它们自身不必因此就是性的。不如让我来打个比方加以说明，假设有两种双子叶植物——如苹果树和豆科植物，我们无法观测它们的种子的发展过程，但可以想象出它们的成长过程，由枝繁叶茂想到它们最初作为双子叶幼苗时的样子。在这种情形下，它们的双子叶看起来是一样的。然而，我能因此得出结论，认为它们起初都是一样的植物，只是到了后来才生出种类上的差异吗？抑或认为这种差异早就存在于幼苗之中，只是从双子叶中还看不出来，这种观点在生物学上是否更正确呢？当我们把婴儿追求快感的活动称为性的时候，也是出于同样的道理。是不是每种生理快感都应被称为性快感，或是除此之外，是否还有其他的快感不能被称为“性快感”的呢，这些问题我都无法探讨。关于生理快感和它的条件，我知之甚少；因此，如果分析的溯源性最终把我们引回到一个广义因素，请不要感到惊讶。

还有一点，纵使你们可以说服我婴儿的活动最好不要称为性活动，但从总体来说，你们却拿不出什么证据证明自己急于维护的“婴儿的性纯洁”之说。须知，自三岁起，儿童存在性生活这一事实就是确定无疑的了。生殖器在这个时候已开始蠢蠢欲动，幼儿或许在这时已存在周期性的手淫现象，也就是说他们会经常利用生殖器获得性满足。至于性生活的心理和社会表现也都突显出来；性对象的选择、对某些人的强烈偏好、对某一性别的偏爱以及嫉妒之情等现象，均已通过独立的观察先于精神分析确立了起来，并且还能被所有细致的观察者一一证实。你们会说，你们毫不怀疑儿童时期情感的早早觉醒，只是疑惑这种情感是否具有性的特质。3 岁到 8 岁的小孩已经学会将这些情感隐藏起来，但如果你观察仔细的话，还是可以找到不少证据证明这种情感是具有性意味的。你们观察不到的地方可由分析研究加以充分补充。这一时期的性的目的与同时期的性理论密切相关，关于后者我曾给你们举过一些例子。儿童此时还不懂交媾行为的目的，所以这些目的中的部分目的所具有的倒错特征，其实是由儿童未成熟的体质造成的。

大约从 6 岁或 8 岁起，儿童的性发育就处于一种明显的停滞或退化状态，在达到高度文明的标准的情况下，应称为潜伏期。这种潜伏期也可能不会出现，并且性活动和性兴趣的发展在任何时期不一定会被打断。潜伏期之前的大部分经验和冲动此时便沦为婴幼儿时期健忘症的牺牲品，不再被想起。这种遗忘现象我们之前探讨过，它屏蔽了我们的早期记忆，使这些记忆变得陌生起来。每一个精神分析的目的就是要找回这段被遗忘的记忆。因此，我们不得不假设此时所开始的性生活其实是引发健忘症的动机，即这种遗忘是压抑导致的结果。

从 3 岁开始，儿童的性生活就已与成人有许多共同之处了；其不同之处，正如我们所知，在于（1）缺乏以生殖器为主导的稳定组织；（2）存在倒错的特征；（3）整个冲动的强度较弱。理论上，性发展最有意思的阶段或者我们所说的力比多的发展阶段，都要早于这个时期。这一阶段发展得非常迅速，通过直接观察是不可能了解到这稍纵即逝的情况的。借助于精神分析对神经症的研究，我们这才首次有机会了解到更早期的力比多的发展情况。当然，这还只是构想而已。不过，当你们实施精神分析治疗时，便会发现这些构想是多么必要和重要。你们很快就会明白为什么病理可以揭示出我们在正常情况下难以察觉到的情况。

我们现在可以宣称，在生殖器占主导地位之前儿童的性生活就确立了。这个主导势力在潜伏期之前的最初的婴儿时期就已经具有基础了，从青春期开始不断发展。在初期阶段存在一种我们称为“前生殖期的”（pre-genital）散漫组织。不过，在这一阶段，生殖部分的冲动并不突出，突显的是施虐的和肛欲的冲动。此时，男性和女性的差别尚未发挥作用，起作用的是主动和被动之间的区别。这个区别可视为性的“两极性”的先导，以后可与“两极性”相融。从后生殖期阶段的立场来看，这一时期所有的男性行为都是一种支配欲的表现，有时近乎施虐。而带有被动目的的冲动则与肛部的性敏感区相关。在这个时期最重要的是，好奇心和窥视欲很强大。生殖器此时在性生活中只起到排尿的作用。这一时期的部分冲动并不缺乏对象，只不过它们不必结合为一个单一对象。这个施虐的—肛欲的组织是生殖器占主导地位之前的一个阶段。通过更深入透彻的研究，可以证实这个组织在此后及最终体质定型时究竟有多少保留了下来，而这些局部冲动又被迫借助于何种方式得以在新的生殖组织中占得一席之地的。在力比多发展的施虐的—肛欲的阶段之前，我们还可以看到一个更早更原始的发展阶段，口的性敏感区在该阶段占主导作用。你们可推导出婴儿的性活动就属于这个阶段。我们不免会对古埃及人敏锐的洞察力感到吃惊，他们所画的孩子，包括荷鲁斯神都是把手指放在嘴里的。亚伯拉罕在最近出版的著作中也提到原始的口欲期(oral phase)在后来的性生活中得以保留的情况。

我能猜到，这些关于性组织的观点与其说是告知你们，不如说是给你们增加了思想负担。可能是这次我又讲得太细了。但请耐心一下，你们所听到的内容以后会大有裨益的。你们要记住这种性生活，即我们所称的力比多机能，不是一出现就会显现出完整的形式，也不是按照它原初的形态扩展出来的，而是经历了一系列各不相同的阶段。实际上，它是发展的结果，如同毛毛虫蜕变成蝴蝶一样。这个发展的转折点就在于使所有服从于性的局部冲动受生殖器的支配，由此使得性生活受生殖机能的支配。起初，性生活是分散的，它由一个个局部本能的独立活动组成，这些本能都追求感官满足。这种无政府状态因接近于前生殖期的组织状态而有所缓解。前生殖期的状态首先是施虐的—肛欲的阶段，在此之前是口欲期，这可能是最原始的阶段了。此外还有许多未知阶段，因为有了它们，所以一种组织才得以提升为更高级的组织。力比多的发展经过了这么多阶段究竟对了解神经症有何意义，我们以后再谈。

现在我们再来看看这种发展的另一面——性的部分本能与对象之间的关系。我们将迅速梳理一遍这种发展，以便有更多时间研究其后产生的结果。性本能的一些组成部分从一开始就有对象，并且坚持不变；比如支配的本能（施虐欲）、好奇心及窥视欲。其他明显与身体特殊的性敏感区相连的冲动，只在一开始与无性机能相关时才有对象；等到它们摆脱这些机能时，便会放弃这个对象。譬如口欲冲动的第一个对象是母亲的胸部，它可以满足婴儿的食欲。通过吮吸，这个动作中能满足情欲的成分便独立了出来，它放弃了外部对象，代之以自己身体的某个部位。于是，口欲冲动变成了自淫冲动，正如一开始便作为自淫冲动的肛欲和其他情欲冲动一样。简而言之，其后的发展有两个目的：（1）放弃自淫，重新以外部对象取代自己的身体部位；（2）将各个冲动的不同对象统一起来，使之合为一个单一对象。当然，只要这个对象是完整的，和他本人的身体差不多，这个目的才会达成。但也没那么容易达成，除非它能抛开大量无用的自淫本能冲动。

寻找对象的过程并不是一般的复杂，至今还没有详尽的论述。为达到我们的目的，让我们重点关注以下事实：在潜伏期之前的童年时期，这一过程会暂时停滞，此时，其选取的对象几乎和源自它与口欲冲动的关系的第一个对象相同——若不是母亲的胸部，就是母亲本身。因此，我们称母亲为第一个爱的对象。因为我们所说的爱侧重于性冲动的精神方面，所以暂且不管或暂时忘记这种冲动的基本物质需求或肉体需求。当母亲成为儿童的爱的对象时，后者便会受到心理上的压抑作用的影响，从而忘记一部分性的目标。这种以母亲为爱的对象的选择被我们理解为“俄狄浦斯情结”，它对神经症的精神分析的阐释意义重大，在很大程度上也成为大家反对精神分析的一个重要原因。

欧战时曾发生过这样一件事：在位于波兰的德军前线，有一名精神分析学的追随者，是个年轻勇敢的医生，他时常会对患者产生意想不到的影响，从而引起了他同事的注意。当有人问起时，他承认自己运用的是精神分析方法，并最终同意将相关知识传授给他的同事。于是，部队的医生、他的同事和上级长官每晚都会聚在一起聆听他讲解精神分析学说。开始一切都很顺利，但当他讲到俄狄浦斯情结时，一名长官便站起来说自己简直无法相信，他居然讲这种事给他们，给这些为自己的祖国奋战的勇士及做父亲的人听，实在是伤风败俗。这样，他的讲授便被禁止了。这就是事情的经过。

你们现在怕是急于想知道这个骇人听闻的俄狄浦斯情结到底是什么吧。从它的名称便可窥见其意。想必你们都知道希腊神话中有位俄狄浦斯王，他命中注定要弑父娶母。他竭尽所能来避免这个预言，可当他发现自己在不知情的情况下还是铸成了这两件大错时，便刺瞎了双眼以为惩罚。索福克勒斯把这个素材改编为悲剧作品，我相信你们当中许多人肯定都被剧作深深打动过。这位雅典的诗人通过他的作品呈现了一种方法，即通过有技巧的长时间询问，加上不断涌现出来的新证据，俄狄浦斯很久以前的所作所为终于大白天下。这种询问过程与精神分析的过程有几分相似。在询问的过程中，那位不明真相的伊俄卡斯忒——俄狄浦斯的母亲兼妻子，反对这种持续的问话。她回忆说，有不少男人都梦到过与他们的母亲同居，但这种梦都不值得大惊小怪。对我们而言，却不该忽略这种梦，至少不该忽略那些很多人都梦见过的典型的梦，而且我们毫不怀疑伊俄卡斯忒指出的这种梦与这个神话怪诞可怕的内容有着密切的关系。

令人惊讶的是，索福克勒斯的悲剧并没有激起观众极大的愤慨和驳斥，若他们如此反应的话，会比军队里的听众对那位单纯的军医的反应更占理。这终归是个不道德的戏剧，它免去了人类的道德责任，描绘出神力是如何唆使人犯罪，并且显示出在遭遇罪恶时人类道德冲动的无力感。我们或可推断出作者想借这个神话来表达对神灵和命运的控诉之意。在与神灵不和的欧里庇得斯的身上，或许就存在这样的控诉；但在虔诚的索福克勒斯的作品里是看不出这种迹象的。这位虔诚的信徒以诡辩术宣称最高的道德便是服从神灵的意志，即使它们命令我们去犯罪，我们也必须服从。我想这种道德并不算是该剧的要点，从它迄今所起的作用来看，其实是微不足道的，观众并未对此做出反应，却对该神话本身的意义和内容有所反应。观众的反应就好似通过自我分析意识到了自己身上的俄狄浦斯情结，这里所揭示的神和神谕的意志好像是他的潜意识的高尚伪装。似乎他记起自己也有这种弑父娶母的愿望，并为这种愿望深感惶恐。他也明白诗人说这话的意思，仿佛是在对他说："无论你如何反抗自己的责任，或是自称如何努力抵抗过这些邪念，你所做的一切都是徒劳。尽管你付出了努力，但你仍然有罪，因为你无法打消邪念，它们仍停留于你的潜意识之中。"这里包含着心理学法则。一个人即便把自己的邪念压抑到潜意识之中，并告诉自己无需再为它们担责，可他依然免不了会有罪恶感，尽管他追溯不到这种感觉的源头。

无疑，俄狄浦斯情结就是导致神经症患者时常备受罪恶感折磨的一个重要原因。此外，我于1913年出版了一本名为《图腾与禁忌》的书，它是关于人类道德与宗教起源的研究，那时我就想到，或许整个人类从一开始就具有的这种罪恶感来自俄狄浦斯情结，而这种罪恶感就是宗教及道德的起因。我本想再多说几句，但最好还是打住吧。这个话题一旦开了头，便很难打断了，我们现在必须回过头讲讲个体心理学。

通过对儿童在潜伏期之前选择对象时的直接观察，我们可以获得哪些俄狄浦斯情结的表现呢？我们不难看出小男孩想独占母亲，而把父亲撇在一旁的心理。他见父母温存便感到烦躁，见父亲离开便心情愉悦。他常常直接用语言表述自己的情感，向母亲承诺自己长大后一定会娶她为妻。你们或许会认为这种情况不足以与俄狄浦斯的行为相提并论，但其实这已足矣，因为这两种情况在本质上是一样的。但有时这个小孩也会对父亲表示好感，这时常令我们感到很困惑。不过，这种矛盾的或两极性的情感态度在成人身上会引起冲突，在儿童身上却能和平共处，就和这种情感能长久留存于潜意识之中的情况一样。你们或许会提出异议，认为儿童的行为起源于自我动机，不足以判断为俄狄浦斯情结之说的证据。母亲为孩子提供了他所需要的一切，所以孩子自然会阻止母亲为他人分心。这种说法是不错，但就这种或其他类似情境而言，以自我为中心的利益也只是为情欲冲动提供机会而已。当小孩子毫不掩饰地向自己的母亲表达性好奇，或晚上要与母亲同眠，或当母亲更衣时坚持在场，或试图爱抚她时，正如做母亲会经常看着并笑着叙述这些事——所有这一切无疑都显示出了他依恋母亲的情欲本质。我们千万别忘了，母亲照顾自己的小女孩时就不会有同样的效果；同理，即便父亲同母亲争着照顾小男孩，也不会赢得小男孩对母亲的那般重视。简而言之，显然任何批评都消除不了情境中的性别偏爱因素。但从儿童自身利益的角度来看，若只允许一个人而不是两个人照顾他，那岂不是太愚蠢了吗？

像你们所看到的那样，我只描述了男孩与父母之间的关系；就女孩来说，情况也大体相似，除了要做一些必要的改动外。女孩常对父亲充满依恋，而欲将母亲搁置在一边，觉得她是多余的，想要取而代之；有时还会运用成年女性的撒娇技巧，给人留下一种妩媚可爱的印象，这在女孩年幼时尤为明显——这使我们容易忽略由这种情境所导致的严重后果。父母往往对唤起儿童的俄狄浦斯情结起决定性影响，因为他们宠爱孩子也会遵循性别偏爱的原则来选择。父亲一般明显偏爱女儿，母亲一般最偏爱儿子，但即便这种偏爱也不足以严重削弱儿童的俄狄浦斯情结的自发性特征。待有新生儿降临时，俄狄浦斯情结便延伸为一种家庭的情结。它成了一种原动力，因小孩感到自身利益受到妨碍而激发出来，使他对自己的弟弟妹妹产生厌恶之情，只希望马上除掉他们。一般而言，这种怨恨之情比起由父母的情结所引发的情感，更能毫无隐瞒地流露出来。假如这种愿望能成真，不受欢迎的新生命突然死去，那么过了不久，我们便能通过分析发现这种死亡对一个儿童来说其实是一个重大的体验，即使他已不记得了。假如他的母亲又生了一个孩子，而使他处于次要地位时，他便开始与母亲疏远起来，并因此而难以宽恕她——只有成年人才会有的那种恨意便会在他心里升起，这种情感通常会成为永久隔阂产生的基础。我们之前就已说过，性的窥视及其结果通常就和儿童的这些经验有关。随着这些弟弟妹妹逐渐长大，年长的孩子对他们的态度便大有不同了。男孩或许会将自己的妹妹视为爱的对象，以取代他那不忠的母亲；这种会对以后生活产生重要影响的带有敌意的竞争情境，甚至在育婴室内几个哥哥同时争夺小妹妹的爱时就已经产生。小女孩的情况也是如此，当父亲不再像以前那样充满感情地对待自己的小女儿时，她便会把自己的哥哥视为父亲的替代，或是把自己的妹妹幻想成自己为父亲生下的孩子的替代。

通过对儿童的直接观察以及研究他清楚记得的事，并使之不受分析的影响，你们便能发现更多性质类似的事。你们或可由此推知，除了这些事以外，儿童在他的兄弟姐妹中的排行顺序对他以后的生活也具有至关重要的影响，但凡研究一个人的生活史我们都应考虑这一点。更为重要的是，鉴于这类信息信手拈来，毫不费劲，你们读后若回想起对于禁止乱伦的科学解释时，不免会哑然失笑。这都是些什么发现啊！据说，若同一家庭的异性成员从小便生活在一起，那么异性之间便不再具有性吸引力，又因生物学中存在反对同系繁殖的倾向，所以人们在心理上就存有对乱伦的天生恐惧。若人们确实天生就具备抵御乱伦的防范，那么法律和道德就无需以严厉的惩戒来制止了。其实情况刚好相反。人类选择的第一个性对象通常就在乱伦范围之内，男孩直接以母亲和姐姐为对象，为了避免这种婴幼儿时期的倾向有朝一日成为现实，必须实行最严厉的戒律来阻止。在现今依然存在的原始种族之中，他们对于乱伦的禁令比我们的更为严厉，赖克（Th. Reik）在他最近发表的一篇才华横溢的文章中称，这些野蛮人的成人礼其实代表着“重生”之意，该仪式表明男孩已摆脱了对母亲的乱伦的依恋之情，并与父亲重修旧好。

神话告诉我们，人类虽对乱伦如此憎恶，却不假思索地允许神明拥有此特权。另外，你们还可从古代历史中得知，与姊妹的乱伦婚姻是帝王的神圣义务（如埃及法老和秘鲁的印加国国王）。这是普通人所不能享受的特权。

与母亲乱伦是俄狄浦斯所犯的一大罪行，另一罪行则是弑父。这两种罪行也是人类第一个社会的宗教制度——图腾崇拜所深恶痛绝的。现在我们将由对儿童的直接观察转而讨论有关成人神经症患者的分析研究。它会对进一步了解俄狄浦斯情结有何贡献呢？这很容易回答。它显示出患者与神话里描述的是一致的，它显示出每个神经症患者都是俄狄浦斯，或者说得更贴切些，在对这一情结做出反应时都成了哈姆雷特。由分析所显示的俄狄浦斯情结扩充了婴儿期的概述，同时也是后者的粗俗版。对父亲的怨恨，希望他死去的愿望都不再被胆怯地隐藏起来；对母亲的情感则认清是以娶她为妻为目的。但我们真的要将这些恐怖极端的情感都归因于幼稚的儿童期造成的吗，抑或是在分析时无意中引入了某个新因素而使我们受骗了呢？其实这个新因素不难发现。每当有人在叙述过去的事情时，即使他是历史学家，也会不经意间使一些东西从现在和其间的某个时间进入到过去，以致其叙述的事情走了样。在神经症病例中，这种进入到底是无意的还是有意的，尚有待考证。我们稍后便可得知此事的动机，但还需对“往事的追想”这个问题加以研究。我们不难发现，对父亲的怨恨之情在之后的情形中引发的种种动机被加剧了，对母亲的性欲则偏移为对儿童而言十分陌生的形式。可如若要用“往事的追想”和后面所引发的动机来解释整个俄狄浦斯情结，不免又是徒劳的。该情结虽然后面又或多或少增添了一些成分，但其在婴儿期的核心未变，还是可以通过对儿童的直接观察得到证实。

因此，由分析俄狄浦斯情结而得到的临床事实具有很重要的实用意义。我们都知道性冲动到了青春期便开始全力寻求满足，它再次转向熟知的乱伦对象以发泄力比多。婴孩对于对象的选择虽是软弱无力的，却奠定了青春期选择对象的方向。在青春期，有种非常强烈的情感体验开始发挥作用，这些体验要么直接导向俄狄浦斯情结，要么在对该情结的反应中被利用。不过，由于其乱伦的前提假设已变得不能接受了，即意识已开始防御，因而大部分的情感体验仍游离于意识之外。从这时起，个人就必须致力于摆脱父母的控制，只有当他摆脱出来，他才不再是个孩子，而成为社会的一员。男孩所面临的任务就是使自己的力比多欲望不再以母亲为目标，转而去寻求外界的另一个爱的对象。若他仍敌视自己的父亲，则必须力求与其和解；如果他因无法反抗而只能顺从，也应尽量摆脱父亲的控制。每个人都会面临这些任务。值得注意的是，很少有人能理想地完成这些任务，因而能在心理和社会层面上正确地解决的人屈指可数。就神经症患者而言，这些问题他们一个也解决不了；做儿子的一辈子都屈服于父亲的权威，也无法成功地将自己的力比多转移到外界的性对象身上。女性患者亦是如此，除非是特殊情况。从这个意义上说，俄狄浦斯情结的确是神经症的主因。

你们可以想象，我是多么迅速地回顾了大量与俄狄浦斯情结相关的，无论是在实践还是在理论上都非常重要的事实。至于其他的种种变式或可能的反转情况，我就不一一详述了。对于它的不太直接的结果，我只想指出该情结对文学作品造成的影响。奥托·兰克在一本很有价值的著作里提到，各个时代的剧作家主要取材于俄狄浦斯及其乱伦的情结，并在此基础上加上各种变体。此外，值得一提的是，早在精神分析之前，俄狄浦斯所犯的这两种罪恶就被认为是无法驾驭的本能的真正表现了。在“百科全书派”学者狄德罗的著作中，我们发现了这样一本著名的对话体小说——《拉摩的侄子》，著名诗人歌德将其译成了德文。你们要注意如下这段话：如果对这个小野蛮人放任自流，那他就会保留自身一切愚蠢的言行。他身上所具有的孩子式的非理性，再加上30岁的成人所拥有的激情，会使他扭断父亲的脖子并与母亲同床。

还有一件事我也必须提一下，俄狄浦斯的母亲兼妻子也可用来释梦。你们还记得我们对梦的分析结果吗？形成梦的愿望不是时常含有性倒错和乱伦的性质，或表露出对自己亲近的、爱的人的那种出乎意料的敌意吗？那时我们并没有追究这种邪恶冲动的由来。现在你们自己就能找到答案了。它们是力比多的倾向和对对象的能量贯注[1]，后者源于婴儿早期，虽说早已在意识生活中被放弃，但现在仍会在夜间出现且具有一定的活动能力。由于所有人——而不仅仅是神经症患者——都会做这种性倒错的、乱伦的和杀人的梦，故而我们推测，即便是正常人也具有同样的进化过程，也同样经历过性倒错现象，也曾有

① 即集中在对象上的心理能量投入。——译者

过直指俄狄浦斯情结对象的力比多欲望，只不过这一过程在神经症患者身上有所放大而已。通过对神经症患者的梦的分析所发现的现象，比正常人那里的要更露骨一些，这也是我们为什么在探讨神经症症状之前先分析梦的原因之一。

第二十二讲　发展与退化的理论——病因学

我们知道力比多要经历一系列的多方面发展，才能发挥正常的生殖机能。现在我想向你们介绍这一点在神经症起因上的重要性。

根据病理学理论，我们可以假定这种发展包含两种危险：停滞(inhibition)与退化(regression)。换句话说，由生物进化过程的一般变异趋势来看，并非所有初始阶段的机能都会经历一个完整的或近乎完整的过程，从产生、发展、成熟再到消失；部分机能或许永远停滞在初期阶段，因此，整个发展就会出现某种程度上的停滞。

我们还可以用其他领域的事实来打比方。如果一个民族要离开故土去寻找新的家园——这在人类社会初期是常有的事——他们必不可能全部抵达目的地。除去一部分死亡的人外，他们中总有一部分人会中途停下并定居，其余大部分人则继续行进。或者，再打个更贴切点的比方：在高等哺乳动物中，雄性动物的精液腺原位于腹腔的最深处，到了胚胎的某一发展期它便开始四处游动，直至移到几乎紧靠盆腔顶部的皮肤下的位置。有些雄性动物的这一对腺体器官中的一个就有可能因这种游动而滞留于盆腔之中，或永久滞留于它们所必经的腹股沟管之中，或是精液腺通过后的腹股沟管本应闭合起来却仍然打开着。我早年做学生时，曾在布吕克(von Brücke)的指导下开始从事科研工作。当时，我研究的是一种古老的小鱼脊髓的背部神经根问题。我发现这些神经根的神经节是由脊柱灰质中的大细胞产生的，这种情形对其他脊椎动物则不适用。但很快我便发现，由灰质到整个脊神经后根的脊神经节的这个区域之外都有这类神经细胞。由此，我便断定这些神经节的细胞是由脊髓运动到神经根上的。这一结果也被胚胎学所证实。然而，在这种小鱼中，这一整条移动路线都可由沿途滞留的细胞来证明。若仔细观察，你们很容易就会发现那些比喻的缺点。因此，我只能简单地说每个性冲动的单独部分都可能停滞于发展的初期阶段，其他部分则可抵达目的地。每一个冲动都可被我们视为一条河流，自生命伊始便开始不停奔涌，这种奔涌可被我们人为地设想成前后相继的发展阶段。你们会觉得这些观念还需进一步解释，但这样做会使我们离题太远。在继续讲下去之前，姑且将部分冲动在初期阶段的停滞现象称为冲动的固着。

这种阶段式发展的第二种危险就是退化。即便是那些已经向前发展的部分也很容易退回到初期发展阶段。当向着更高发展形式的冲动在实施机能(获得其目标满足)的过程中，若遇到外界强大的阻碍使其目的无法达成时，便只能退化。我们可以假定固着和退化相互依赖，在其发展过程中，固着越强大则其机能就越容易被外界障碍所阻挡，从而退回到那些固着处，也就是说，越是向前发展的机能就越不能抵抗在实施机能的过程中所遇到的外界阻碍。譬如，一个迁徙的民族，如有大部分人在中途停了下来，那么剩下的小部分人在路途中若遭遇强敌，便很容易退回来。在迁徙过程中停滞于途中的人越多，被打败的几率就越大。

你们要想理解神经症，就必须将固着与退化之间的关系铭记于心，这样才能安心研究神经症的起因，即神经症病因学，这也是我们后面很快就要探讨的问题。

现在我们来进一步探讨退化的问题。鉴于你们所掌握的关于力比多的机能发展方面的知识，你们必然预期有两种退化：(1) 退回到力比多的第一个对象，这种对象一般具有乱伦的性质；(2) 整个性的组织退回到发展的初期阶段。这两种类型都发生于移情神经症之中，并在这种神经症的机制中发挥了重要作用。特别是第一种退化类型，它是神经症患者常常出现的情况。若要把另一类自恋性神经症也考虑进来的话，那么关于力比多的退化，要讨论的东西就更多了，但目前我们还无法做到。这些病症既提供了之前还未讲过的有关力比多机能的其他发展阶段的线索，又展示了与这些发展阶段相对应的新的退化方式。不过，我认为最重要的是，要警告你们不要混淆退化和压抑作用的区别，并帮助你们厘清这两种作用之间的关系。你们应该知道，一种本可成为意识的心理活动，也就是说它本属于前意识系统，却被压抑为潜意识，以致被推回潜意识系统之中，该过程即为压抑作用。同理，潜意识的心理动作在意识的阈限处受到审查作用的阻碍，无法进入毗邻的前意识系统，这种过程我们也称为压抑作用。请注意，压抑作用与性并不相关。它纯粹是一个心理过程，最好称之为“定位”(localized)。意思是说，它是指心灵内部的空间关系，或者抛开这个粗糙的比喻，再换个比方，是指从几种独立的心理系统中建立起心理装置。

上述几种比喻表明，我们所用的“退化”一词是狭义的，限定在一个非常特殊的范围内。如果你们要使用广义的用法，即由高到低的发展过程，那么压抑作用就可归入退化的概念，因为压抑作用也可描述为一种退回到较早或较低阶段的心理动作的逆转过程。但就压抑而言，这种倒退倾向并不一定会出现，因为当一种心理动作被阻止在潜意识的早期阶段之中时，我们也从心理动力学的意义上说这是一种压抑。因此，压抑作用是一种定位和动力的概念，退化作用则是一种纯粹的描述性概念。我们前面曾将退化作用与固着作用相提并论，其中，退化作用专指力比多退回到发展的早期阶段这一现象。它的性质与压抑作用不同，并且完全独立于压抑作用。我们既不能将力比多的退化作用称为一种纯粹的心理过程，也不知道它在心理装置中的具体位置。虽然力比多对心理生活产生了强大影响，但其机体的意义仍然最为突出。

这种讨论难免会令人感到乏味。为了让它们显得更生动一点，给人留下深刻印象，我们来举一些临床实例加以说明。你们都知道，癔症和强迫性神经症是移情神经症的两大代表。就癔症而言，力比多通常会退化到主要以亲属为性对象的阶段，但退化到性组织的早期阶段的情形却是非常罕见的。压抑作用在癔症机制中占重要地位。如果我能以推测的方式来补充这种神经症已有的知识，那么我将做如下描述：处于生殖器统治之下的局部冲动已联合起来，但其联合的结果却遭到与意识相关的前意识系统的抵制。因此，生殖器组织可用于潜意识，而不能用于前意识。前意识抵制生殖器的结果引起了一种类似于生殖器占主导地位之前的情形。在力比多的两种退化作用中，退化到性组织的早期阶段的这种情形，是迄今为止最引人注目的。因为这种退化作用在癔症中不存在，且我们对于神经症的整个观念又受到太多之前的有关癔症研究的影响，所以，我们意识到力比多的退化作用的重要性要远逊于压抑作用。若以后除了讨论癔症和强迫性神经症外，还要加上对其他自恋性神经症的讨论，那么我们必须将自己的观点做进一步的扩展和修改。

与之形成对比的是，强迫性神经症中的力比多退化到以前的施虐的—肛欲的组织阶段是最为显著的事实，而且这种退化还相应地决定了病症的表现方式。此时，爱的冲动必须伪装成施虐冲动。因此，强迫性的想法需要被重新解读。比如当“我要杀你”这个想法摆脱了某些不可或缺的附加成分时，其意思就变成了“我要享受你的爱”。加上这个——其对象与此同时也退化到以前的主要对象上了——那么这个冲动就必定会以最亲近且最亲爱的人为目标。你们可以想象患者会因这些强迫性的观念而生出怎样的恐怖念头了，它们又将与他的意识知觉如何不相容。压抑作用在这些神经症的机制中也占有很重要的地位，只是这种地位不是我们这样粗略地讨论就能说清楚的。力比多的退化作用不经过压抑就不会引发神经症，但最终会导致性倒错现象。显然，压抑作用对神经症而言是一种最有特色的过程，也最能代表神经症的特征。或许以后有机会的话，我会跟你们讲一下我们已知的有关性倒错机制方面的知识，这样你们便可知道这些现象并不像我们在理论上揣测的那样简单了。

当你们将我对固着作用和退化作用的说明视为研究神经症病因学的开端时，你们对这个说明或许立即就能接受。在此，我只能提前告诉你们这样一个简单的事实：若人被剥夺了让力比多得到满足的可能性，就容易患上神经症——也就是我所说的由于缺失才得病，他们的病症就是对缺失的满足的替代。当然，这不是指力比多的满足受到的任何挫折都会引发神经症，而是说就我们所熟知的神经症病例而言，受挫这个因素是有目共睹的。但这个推论是不能反过来说的。想必你们也明白，这句话并不是要揭示神经症病因学的全部秘密，只不过是强调一个重要的且不可或缺的条件而已。

为了对这个命题作进一步探讨，我们不知道是该强调受挫的性质呢，还是该讨论受挫者的特殊性格。受挫并不是绝对可以致病的全部因素，只有当受挫的恰好是那人所渴求的且可能是唯一的满足方式时，这一因素才会致病。大体来说，人有不少方法忍受力比多的满足受挫而不至于发病。首先，我们知道有不少人能够隐忍禁欲而不使自己受到伤害；尽管他们在这种情况下会闷闷不乐，心中会充满对性的渴望，却不至于生病。其次，我们必须将性本能的冲动视为极具可塑性的，假若可以使用“可塑性”来表达的话。这些冲动，一个可以取代另一个，一个可以假定另一个的强度；如果一个冲动在现实中不能得到满足，那么另一个冲动的满足则可为之提供充分的补偿。这些性冲动就好比盛满液体的网状连通管路；尽管它们都服从于生殖器的主导地位，却是一种很难用简单图示描绘出来的状态。性的局部冲动连同代表这些冲动的整个性欲，都具备明显的能力改变自己的对象，也就是说彼此交换对象，比如换一个更容易得到的对象。这种转移和迅速接受替代物的能力，必定会对这种受挫的病态结果产生一种强大的反作用。在预防这些因缺失而产生不良后果的过程中，其中有一种已获得了文化意义。由此，性欲便能放弃部分的欲望满足或满足生殖欲的目的，转而接受另一个新目的，这个新目的虽在起源上与之前被遗弃的目的具有一定的联系，却不再是性方面的，而应被称为社会的。上述这一过程就是“升华作用”(sublimation)，正因如此，我们才能将社会的目的置于性的(或自私利己的)目的之上。实际上，升华作用不过是表明性冲动与其他非性冲动的关系的一个特例。关于这一层，以后有机会再讨论。

或许你们现在会认为性欲被剥夺(即受挫)只是一个无关紧要的因素，毕竟有那么多隐忍的法子。其实并非如此，因为其致病能力分毫未减，依然存在。而从通常意义上来说，治疗方法是远远不够的。一般人所能承受的力比多的不满足的程度终究有限。力比多的可塑性和自由灵活性对每个人而言程度不一；更不消说，升华作用也只能消除了一小部分的力比多，大多数人所具备的升华能力都是微不足道的。在这些限制因素中，最重要的是力比多的灵活性，因为它能使得个体的满足仅取决于一些甚少的目的和对象的获得。试想一下，力比多的不完全发展造成大量的甚至数不胜数的力比多固着于性组织和对象选择的早期发展阶段，这些阶段通常都不足以使个体获得真正的性满足。由此你们可知，力比多固着是第二个强有力的因素，连同性欲受挫这个因素一起共同构成了神经症的病因。我们可将其概括如下：力比多固着表示内在病因，而性欲受挫代表偶然的外在病因。

我想借此机会提醒各位，不要在无谓的争论上表态。就科学问题而言，人们常将部分真理当作全部真理，仅拿一部分与其他部分抗衡，因为以偏概全而遮蔽了真相。部分学派已通过这种方式从精神分析学中分裂出去了；一些学说只支持自我的冲动而否认性的冲动，另一些学说只重视生活中客观现实的影响，而忽略了个体之前的生活经验的作用，诸如此类，不胜枚举。这里还有一个类似对立和争议的主题：神经症是外因生成还是内因生成的疾病？它到底是由于某种身体体质所导致的呢，还是因个体生活中所受到的某种创伤而导致的呢？更具体地说，它究竟源于力比多固着和性的构造呢，还是克制的压力呢？这个难题对我来说，就同另一个问题一样令人为难，即小孩是由父亲的生育动作还是母亲的怀孕创造出来的呢？这两个因素缺一不可，你们这样回答非常正确。导致神经症产生的条件就算不跟这个完全相同，也是非常类似。鉴于神经症的起因，我们可将这些神经症的案例排成一个连续的系列，其间有两个因素——性构造和经验，或者若你们愿意，可将它们称为力比多固着和性的剥夺(挫折)吧。这两个因素以一种此消彼长的方式呈现出来。在这个系列的一端就存有一些极端的例子，你们可以十分肯定地说出来：有些人因为力比多的发展特殊而得了病，所以无论他们经历过什么，无论生活过得如何惬意，他们终究都会得病；而这一系列的另一端则有着与前一种情况截然相反的极端例子，即如果生活没有对他们造成任何压力，那他们必不会生病。然而介于这两者之间的例子，则是带有倾向性的性构造与有害的生活经验的结合体。假如他们没有这样的经验，单单因为性构造还不足以致病；若他们的力比多是另一番情形，那么生活经验也不会给他们造成创伤。在这个系列里，我或许会偏重带倾向性的性构造因素，但这得看你们究竟选择在哪里划定神经症的范围。

我建议将以上这个系列命名为“互补系列”(complementary series)。我们以后还要在其他方面建立这种互补系列。

力比多往往会坚持某种特定的倾向和对象，这便是所谓的力比多的“附着性”（adhesiveness）。这种“附着性”是作为一种独立因素出现的，且因人而异，我们虽不清楚它的决定性因素是什么，但我们不会再小觑其对于神经症病因学的重要性了。同时，我们也不应高估这种联系的密切程度。不知是什么原因，在很多情况下，正常人的力比多也会出现类似的附着性，该特性是性倒错——某种意义上与神经症正好相反的症状的决定因素。早在精神分析出现以前，就有人（如比内［Binet］）注意到性倒错者的记忆常常可以追溯到很早期的印象——关于变态的本能倾向或对象选择的印象，然后力比多便附着于此，伴随终生。至于这种印象为什么会对力比多具有如此强的吸引力，往往难以解释。下面我给你们举个我亲眼见过的例子。有这么一个人，他对女性生殖器及其他的性诱惑都不感兴趣，唯有瞥见某种形状的穿鞋子的脚时才会产生难以自抑的性兴奋。他能回想起自己 6 岁时的一次经历，这件事被证明造成了他的力比多的这种固着。那天，他坐在女家庭教师旁的凳子上，后者正在教他英文。她是位干瘪的老妇人，容颜不再，蓝眼睛已经失去了色彩，鼻梁是塌的。那天，因为脚受了伤，她穿了双丝绒拖鞋并把脚搁在脚凳上，极为得体地遮住了腿部。等他进入青春期，偷偷尝试了正常的性行为后，他发觉只有女家庭教师的那种瘦削有力的脚才能成为自己的性对象；若谁还有与这种脚相联系的其他特点能使他想起那位家庭教师的话，他也会情不自禁地深受其吸引。不过，这种力比多的固着没有使他患上神经症，反倒使他成了性倒错者——就是我们所说的恋足癖。由此可见，虽然力比多的过分不成熟的固着是引发神经症的必要条件，但其作用的范围却远远超出了神经症的界限。而且单凭此条件也不一定会致病，它的致病能力并不比性欲受挫的后果更强。

于是，有关神经症病因的问题似乎变得更复杂了。事实上，精神分析研究使我们意识到了一个新因素，我们尚未在病因系列中讨论过，在那些之前身体还很健康却突然患上神经症的人身上最容易看到它的存在。这些人常常表现出与自己的愿望相矛盾(心理冲突)的症状。他们的一部分人格主张这些愿望，另一部分人格却反抗并予以抵制。神经症的产生离不开这种冲突的存在。这似乎也没什么特别的，你们都知道，我们的心理生活一直有这种尚待解决的冲突的存在。因此，要使这种冲突致病，就必须先具备一些特殊条件。那么这些条件是什么呢？又是些什么样的心理力量形成了这些病因冲突的背景呢？这种冲突与其他致病因素之间又有什么样的关系呢？

对于这些问题，我希望能给出令你们满意的回答，即使我回答得十分简略。这种冲突因性愿望受挫而起，由于被剥夺了满足感的力比多不得不转而寻求其他途径与目标。当这些途径和目标引起部分人格的反感时，便会遭到禁止，致使新的满足模式不能马上实现，这样就会使致病的冲突产生出来。这就是症状形成的开端。其具体过程以后再作讨论。被禁止的力比多欲望自有各种办法通过迂回曲折的小路继续行进。这种迂回曲折的途径便是病症的形成，病症就是新的或替代的满足。由于性被剥夺(受挫)这个事实，它变得十分必要。

心理冲突的含义还可通过另一种方式来表述，即外部挫折必须辅以内部挫折才可致病。当然，在这种情况下，内外部的挫折均与不同的途径和对象有关。外部挫折去除了满足的一种可能，内部挫折又排除了满足的另一种可能，正是这第二种可能成了冲突爆发的症结。之所以采取这种表述方式，是因为有某种隐秘的内涵蕴含其中。它揭示了这样一种可能，即源自人类发展阶段的史前时期的内部障碍，是由现实中的外部障碍演化而来的。

然而，阻止力比多的欲望的力量以及另一种致病的冲突到底是什么呢？从广义上讲，它们都是一些非性的冲动，我们将其统称为“自我冲动”(ego impulses)。对移情神经症的精神分析并不能让我们准备好做更深入的研究，但我们透过它们抵制分析的方式，多多少少能了解几分。致病的冲突就发生于自我冲动与性冲动之间。在一系列病例中，似乎冲突存在于各种纯粹的性的欲望之间；但实质上这是一回事，因为在产生冲突的两种性的欲望之间，一个总是对自我持赞成态度，另一个总是对自我持否定态度，所以，这其实是一个自我与性欲之间的冲突。

每当精神分析学声称心理事件是性冲动的产物时，便会遭到愤怒的抗议。人们会辩称，心理生活除了有性的冲动和兴趣以外，必定还有其他的冲动和兴趣，不能把所有的事都归因于性，等等。在这里，分享反对者的观点其实也是一种乐趣。精神分析学从未忘记非性冲动的存在，它坚称性冲动与自我冲动之间存在明显区别，无论面对任何反对，它都坚持认为神经症不是由性引起的，而是由性与自我之间的冲突所致。尽管精神分析学研究的是性冲动对疾病和日常生活的影响，但它从未想过要否认自我冲动的存在或意义。只是精神分析之所以主要研究的是与性冲动相关的问题，一是因为在移情神经症中这些问题最容易研究，二是因为精神分析必须研究被他人忽视的问题。

但这并不意味着精神分析完全不顾人格中非性的部分。从自我与性的明显区别来看，自我冲动也经历了一个重要的发展历程，它显然不会与力比多的发展完全无关，也无法不对后者起作用。诚然，我们对自我发展的了解远不及对力比多发展的了解，因为目前我们也只有通过自恋神经症的相关研究来洞悉自我的构造。迄今最有名的尝试便是费伦齐(Ferenczi)从理论上构建出的自我发展的几个阶段，其中至少有两点能为我们掌握这一发展的演变过程提供坚实的基础。我们绝不至于妄断一个人的力比多的兴趣，认为它从一开始就与自我保护的利益相冲突；相反，自我在每一阶段都力求与相应阶段的性组织协调一致，以期适应。力比多的各个发展阶段或许会按既定程序依次出现，但这一顺序难免会受自我的影响。我们还可以假定自我与力比多的发展阶段之间存在某种平行或相对应的关系。事实上，这种关系一旦遭到破坏，便会成为致病因素。尤为重要的是下面这个观点：如果力比多牢牢固着于自我发展中的某一阶段，那么自我将呈现何种性质的态度呢？它可能会容忍这种固着，并因此造成性倒错或幼稚(都是一码事)现象；也有可能反对力比多的这种固着。其结果便是，只要在力比多服从于某种固着的地方，自我就会受到某种压抑。

由此，我们便得出如下结论，神经症病因学的第三个因素是发生冲突的倾向，它既依赖于自我的发展，也依赖于力比多的发展。于是，我们对神经症病因的了解也就拓展了：一是性的受挫，它是最普遍的前提条件；二是力比多的固着，它迫使神经症朝特定的方向发展；三是自我发展中的冲突倾向，它排斥力比多的这类冲动。由此看来，这一事实并不那么令人困惑和难以看透，你们可以在我解释的过程中通过想象来理解。不过，到目前为止，我们还未完成这方面的工作，我们不仅需要增加一些东西来进行研究，还得进一步分析之前的一些已了解过的东西。

为了向你们展示自我发展在冲突形成过程中所造成的影响，并解释神经症的病因，我来举个例子加以说明。虽然它完全是想象出来的，但也不见得真无其事。我在这里借鉴一下内斯特罗伊的滑稽剧的剧名，将这个故事命名为“楼上楼下”。假设有位看门人住在楼下，而屋主，一位高贵而又富有的人住在楼上。他们俩都有孩子。我们假定这家主人允许自己的女儿同看门人的孩子一起玩耍，也不对她们加以看管，那么孩子们的游戏就很容易变得“很淘气”，即带上性的色彩；她们会玩扮演“爸爸妈妈”的游戏，互相窥视对方在亲密行为上的表现，刺激对方的生殖器。看门人的女儿，尽管才五六岁，但她有机会窥见大人间的性行为，故而在游戏中扮演诱惑者的角色。这段游戏过程虽然短暂，却足以引发两个孩子的性兴奋了。游戏结束后，她们还保持了若干年的手淫行为。虽然她俩的经历大致相同，各自的结局却大不一样。看门人的女儿或将持续手淫的行为，直到开始行经后才轻松戒掉。没过几年，她就找到了另一半，或许还生了孩子，她将选择这样或那样的人生道路，很有可能成为一名受人欢迎的女艺人，并以佼佼者的身份终其一生。又或许她的人生结局没那么突出，但无论如何她都不会因幼时过早的性行为而受到伤害，一生都过得很好，不受神经症的困扰。然而那位屋主女儿的情形却大不相同。在她很小的时候，她就隐约意识到自己做错了。很快，仅在内心进行了一番激烈斗争之后，她就放弃了手淫的快感，但心里积聚了一股郁闷之气。如果在她的童年早期，她有机会了解到一些性交方面的知识的话，那她就会回避这方面的行为，对其深表嫌恶，并努力保持自身的天真无邪。然而，或许她那时又无法抵制手淫那难以抗拒的诱惑，可她也不敢抱怨半句。当她长到可以俘获男士欢心的年纪，神经症却突然发作了，夺走了她对婚姻和生活的乐趣。当我们通过分析对她的神经症有所了解后，便会发现这位受过良好教养，聪明、志存高远的姑娘已经完全压制住了自己的性欲，然而这些欲望却在潜意识里附着于她与童年伙伴所共有的那些邪恶经验之上。

这两人虽有同样的经历，结局却大相径庭，其原因就在于她们中一人的自我有所发展，而另一人却没有。对看门人的女儿来说，无论是小时候还是长大后，她都把性活动看成自然且无害的事。屋主的女儿接受了教育的影响，她的自我便确立了一种理想，要塑造出一个女性纯洁寡欲的典范，该想法与任何性行为都不能并存。再加上她的理性教育又使她对自己的女性角色失去了兴趣。因此，她的自我中的这种道德与理性的高度发展，与她对性的需求是相冲突的。

关于自我的发展我再讲一点，一部分原因在于它拓宽了我们对未来的展望，另一部分原因则在于它证明了性冲动与自我冲动之间存在清楚明显且反常的界限。在对自我与力比多的发展进行评判时，我们必须强调一个之前不常注意的方面。从根本上说，它们二者都是遗传物，是人类经历整个原始时期进化的缩影。我敢说，力比多最容易显示其种系发生的起源。你们可以回想一下，是不是有些动物的生殖器官与嘴有着密切联系，有些动物的生殖器官与排泄器官不能完全分开，还有些动物的生殖器官属于运动器官的一部分。伯尔舍(W. Bölsche)写过一本有价值的书，此书将上述所有这些情况描述得颇为有趣。可以这么说，对动物的这种刻画表明各种各样的性倒错现象已成为它们身上永久的性组织。对人类而言，这种种系发展就不是很明显，其原因在于这些活动需要在个体发展中重新获得，尽管从根本上说，它们是属于遗传性质的东西。这大概是因为之前引起这种获得的条件一直都存在，并始终不断地对每个个体产生影响。我应该这么说，这些条件原先起到的是产生新反应的作用，现在只起到一种唤醒的作用。毋庸置疑，每个个体的发展过程除了由内在决定外，还可能受最近的外界影响而产生混乱和变化。实际上，我们是知道这种迫使人类出现这种发展的力量的，并且它到现在都还能保持这种不变的压迫强度；这就是由现实引起的性被剥夺（受挫）的作用，若要给它一个响亮的名副其实的名称，那就称其为必要性或生存竞争吧。它是位极为严厉的老师，在它的引导下我们变得能干起来，神经症则是这种严厉所导致的负面影响。但凡教育，就有这种危险。顺便指出，这种以生存竞争为发展动力的学说，无需贬损“进化中的先天倾向”（innate tendencies in evolution）的重要性，假如这种倾向存在的话。

值得注意的是，性本能与自我保护的本能在遇上现实的必要性时，表现不一。自我保护的本能和其他相关的本能都比较好操控，很快就能适应必要性，并使自身的发展顺应必要性的指令。这很好理解，因为它们不可能通过其他方式得到这些对象；若得不到这些对象，它们就会灭亡。性本能则较难驯服，因为它们从一开始就没有对对象的需求，它们几乎是寄生虫般附于其他生理机能上，亦可通过本身获得自淫式的满足，所以它们最初不必受现实必要性的教育影响。就大多数人而言，其性本能可在这方面或那方面终身保持这种顽固的、不受外界影响的特点（被我们综合起来称为“非理性”）。另外，一般来说，青年人的可教育性在其性欲全面勃发的时期便告结束。教育者都知道这一点，也知道如何应对。但精神分析的结果或许会影响他们，使他们把教育的重心转移到儿童的早期阶段，从婴儿开始抓起。孩童一般到四五岁时便已发育齐全，只不过是到后来才渐渐展露出早就具备的禀赋而已。

若要充分了解性本能与自我保护本能的完整意义，我们就不得不稍微偏一下题，在这里引入一种考量，后者必须称之为经济。由此，我们便进入了精神分析中最重要，同时也是最难懂的研究领域。我们或许会问自己这个问题：心理器官的工作是否有主要目的？而下一秒我们就有了答案：其目的在于追求令人愉悦的兴奋感。我们的整个心理活动似乎都是趋乐避苦的，自动受享乐原则(principle of pleasure)的调节。其实，我们最想知道的就是哪种条件可引起快乐，哪种条件会招致痛苦，但我们到现在仍不清楚。我们只能这样揣测：心理器官内的刺激量若减少、降低甚至消失，便可产生快乐；若刺激量增加，便会引发痛苦。人类所能体验到的最为强烈的快乐莫过于由性行为带来的快乐，这点是毋庸置疑的。因为这种快乐与心理兴奋或能量的量相关，所以我们将这种考虑称为经济的。这样看来，我们除了侧重于对快乐的追求外，还可用另一种不同的更全面的方式来描述心理器官的任务和表现。我们认为，心理器官是用来掌控和处理附着于其上的刺激量及刺激力的。而性本能的发展显然从头到尾都以追求快感为目的，这一初始机能一直都没怎么变过。自我本能最初的目的也是如此，但在它们的老师——必要性的影响下，很快便学会引用享乐原则的一些限定条件。对它们来说，避免痛苦几乎与获得快乐同等重要；于是，自我乃发觉有时不得不克制直接的满足感，延迟愉悦的兴奋感，忍受某些痛苦，甚至完全放弃某种快乐的源泉。自我在受过训练后就变得“合理”起来，自此以后便不再受享乐原则的支配，而是遵从于务实原则（principle of fact）的调配了。其实，该原则还是以追求快乐为根本目的，只不过出于对现实的考虑，它所追求的快乐会有所延缓和减少罢了。

由享乐原则转变为务实原则的这种过渡，是自我发展所取得的最重要的进步之一。我们知道，性本能后来也是很不情愿地进入这一阶段的。我们不久便会得知，如果人类的性欲与其外部现实生活的关联薄弱，将会导致怎样的结果。说到这里我再多说一句，假如人的自我的进化历程与力比多类似，那么你们一旦听到“自我的退化”（ego-regressions）这种说法后，便不会感到诧异了，而且还会想知道退化到发展的初期阶段的自我在神经症中究竟起到了怎样的作用。

第二十三讲　症状的发展

在外行人看来，症状表示疾病的本质，治疗则意味着消除症状。然而，医生却发现辨别症状与疾病之间的区别很重要，消除了症状并不等于治愈了疾病。当然，消除症状之后，疾病剩下的便是形成新的症状的能力，这是疾病的唯一一个有形的成分。因此，我们暂时接受外行人的这一观点，认为了解了症状便等于了解了疾病。

当然，我们这里所讨论的症状是精神的（或心理的）症状和心理疾病。总的来说，这些症状是对患者生命有害或至少是无益的；患者时常对症状感到不胜其烦并深受其害。症状的主要伤害在于它会大大损耗患者的精神力量，如患者抵抗，它又会耗掉患者更多的力量。症状的形成范围若扩大，患者进行抗争的代价便是极大地削弱了对应于精神力量的人格，其结果就是导致患者无法正常处理生活中的重要事务。因为这样的结果依赖于所消耗的力量的数量，所以你们很容易明白“生病”在本质上是一个实用的概念。但假如你们以理论的角度来看，而不管这些数量关系，你们也可以说我们大家都病了，或都有神经症了，因为形成症状所必需的条件在我们正常人身上也很明显。

就神经症症状而言，我们已认识到它们是冲突的结果，这种冲突是患者追求力比多的满足的新方式而导致的。这两股相对抗的力量在症状中再度相遇；因为它们可以在症状形成的过程中相互妥协退让，所以这两股力量最终可以取得协调一致。症状之所以能够如此抵抗，就是由于它获得了这两股力量的支持。我们还知道这两种相冲突的力量中，有一方就是未被满足的力比多，被现实所阻碍，不得不寻求其他获得满足的途径。若当力比多准备以另一对象来代替已遭到否决的对象时，现实还是表现得那么不依不饶，力比多就只好选择退化的途径，在之前就已被征服过的组织或已被抛弃的对象中寻求满足。这样，力比多便退化到先前发展过程中所经过之处而固着在该处。

性倒错的过程与神经症的过程大不一样。假如退化作用不引起自我的抵抗，那么神经症就不会产生，而力比多也会获得一种实质的、尽管是非常态的满足。然而，若自我不仅要控制意识，还要兼管运动的神经支配和心理冲动的实现，那么一旦它不同意这一退化作用，便会导致冲突。似乎力比多一遇阻，就必定另寻发泄力量的途径，以顺应享乐原则的要求。它必须避开自我；而向它提供这种逃避之地的便是早期的发展阶段中出现的那些固着点，而自我之前曾借压抑作用来防止这种固着。现在力比多既已通过退化的方式回到这些曾被压抑的位置上，便摆脱了自我及自我法则的束缚，同时还抛弃了之前于自我指导之下获得的一切训练。只要力比多能被满足便易于控制；但若受到内外挫折的双重压迫，它就会变得难以掌控，而滞留于往昔美好的时光之中。这便是它难以改变的根本特性。力比多此时所采纳的观念是为了保持其能量，使其属于潜意识系统，于是也就经历了该系统所特有的过程，尤其是凝缩作用和转移作用的过程。这样看来，其形成条件十分类似于梦的形成条件。如同隐梦，作为愿望幻想的满足，最初形成于潜意识之中，还得在审查和批准之前通过意识的过程，再进入显梦的折中结构之中，这样潜意识中代表力比多的观念就必须与前意识的自我的力量相抗衡了。由于自我中形成的对力比多的对抗会成为一种“反包围”（counter-siege），于是力比多不得不选择一种亦能同时表达它自己的表达方式。就这样，症状得以形成，作为一种受到多重歪曲的潜意识的力比多的愿望满足的衍生物，也作为含有两种截然相反的意义的巧妙选择的混合。只是就最后一点来说，梦的形成有异于症状的形成，因为形成梦中的前意识的唯一目的只是维持睡眠，排除任何可能会干扰睡眠的刺激进入意识中；但它不一定会反对潜意识的愿望冲动，也不会对其采取一贯的否定态度。恰恰相反，梦的目的可能更为宽容，因为人在睡眠时的危险性较小，睡眠状态本身便足以使愿望无法成真。

你们看，力比多之所以直面冲突后还能脱身，就是因为有固着的存在。当这些固着之处为退化作用所掌握，压抑作用也被成功回避时，必须保持妥协状态的力比多便会得以释放或获得满足。它通过潜意识和以前的固着之处，以这种迂回曲折的方式最终成功地获得某种类型的满足。不过，这种满足极其有限，似难以被认为是真正的满足。关于这一结论，我再补充两点。第一，你们要注意，力比多一方面与潜意识，另一方面又与自我、意识与现实是多么紧密地联系在一起，这里虽能证明它们现在的关系，却并不代表它们最初就联系在一起；第二，你们必须始终记得，我所讲过的有关这个问题的一切以及接下来还要讲的东西都只与癔症神经症中的症状相关。

那么，力比多究竟要在哪里寻找它所需要的固着之处以冲破压抑作用的束缚呢？事实上，力比多会再次退回来，在婴幼儿的性活动和性经验里，以及在儿童时期遗弃的部分倾向和对象里寻找。这段童年时期的意义具有双重性；一方面，孩子身上先天的本能倾向在这一时期首次显露了出来；另一方面，他身上的其他本能也被环境的影响和偶然的机会激发了出来。在我看来，我们是有权进行这一双重区分的，这点完全毋庸置疑。我们很难公开批判有关先天倾向发挥了重要作用的主张是错的，但实际分析的经验也使我们不得不假定，儿童时期所发生的纯粹偶然的经验也能引起力比多的固着。对于这点，我不认为存在任何理论的困难。先天倾向无疑是早期祖先的经验遗产；他们一定是在以前习得；若不然，就不存在这种遗传了。习得的特性本可以传于后人，怎么会一到我们研究的这一代人身上这种遗传就停滞不前了呢，你们会相信吗？不过，与祖先的经验和成人生活的经验相比，婴幼儿经验的重要性不应像往常一样被我们完全忽视；相反，我们应对它们予以特别关注。它们之所以会产生如此重要的结果，是因为它们发生于尚未完全发展的时期，也正如此，它们更容易造成创伤性的后果。鲁（Roux）等人对发展机制的研究显示，用针刺入一个正在进行分裂的胚胎细胞群，会使其发展受到严重干扰。幼虫或发育完全的动物若受到同样侵害，却能安然无恙。

成人力比多的固着，我们称为神经症病因比较中的体质因素的代表，可进一步分为以下两种成分：遗传倾向与儿童时期早期习得的倾向。因为我们都清楚，学生是最容易接受图表形式的说明的，所以这些关系可由下图表示：

神经症病因 = 由力比多的固着所决定的倾向 + 偶然的（创伤性的）经验

性的构造（史前经验）　　幼儿期的经验

遗传的性构造为我们提供了各式各样的倾向，由于其特别侧重点不同，以致有时为这一部分冲动，有时为另一部分冲动，有时只有一种，有时则数种结合。婴幼儿时期的经验再次在性的构造之中建立起一种互补系列。该系列与我们所说的第一种系列，即与成人的倾向和偶然经验之间的阶段变化不分伯仲。在这两种系列中我们能找到同样极端的例子，也能在替换的问题上发现相类似的关系。所以，此时若提问的话，最好是问力比多退化中最显著的一种，即退回到性组织较早阶段的那一种是否并非主要由遗传的体质因素所决定。不过，最好留待以后再回答这个问题，等我们讨论了有关神经症的更多形式后再说。

现在花点时间来考虑下这一事实，分析研究显示，神经症患者的力比多与他们婴幼儿时期的性经验密切相关。由此来看，这些经验似乎对成人的生活与健康都非常重要。就治疗工作而言，其重要性也丝毫不减。但当我们不考虑该重要性时，就很容易意识到这里面存在一种被误导的危险，而该危险是由神经症患者的境况造成的，因为他们对生活的定位是错误且片面的。要掂量婴幼儿时期的经验到底有多重要，我们还必须去除以下影响，即力比多从新的地位被赶下来后，退回到婴幼儿时期才产生出的影响。这样我们反倒得出了相反的结论：力比多的经验在其发生时根本不重要，只不过由于后来的退化作用才获得了重要性。你们要记住，我们之前在讨论俄狄浦斯情结时也遇到过这种类似的二选一的问题。

要解决这个问题并不难。退化作用极大地增强了婴幼儿时期的力比多，也由此增大了致病性影响，这句话无疑是正确的；但仅以它们作为决定性因素难免会发生误会。其他的想法也应加以考虑。

第一，观察发现，我们可以相信婴幼儿时期的经验具有特殊意义，这在童年时期就已得到证明。此外，儿童也会患上神经症，在他们的神经症里，时间上的倒置因素必定会大大减少或根本不存在，因为神经症都是紧随创伤性经验而发生的。研究婴幼儿的神经症能使我们避免不少误解成人神经症的危险，这就好似儿童的梦可用来作为理解成人的梦的关键一样。实际上，儿童患神经症的现象十分常见，甚至超出我们的想象。我们经常忽略这种情况，并将其看作孩子的顽劣或调皮捣蛋的表现，还常常以养育者的权威来压制；然而现在回想起来，这种神经症很容易识别。它们最常以焦虑性癔症（anxiety hysteria）的形式出现，以后我们将了解这其中的意味。当神经症在人成年后爆发，分析的结果往往会认为此病是婴幼儿时期的神经症的直接延续，只不过之前或许表现得比较模糊和隐晦而已。但前面也提到过，有些例子显示，儿童的神经症会一直持续下去，困扰终生。就极少数病例而言，我们固然可以在童年时期分析儿童的这种神经症，但实际上，我们往往不得不从成年患者身上推测他在儿童期可能会得的神经症，只是在这种情形下我们的工作必须绝对正确并且小心谨慎。

第二，我们得承认，若童年时期没什么可吸引力比多的东西，那么力比多为什么时常会退回到童年时期呢？这点颇让人费解。我们所假设的存在于某些特定发展阶段的固着，只有当它具有一定数量的力比多能量时，其固着才会有意义。最后，我还要提醒你们，在婴幼儿期及之后的经验的强度与致病意义之间存在一种互补关系，类似于之前研究的两个系列之间的关系。在一些病例里，病因全在于童年时期的性经验，产生的印象无疑都是创伤性的，只要再出现一般的性组织及不成熟的发展就足以致病。还有些病例，其病因全在于后来发生的冲突，之所以侧重分析童年时期的印象，似乎全是因为退化作用造成的。另外还有些极端的例子——“发育迟缓”（retarded development）和“退化作用”，在它们之间的每种组合都存在这两种因素的相互作用。

这些关联使一些人生出这样的想法：若教育学及早干扰儿童的性的发展，便可预防神经症的发生，他们对这些事很感兴趣。只要我们关注婴幼儿的性经验，那么一看到儿童的性发育迟缓，就会以为儿童不会患上这种神经症了，而我们在预防神经症方面也算尽了全力。但我们知道导致神经症的原因很复杂，一般不是单个因素所能决定的。在童年时期严加防范没什么意义，因为无法掌控其本质因素；再加上实际操作起来，也没有教育者想得那么容易；并且还引发了两种不容忽视的新危险：也许会因为控制过度，一方面造成儿童在性方面受到一定程度的压抑，对其长大后不利；另一方面也会使其根本招架不住在青春期迸发出的强烈性欲。因此，在童年时期进行预防工作是否有效，或通过改变对现实的态度来解决问题是否更易奏效，这些都相当可疑。

现在回过头来考虑症状。症状可使患者产生现实中缺乏的代替性满足，满足的方式是使力比多退回到以前的生活，退回到对象选择和其组织的较早阶段。我们前面得知，神经症患者常执着于从前生活中的某一时期，现在我们才知道这段时期其实是他的力比多获得了满足，让他感到快乐的时期。患者会不断地在回忆中寻找这段时期，直到找到为止。有时他甚至需要一直回顾自己的婴幼儿时期，或是受后期的影响重构出这样一段时期来。症状在某种程度上再次产生出那种早期婴幼儿的满足方式，尽管这种方式因冲突所带来的审查作用不得不有所歪曲。一般情况下，它会转化成一种痛苦的感觉，含有致病经验的因素。由症状产生的满足方式带来的效果远不止于此，它会使人变得没有同情心。我们可能会忽略这样的事实：患者意识不到这种满足，他们明明体验到的是满足而不是痛苦，却还是抱怨不已。这种转变是心理冲突的一部分，而症状基于这种冲突的压力形成。于是，以前让患者深感满足的东西，现在却会招致他的反感或厌恶。有关这种心理变化有一个很简单但很有启发性的例子。如果一个孩子小时候贪食母乳，几年后他就容易变得很反感喝奶，这种感觉很难克服。当牛奶或其他代替性饮料的表面形成一层薄膜时，这种反感便会升级为厌恶了。我们很难否定这样一种可能，即这层薄膜使他想起之前曾迷恋过的母亲的胸部，同时断奶时的创伤性经验此刻也发挥了作用。

我们在理解症状是满足力比多的一种方式的时候，还有些别的东西也会影响我们的理解。症状中没有任何事能让我们想起习惯上期待的满足。症状通常不需要任何对象，因此便与外界的现实中断了联系。我们知道这是放弃了务实原则而返回享乐原则的结果，但这也是退回到一种扩大化的自淫之中，即一种最早期的满足性冲动的方法。它们用身体的变化取代了外界世界的变化，也就是说，以内部反应代替外部反应，以适应代替行动。从动植物种类发展的角度来看，这无疑是个很重要的退化作用。当我们把它同研究症状形成所发现的新因素结合起来考虑，对这一点就理解得更清楚了。此外，我们还记得在症状形成的过程中，有一点同梦的形成过程一样，就是都有潜意识的过程，即凝缩作用和转移作用在发挥作用。和梦一样，症状也表示一种满足，一种以幼稚方式获得的满足；但是由于极端的凝缩作用，该满足被压缩为一种单一的感觉或神经刺激；或通过极端的转移作用，该满足被约束为整个力比多情结中的一小段成分。难怪我们常常在症状中发现不了力比多的满足呢，尽管我们可以事先想到，也能证明它的存在。

我之前就指出过，我们得先了解一个新因素。它着实令人感到惊讶与困惑。通过对症状的分析，我们已经知道力比多是固着于婴幼儿期的经验之上的，并且症状也是由于这种经验造成的。可令人吃惊的是，这些婴幼儿期的经验却未必总是真的。事实上，就大多数病例而言，它们都不真实；在某些例子里，它们甚至与真实情况截然相反。你们得明白这一发现与其他发现不同，它会令我们怀疑得出这种结果的分析，也会让我们置疑患者陈述的可信度，并怀疑我们由此形成的对神经症的全部理解。除此以外，还有一事不明。如果经过分析梳理的婴幼儿期经验都是真的，那么我们就会有种基础稳固的感觉；若它们都是假的，只是患者的捏造与幻想的话，那我们就得放弃这个法子，另谋出路。然而这两种情况它都不是，因为我们发现在分析中通过回忆或重构出的童年时期的经验有时真有时假，多半情况下都是真假参半。症状有时反映真实的经验，可将其归因于力比多的固着所造成的影响；有时仅是患者的幻想，我们当然不会将其视为病因。很难找到一个妥帖的方法解决该难题，或许我们可以从类似的探索中得到第一条线索，即在我们分析之前，个体意识里保存的关于童年时期的零星记忆很可能是假的，或至少是真假参半的，其中的错误之处很容易就能辨认出来。而我们至少获得了这样一种自信，是患者而不是我们的分析造成了这一出人意料的失望结果。

经过了这一番反思之后，我们便不难理解这个问题为什么会令人如此困惑了。其实，这是对现实的低估，对现实与幻想的区别的忽视。患者用捏造的事实来浪费我们的时间，我们往往对此感到生气。我们认为现实与捏造之间存在天壤之别，当患者的想法正常时，也会这么认为。当他提供了一些素材，通过对症状的分析引领我们返回所希望的情境时，即建立于童年时期的经验之上的情境，我们就应开始怀疑自己所研究的到底是现实还是幻觉。要解决这一点，只能由后面的某些迹象来定夺了；我们还面临让患者也了解其中真相的任务，带他们分清哪些是现实，哪些是幻觉。要完成这一任务很有难度。如果我们一开始就告诉患者，他所说的其实是用来掩饰他童年经验的幻觉，就如同每个民族都有神话编造出的自身久远的史前史一样，那么他对进一步聊这个话题的兴趣或许会陡然减弱，因为他也想寻求现实，并蔑视所有这些“幻想”。然而，如果直到分析结束才让患者明白我们研究的是他童年时发生的真实事件，那么我们就得面临这样的风险：他会指责并嘲笑我们犯了错误或明显上当受骗了。他得花很长时间才能明白，幻想与现实其实可以被同等看待；他往往倾向于需要解释的童年时期的经验这一方，而暂时忽略了现实与假象之间的区别，这显然又是对于他那些幻想的唯一正确的态度。其实，这些幻想从某种程度上讲也是真实的。事实上，对神经症而言，患者捏造出的这些幻想的重要性几乎不亚于他实际经历过的那些事。这些幻想具有与物质现实相反的心理现实，于是我们渐渐明白，在神经症的领域里，心理现实才是决定性因素。

在神经症患者的早期经历中时常有些重复发生的事，这种现象经常发生，十分普遍，其中有几件特别有意义，因此我认为值得我们特别关注。我来举几个例子吧。诸如：（1）窥视父母性交；（2）受到成人引诱；（3）关于阉割的恐吓。如果以为这些事在物质现实中都不存在，那就大错特错了；已成年的亲属无疑都能证明这些行为。举个普通的例子吧，假如一个小孩开始玩弄自己的阴茎且不知在人前掩饰时，便会被他的父母或其他养育者威胁说是要砍掉他的生殖器或那只有罪的手。如果有人询问他的父母，后者常会承认此事，他们认为这样恐吓小孩是对的。很多人在意识里对这种恐吓还留有清楚的记忆，尤其当这种事发生在童年后期时更是如此。如果是由母亲或其他女人来进行恐吓，那么她们往往会把执行惩罚的人说成是父亲或医生。霍夫曼（Hoffman）是法兰克福的一名儿科医生，写过一本著名的书，叫做《斯特鲁韦尔彼得》（*Struwelpeter*）。这本书之所以有名，得归功于作者对儿童的性及其他情结的透彻理解。你们可以在书中找到替代阉割的较温和的惩罚——砍拇指，这是对不断吮手指的惩罚。由对神经症的分析来看，有关阉割的恐吓似乎很常见，然而事实并非如此。我们要明白，儿童是从成人的暗示中，或从手淫的满足是不被允许的知识中，抑或从看见女性生殖器所产生的阉割想象中，自己通过想象制造出了这种恐吓。此外，甚至是非下层阶级家庭里的小孩，在他还没有什么理解力或记忆力的时候，若亲眼见过他父母或其他成人的性交，那么等他以后明白当时的情景后，便会对此产生相当的反应，这是无可辩驳的。但假如这种性交行为被描述得十分详尽，而实际上这些细节很难看到；或者假如他描述的这种行为常从背面进行，而不是面对面，那么他的这种幻想无疑是由观察动物(如狗)的交媾行为，以及青春期未被满足的窥视欲而来。最不可思议的想象，就是孩子在娘胎里就目睹了父母的性交了。尤为有趣的是受到引诱的幻想，因为它们常常不是幻想，而是真实的记忆。不过，所幸它们不似分析的结果那样一看就觉得真实，反而时常被认为是不真实的。来自大一点的孩子或同龄的孩子的引诱，要比成人的引诱多得多。如果是小女孩的话，父亲时常是她们所叙述的事件中的引诱者，在这里无需怀疑有关这种控告的幻想性质及动机。通常情况下，如果儿童没有受到引诱，那他就会产生被引诱的幻想，以掩盖自己的手淫行为。他会由于手淫而心生惭愧，于是构想出自己心爱的对象以摆脱这种负罪感。事实上，你们不要误以为儿童被其男性近亲所引诱的事都是虚构的。多数分析者碰到的这类病例都是属实的，不容置疑。只是在这种情况下，凡属于童年后期发生的事，在幻想中则会移到更早的时期。

我们免不了会形成这样的印象，即这种童年时期的经验无论如何总是神经症的必要条件，这已经成了铁律。如果它们在现实中是存在的，那便很好；可如果它们受现实的阻碍，那它们必定源于暗示，并由想象补充完善。无论它们是幻想，还是现实，无论哪个在童年时期的经验中占的分量更重，结果都差不多。在这里，我们又遇到了之前讨论过的互补关系中的一种；不过却是最奇特的一种。那么，对这些幻想的需求以及供给它们的材料究竟来自何处呢？无疑，它们都源自本能冲动。可为什么同样的幻想总由同样的内容构成，这又作何解释呢？我这儿倒有个答案，你们听后肯定会觉得牵强。我想把这些幻想及其他一些幻想都统称为原初幻想（primal phantasies），当然，所有这些幻想都由种系遗传而来。每当个体感到自己的经验太简单，不足以应付实际生活时，便会借用古人的经验。在我看来，很可能由分析得出的一切都借了幻想的幌子，如儿童的引诱、窥视父母性交产生的性兴奋以及阉割的恐吓或阉割本身——在人类社会的原始时期都是事实；而富于想象力的儿童只不过是用史前的真实经验填补了个体实际经验的空白。于是，我们一次又一次地怀疑：神经症的心理学所存储的有关人类发展的早期历史知识比任何一门学科都要多。

刚刚讨论的问题，使我们有必要进一步讨论被称为“幻想”的心理活动的起源与意义。正如你们所知，虽然幻想对于大家可谓耳熟能详，但它在心理生活中的地位我们还不了解。而关于这一点，其实我有很多话要说。你们都知道，人的自我是因渐渐受到外界必要性的影响而开始评估现实，并追求务实原则的。在这样做的过程中，不得不暂时或永久地放弃了各种追求快乐的对象和目标，不仅是性方面的，还有其他。可是，要放弃快乐并不容易，他得寻求相应的补偿。因此，他便保留了幻想的这种心理活动，在这种活动中所有被放弃的快乐源泉和愉悦的满足感都可以继续，它们以这种存在形式逃离了现实的束缚，也逃离了所谓的现实审查。在这里，每一种欲望都能立即实现。栖息于幻想之中的欲望都能得到满足，这一点无疑会引发人的快乐，尽管人们非常明白这并非现实。于是，人类就在幻想之中尽情享受不为外界所迫的自由，享受这个早已被放逐多时的自由。这样，他一会儿化身为追求享乐的动物，一会儿又变成理性的人类。因为在他看来，来自现实的满足感少之又少，什么都解决不了。封丹(Th. Fontaine)曾说过："没有辅助设施，是不可能相处下去的。"幻想在精神领域的营造有其完全的对应物，这种对应物就是在那些畜牧业、交通、工业的需求很快会把原始地貌变得无法辨认的区域建立的"保护区"和"保护工程"。国家保护区会保持事物的原有状态，否则任何地方都会因文明的必要性而不得不遗憾地牺牲掉这些东西。无论有用与否、有害与否，一切事物都可以在这里自由地肆意生长。幻想这一精神领域的创造与之类似，它也是一块从务实原则那里夺回来的保护区。

我们都知道，幻想最著名的产物就是所谓的“白日梦”，它是野心、贪婪和性欲在想象中的满足。它们越是需要在现实中隐忍谦虚，就越是会在幻想中恣意张扬。这里确定无疑地显示出幻想幸福的实质乃是恢复到那种不受现实约束的愉悦的满足感。我们知道这种白日梦是夜梦的核心和模型。夜梦基本上也是一种白日梦，只不过被夜里的心理活动扭曲了，同时又通过夜里的本能冲动的自由释放而成为可能。我们知道白日梦不一定是有意识的，也有潜意识的白日梦存在。夜梦的大部分根源在于这种潜意识的白日梦，神经症的症状也是如此。

至于幻想在症状形成中的重要性，听我接下来的讲述你们就知道了。力比多在受挫的情况下退回之前曾遗弃过、但仍有办法附着于其上的地方。我们并不是想收回或纠正这句话，而是想把它缺失的环节加进来。力比多究竟是如何退回到这些固着之处的呢？其实，我们所说的被力比多遗弃的每个对象及其途径，并不是指字面意义上的那种遗弃。它们或其衍生物仍存于幻想之中，并且还具有一定的强度。力比多只需退回幻想里便可找到办法，重返被压抑的固着之上。自我原本是容忍这些幻想的，不管它们之间有多么不同，但只要它们都遵守一定的条件，即保持某种能量关系不变，便会相安无事。可这种关系却由于力比多回到幻想中而被打乱了。而且，由于幻想中的能量累计到一定程度，大大增强了幻想的能力，于是它便开始主动出击，力求变为现实。这样，幻想与自我之间的冲突便无法避免了。无论这些幻想以前是有意识的还是潜意识的，现在都会一方面受自我的压抑，另一方面又受潜意识的诱惑。力比多则由潜意识的幻想深入到潜意识的根源之中，即又退回自己原来的固着之上了。

力比多退回到幻想中是症状形成的必经之路，值得我们给它取个特殊的名字。荣格曾给它取了一个非常贴切的名字——内倾(introversion)，后来他却滥用此名称指代其他事物。我们将继续沿用该名称。力比多若离开当前的满足，过度聚集于原本无害的幻想之上，这种过程便是内倾。内倾的人虽还不是神经症患者，却处于一个极不稳定的状态；如果他被压抑的力比多找不到其他发泄渠道的话，那么他下一次的力量转移就会引发一些症状。神经症满足的虚幻性及它对幻想与现实之间区别的忽视，就是由力比多停滞于内倾阶段中这一事实所决定的。

你们肯定已经注意到，我在最后的讨论中为病因链的结构引入了一个新因素——关于能量多少的数量因素。我们需要时时考虑这个因素，因为单单对病因进行定性分析是不够的；换句话说，光从动力学概念分析这些心理活动是不够的，还需引入经济学概念。另外，我们还得提醒自己，两种倾向之间的冲突要想得到释放，除非它们达到了某种强度，否则即便它们早就具备了发生冲突的实质性条件也是不够的。同样，体质因素在致病方面的重要性，也由先天倾向中的某部分本能是否较另一部分本能更具优势而定的。我们可以这么认为，人类的先天倾向本质上是一样的，只是在数量上不同而已。这个数量因素对抵制神经症的能力来说很重要，因为此能力取决于一个人究竟能自行中止多少尚未发泄的力比多，以及其力比多究竟有多大一部分可从性的方面直接转移到升华的目标上去。心理活动的最终目的可被定性为一种趋乐避苦的争斗，但从经济学角度讲，则表现为对心理器官中的兴奋量（或刺激量）加以分配，以免它们淤积于心而导致不快。

关于神经症症状的形成，我就讲这么多。但尤其不要忽视了这一点：我这里所说的一切都只适用于癔症症状的形成。即便是对强迫性神经症而言，虽在本质上没什么差别，但仍存在较大的差异。在癔症病例里，自我对于本能的要求已表现出抵抗，而这种与本能的要求相对立的反包围，在强迫性神经症中变得更明显，并且还通过所谓"反向形成"（reaction-formations）的方式控制其临床表现。在其他神经症中，我们还发现同类的、不过影响更为深远的变化，只不过我们还未对这些神经症症状形成的机制加以彻底研究。

在结束这一讲之前，我想请你们将注意力转向幻想生活中最值得大家感兴趣的部分。幻想也可返回到现实，而这条回归之路便是艺术。艺术家刚开始也是内倾之人，与神经症患者相差不远。他受多种强烈的本能需求驱使，他渴望荣誉、权力、财富、名誉和女人的爱情。但他又缺乏满足这些要求的手段。于是，如同其他那些没有获得满足的人一样，他逃避现实，转移自己的全部兴趣和力比多来精心构筑自己那些虚无缥缈的愿望，而这些幻想极易导致他患上神经症。若他最终没有得病，那必然是由多种因素联合起来从而阻止了这种病症的发生；众所周知，艺术家常因患神经症而使自身的一部分才能受到抑制。显然，他们的禀赋被极大地赋予了一种能力，此能力可用来提升和改变决定冲突的压抑作用。艺术家就是以这种方式来重返现实的。他并不是唯一一个有幻想生活的人。幻想这片朦胧领域是我们大家都认可的，每一个未能如愿之人都能在这里寻求帮助和同情。不过对那些非艺术家的人而言，他们从幻想的源泉中获得满足的能力极其有限。无情的压抑作用迫使他们不得不满足于那些可成为意识的、贫乏的白日梦。若是真正的艺术家，情况就不会如此。首先，他明白该如何修饰自己的白日梦，使之失去主要的个人色彩，不令陌生人反感，还能让他们产生满足感。他知道该如何伪装它们，使其不会轻易显示令人鄙视的根源。此外，他还具备一种神秘的才能，能用一种特殊材料塑造出自己幻想的产物的真实意象，他还清楚要将大量愉悦的满足感与他的潜意识幻想的这种表现联系起来，这样，他至少可以暂时超越并摆脱压抑作用。如果上述这些事他全部能做到，那么他也可以使其他人也能反过来从他们自己那变得无法接近的潜意识的快乐源泉中获得快乐和慰藉了，他也由此获得了众人的感激与称赞。就这样，他通过自己的幻想获得了最初只能在幻想中出现的东西：荣誉、权力以及女人的爱情。

第二十四讲　一般性神经症状态

在上一讲中，我们解决了一个难题。现在暂时偏离主题，让我来听听你们的意见。

因为我清楚地知道你们是不满的。你们所理解的精神分析引论其实是另一回事。你们期望听到的是形象生动的实例，而不是理论。你们会告诉我，当我给你们讲“楼上楼下”那个例子时，你们便明白了神经症的起因中的一些道理，当然，这个例子应建立在真正的观察而不是虚构的故事之上。又或者，当我开始描述那两种症状（希望这次不是虚构的）并由对它们的分析揭露出它们与患者的生活的紧密联系时，你们第一次渐渐明白了症状的意义。你们希望我会一直沿着这条路进行下去。可是相反，我却给你们讲了一堆冗长的理论，既难以领会，又没完没了，还不断节外生枝地加以补充。我用了很多之前并没给你们介绍过的概念术语，我先是放弃了描述性的说明方法，改用心理动力学观点来阐释，后来又由动力学的观点过渡到经济学的观点来加以解释。让你们很难理解我所使用的这些名词究竟有多少具有相同的涵义，而这样换来换去是否只为了好听。最后，我又带你们回顾了一堆概括性的概念：如享乐原则、务实原则以及物种发展的遗传禀赋等；紧接着，还没来得及对它们进行解释，就又把它们抛到九霄云外了。

要介绍神经症理论，为什么我一开始不用你们都知道的神经症状态的事实，不用那些总能让你们很感兴趣的东西，也不用神经症的特有气质——比如他们待人接物时的那种令人难以理解的反应，他们的烦躁易怒，以及他们的不可信赖、无能为力的表现来加以说明呢？为什么我不引导你们先从领会日常简单的神经症状态的形式开始，再循序渐进地过渡到理解那些不可思议的，甚至呈现出极端表现的问题呢？

我甚至不能说你们是错的。我并没有那么迷恋自己的表达能力，以至于觉得每一处缺点都带有特别的魅力。我自认换一种不同的叙述方式会更有助于你们的理解，这其实也是我的本意。但人并非总能实现自己的合理意图，材料本身常会出现一些不受人控制的东西，轻易就能改变我们的计划。即便是对耳熟能详的材料进行编排，也不一定会完全如作者所愿。往往是说完之后才会奇怪地自问，为什么会这样说而没有那样说呢？

有可能是因为“精神分析引论”这一标题已不再适用于当前讨论的神经症问题了。精神分析引论是对过失和梦的研究，而神经症理论是精神分析的本论。但要在如此短时间内给你们讲完神经症理论的全部知识是不可能的，我只能利用这种集中的方式，让你们能够连贯地了解症状的意义、重要性、身体内外的决定因素以及这些因素对症状形成的机制所造成的影响。这便是我试图做的工作，这实际上也是现代精神分析所能提供的核心内容。由此，我们不得不讲了一大通关于力比多及其发展的知识，也包括一些自我发展方面的知识。这些介绍使你们能事先对精神分析的技术前提以及大部分的潜意识和压抑(抵制)作用有所了解。在接下来的一讲中，你们将会得知精神分析究竟会在哪一点上进行它的有机衔接。目前，我并没有向你们隐瞒这一事实——我们所有的结论都建立于研究单一的一组神经错乱的情感，即所谓的移情神经症的基础之上。虽然你们尚未获得明确的知识，也尚未记住每一细节，但我仍希望你们已非常清楚精神分析工作的方法以及它所涉及的问题和结果。

我假定是你们希望我在开始讲神经症时先描述神经症患者的行为、他们患病的本质，以及他们是如何满足患病的条件，如何适应自己的病情的。这样的论题既有意思，又值得了解，而且也不难讲述。不过，从它们入手并不明智，其危险在于有可能会使我们忽略了潜意识的存在，忽视了力比多的重要性，并将一切情况都视为神经症患者的自我所为。显然，患者的自我既不可靠，又不公正，因为这个自我就是那股否认和压抑潜意识的力量，在有潜意识存在的地方我们又怎能相信自我会公正呢？被压抑得最厉害的乃是被拒绝的性的要求，从自我的角度来看，我们理应永远都弄不清这些要求的范围和意义。而一旦我们获到了压抑作用方面的概念，我们就会受到充分警告，不要让竞争双方中的一方，尤其是胜利方来做这场竞争的裁判。光凭自我的证据会让我们误入歧途，对此我们已做好准备。如果有人打算相信自我的证据，那么自我看起来会一直处于积极活跃的状态，它的症状也都会顺着它的意愿生成。不过我们知道，在大部分情况下它都处于被动地位，这是它得紧接着设法隐瞒和掩饰的事实。诚然，它并不会总作这样的尝试；在强迫性神经症的症状里，它必须承认自己碰上了一些外来的势力，抵抗起来很有难度。

一个人若不注意这些警告，愿意将自我的这些搪塞推诿当成真理，那么所有事情便好办了；由精神分析强调潜意识、性及自我的被动性所招致的反对意见，他都可以一一避免。对阿尔弗雷德·阿德勒所提出的“神经质性格”（nervous character）是神经症的原因而不是结果这一主张，他还可以表示支持。可要他解释症状形成中的某个细节或某个梦的意义时，他便无能为力了。

你们会问：有没有可能在不全然忽视精神分析所揭示的因素的情况下，公正看待自我在神经症状态和症状形成中发挥的作用呢？我来告诉你们：这当然可能，且迟早会如此；不过我们现在进行精神分析研究所用的方法，不适合一开始就面对这一任务。至于这个任务何时适于精神分析，我们到时便会知晓。有一种神经症，即所谓的“自恋性神经症”（narcistic neuroses），自我在此病情中的情况比我们迄今研究过的所有情况都要复杂得多。对这些情况进行分析研究，会使我们对自我在神经症中所起的作用做出可靠而贴切的判断。

在自我与神经症之间，有一种非常明显的关联性，以至于我们从一开始就必须对它予以考虑。无论在哪一种神经症中，这种关联性都存在，而且在创伤性神经症（我们至今尚未完全搞清楚这种病到底是怎么回事）中尤为明显。你们应该明白，在各种形式的神经症的病因和机制中都有一堆相同因素，它们一次又一次地发挥作用；只是在症状形成的过程中，有时是它们中的这个因素占主导地位，有时又是它们中的那个因素起主要作用。这就好比一个剧团里的演员，每个人都有自己要扮演的角色，有的演主角，有的演恶棍，还有的演密友，等等。他们每个人都要选择一个适合自己的角色，因此，转化成症状的幻想在癔症中特别容易看出来。强迫性神经症主要由自我的反向形成或反包围来掌控，至于具有妄想等形式的偏执狂则由我们所谓的梦里的润饰作用来支配。

在创伤性神经症中，特别是那些由战争的恐惧而引起的创伤性神经症，我们对寻求保护和个人优势的那股自私的自我冲动印象尤为深刻。这股冲动自身本不足以致病，但一旦病产生，它便会自始至终地满足其需要。其目的在于保护自我避开引发疾病的危险，却不允许自我逐渐康复，除非这些危险没有再卷土重来的可能，或是虽遇到了危险，却获得了相应的补偿。

不过，自我对其他神经症的起源和延续都有类似的兴趣。我们之前就说过，自我遭受症状的折磨才得以存在，因为症状中的某一阶段能使自我的压抑倾向获得满足；另外，以症状的形成来结束冲突是阻力最小的，同时也是符合享乐原则的最便利的解决方式。症状的形成无疑给自我免去了不少既严峻又痛苦的内部工作，有时甚至连医生都不得不承认，用神经症来解决冲突是最无害的，同时也是最容易被社会包容的办法。在得知医生偶尔也会袒护他正与之抗争的疾病后，你们不必感到太惊讶。医生没必要把自己束缚在各种生活情境里，充当维护健康的狂热卫士，他明白这个世上并不是只有神经症的折磨，还有其他真实的、无法治愈的痛苦。他知道，有时出于必要，一个人甚至可以以牺牲自己的健康为代价；他还知道，由一个人来遭受这种难以言说的不幸的痛苦，往往会使许多人得以幸免。因此，若我们说神经症患者逃避冲突的办法就是在疾病中避难，那么我们必须承认，在某些病例中，这种逃避是合乎情理的，诊断出这种情形的医生会悄悄地、巧妙地抽身而退。

但是，让我们抛开这些特例继续进行讨论吧。一般情况下，自我通过求助于神经症而获得了疾病带来的某种内在优势。在某些生活情境下，还可派生出一种无形的外在优势，它在现实中也或多或少有些价值。下面就来看看这种情况的常见病例吧。经常受到丈夫粗暴对待和无情压榨的妇女，如其体质有易患神经症的倾向，那么她们几乎都会以患上神经症作为逃避的方法。假如她太懦弱，或因道德感太强而不会以偷情寻求安慰；或因慑于外界压力而不敢与丈夫离婚；又或因不具备独立生活能力，也没希望找到一个更好的丈夫；最后，又假设她在性方面仍深深地迷恋那个粗暴的男人；那么在这些情况下，她便不可避免地会遁入疾病中。她的病就成了她与丈夫抗争的武器，既可用于自卫，又可被滥用于报复。她虽不敢抱怨自己的婚姻，却可以抱怨自己的病痛。她使医生成了她的帮手，迫使她那原本毫不在意她的丈夫不得不体谅她，倾听她的愿望，允许她离开房子，使她得以摆脱婚姻的压迫。无论在何种情况下，假如这种通过疾病而获得的外部或偶然的收益相当大，并且在现实中也没有相应的替代品的话，那么这时你们就别指望能通过治疗来影响神经症，进而取得疗效了。

你们可能会说，我所谓由疾病获益这一说法完全是为我曾反对过的观点——神经症乃是自我所愿及自我所造——作辩护。请稍等！这或许并不意味着自我只会以被动地遭受神经症的折磨的方式存在，如果这种神经症自我无论怎样都避免不了的话。假使神经症有什么可利用的地方，自我当然会加以充分利用。不过，这只是问题的一面——有利的一面。自我当然愿意容忍神经症带来的益处，但神经症带来并非只有益处。通常情况下，自我很快就会意识到接受神经症乃是一笔亏本买卖，它为缓解冲突付出了过高的代价，随症状而来的折磨或许与冲突所造成的痛苦正好旗鼓相当，并且前者常常还会引发更多不适。自我既想摆脱病症的痛苦，又不愿放弃由疾病获得的益处，这显然不可能。由此，自我并不如它当初所想的那样是那么积极主动，这一点我们要牢记。

如果你们如医生那般接触神经症患者，那么很快就不会再指望那些抱怨病痛抱怨得最厉害的人会是最不抵触治疗或十分欢迎帮助的人。相反，你们很容易就会明白，凡是有助于获取疾病带来的益处的东西都会加大对压抑作用的抵制，并增加治疗的难度。此外，我们还必须添加另一个随症状的产生而获得的疾病的益处。类似于疾病的心理组织，若持续了很长时间后，其行为最终会像一个独立的实体，表现出类似自我保护的本能，并在自身与心理的其他部分（甚至是从根本上敌视它的那部分）之间达成了一种“临时协定”（modus vivendi）。只要有能够再次证明它有用和有价值的机会，就不会放过，这样它便获得了一种继发性功能（secondary function），可以增强自身的地位。下面我来举一个日常生活中较为明显的例子，而非以疾病为例。一个能干的工人，在工作时因意外受伤而落下残疾，再也无法继续工作了。然而过了一段时间后，他按期领到了一小笔意外保险金，也学会了利用伤残来乞讨过活。这种新的生存状况虽然很不理想，却是基于他从前的生活方式遭到破坏的事实。如果你治好了他的残疾，他便丧失了现在的生存手段，没了生计；而他还能否再从事以前的工作，也成了疑问。这种情况就相当于神经症病例中的对疾病的二次利用，我们可称之为来自疾病的继发性益处，并将其添加进因病获得的第一个益处之中。

一般而言，我得提醒你们不可低估了由病而获益的实际意义，但也不必过于重视其理论意义。除了之前已提过的特例之外，我总会想起奥伯兰德（Oberländer）为《飞叶》杂志画的名为“动物的智商”的插画。一个阿拉伯人骑着一匹骆驼在狭窄陡峭的山路上行进，在路的转弯处，他突然撞见一头狮子，而且正准备朝他扑来。此时他已无路可逃，一边是悬崖峭壁，另一边是万丈深渊；想要后退和躲开都是不可能的；他只好坐以待毙。可骆驼却不这么想，它带着骑它的人一起跳下了深渊，这倒让狮子干瞪眼了。通常，神经症对患者的帮助也不会比这个结果好多少。这可能是因为以症状的发展来解决冲突毕竟是种无意识的过程，不能满足生活的需求，而且就因为这个缘故，患者不得不放弃使用自己最好最崇高的力量。若能选择的话，最好是与命运殊死搏斗，体面地死去。

我为什么不以一般的神经症状态为起点来讲解神经症理论呢？我仍然欠你们一个更明确的解释。你们或许会这么假设，倘若我这样做了，那么要证明神经症源于性就会很困难，所以我就没这么做。其实你们想错了。就移情神经症来说，我们还必须先解释其症状，然后才能得出它源于性这个结论。不过，就所谓的“真性神经症”（true neuroses）的一般形式而言，性生活的病因学意义是一种毫不掩饰地呈现于众人眼前的事实，早在二十多年前我就发现了这一点。有一天，我问自己为什么我们在诊断神经症患者的时候，常把与他们的性活动相关的问题都摒除在外。那时，我不惜牺牲自己在患者中的声誉做了一番调查。经过短期的努力后，我断言：“若性生活正常的话，他们就不会得神经症了，至少不会得真性神经症。”当然，这个结论忽略了个体差异，而且“正常”一词的用法相当模糊，缺乏明确意义；但即使到了今天，从大的方向来说，这个结论仍具有价值。那时，我在神经症的特殊形式和性反常的特殊形式之间建立了一种可比较的关系，我毫不怀疑我现在也会得出同样的结论，假如仍有类似材料可供我研究的话。我常注意到一个人若沉溺于一种不成功的性满足，如手淫，就会患上真性神经症；如果他换了另一种同样有害的性生活方式，那么这种神经症就会立即让位于其他神经症。这样，我就能由患者病情的变化情况推测其性生活方式的变化。那时，我学会了固执地坚持自己的推测，直到使患者不再搪塞推诿而愿意证实我的观点。然而可以肯定的是，患者后来都更愿意求助于那些对他们的性生活不那么刨根问底的医生了。

当然，当时我也注意到了神经症的病因并非总是可以追溯到性生活；性反常固然会导致一个人生病，但有的人生病则是因为失去了个人财富或患上了某种令人疲惫不堪的机体疾病。我们可以通过研究自我与力比多之间的关系来搞清楚这种变化，我们搞得越清楚，得到的结果就越令人满意。只有当一个人的自我失去了调节力比多的能力时，他才会得神经症。自我越强大，调节力比多就越容易；一个软弱的自我，无论因为什么原因都会导致力比多把自己的要求放大到极致。自我与力比多还有其他更紧密的关系，因为这一讲还未涉及，所以我就不多说了。无论是哪一种病例，对我们来说最具启发意义的是，不论疾病是如何产生的，力比多都是神经症症状赖以维系的能量的提供者，由此也就证明力比多被非正常使用了。

不过，现在我想让你们注意精神性神经症和真性神经症的症状区别。我们以前所讲的主要是第一组精神性神经症，即移情神经症。上述这两种神经症的症状都出自力比多，因此这些症状便成了力比多的非正常用法和替代的满足。但真性神经症的症状，如头痛、痛苦的感觉、某个器官的兴奋、某种机能的减弱或停止都没有“意义”，即没有任何心理意义。它们不仅体现在身体上(癔症的症状也是如此)，还体现在它们本身的物理过程中，其发生与任何我们所知道的复杂心理机制都不相干。以前我们一直以为是精神性神经症的症状与心理无关，现在才知道原来是真性神经症的症状与心理无关。那它们是如何与力比多的用途相对应的呢，力比多不是被我们视为一种心理力量吗？其实很简单。让我来回顾一下人们反对精神分析的第一种理由吧。他们认为精神分析是一种有关神经症现象的纯心理学理论，但由于心理学理论从未解释过任何疾病，因此精神分析的前景堪忧。反对者显然忘了，性机能既不完全属于心理机能，又不完全属于身体(生理)机能；它既影响生理活动，也影响心理生活。我们已意识到，精神性神经症的症状是性机能扰乱心理活动的体现。那么，若是发现真性神经症的症状其实是性机能扰乱生理活动的直接结果，我们也不会感到意外。

临床医学给我们提供了一条重要线索(受到多名研究者的认可)，可用于理解真性神经症。从真性神经症全部症状的细节以及该病症所具有的影响所有器官系统和机能的特殊力量来看，真性神经症明显类似于外来毒素的慢性中毒和因毒素数量急剧减少而导致的病态，一般为醉酒和戒酒之后的状态。这两种状态，通过类似于巴塞多氏症（即突眼性甲状腺肿）这种起中介作用的病症的关系变得更为紧密。我们知道，巴塞多氏症也是受毒性物质影响的结果，只不过其毒素并非来自体外，而是源于患者体内的新陈代谢。在我看来，这些类比使我们以为神经症是性代谢紊乱的结果。这可能是因为性毒素产生得过多，已非患者所能应付；抑或由于患者体内的甚至是心理方面的状况妨碍了这些物质被恰当处理的进程。人类的语言总是偏爱这种与性欲的性质有关的假设，譬如，爱被称为“沉醉”，爱情的癫狂可由春药引起——由此可见，这些说法已将爱的动力移了出来，移到了身体以外的世界之中。至于其余的短语，如“性代谢”或“性的化学作用”都只是缺乏内涵的术语。我们对这些均一无所知，甚至无法断定是否要假定性的物质分为雌雄两种，或单单假定只存在一种性毒素，而它就是承载了力比多所有刺激力量的载体。我们所建构的精神分析的结构其实只是一个上层建筑，未来总有一天我们得赋予它一个有机的基础；只不过我们现在还不知道罢了。

精神分析学被描述为一门科学，其原因在于它使用的方法，而不在于它研究的主题。该方法可用于研究文明史、宗教学、神话学以及神经症理论，且不会歪曲这些学科的性质。精神分析的目标及成就就在于发现了心理生活中的潜意识。就真性神经症而言，其症状可能直接源于毒性的损害，所以它的问题不属于精神分析的研究范围。精神分析也根本无法对其进行解释，只能把它移交给生物—医学来研究处理。或许你们现在明白我为什么不以其他方式来组织和安排我的材料了。如果我按你们希望的方式来解释神经症理论，那么，正确的做法无疑是先从真性神经症的简单形式开始讲起，再到力比多的干扰所造成的复杂的神经症。在讨论真性神经症时，我不得不将从各方收集来的事实汇集在一起，还要呈现出我们认为我们都知道的东西。而就精神性神经症而言，精神分析法无疑是理解这些病症的最重要的辅助手段。然而，我已做好打算，并已宣布我的题目是“精神分析引论”，似乎在我看来，让你们对精神分析有概念比罗列一些关于神经症的正面事实更为重要。基于此，我便不会重点介绍真性神经症了，因为它们对精神分析来讲没什么益处。我认为我的这一选择对你们有益，因为精神分析的假设很深刻，其联系亦十分深远，值得每一位受教育之人对它感兴趣。然而，神经症理论却只能算是医学中的一个章节而已。

不过，你们期望我对真性神经症予以关注，这个想法也是合理的。光凭它们与精神性神经症的密切关系就足以决定这个想法有必要实施。我要告诉你们，我们区分出了真性神经症的三种纯粹形式：神经衰弱(neurasthenia)、焦虑性神经症(anxiety neurosis)和疑病症(hypochondria)。即便是这种分类也不无矛盾之处。这些术语虽被广泛使用，其涵义却模棱两可，难以界定。另外，在这个混乱的神经症世界中，有些医生反对在表现之间进行任何区分，反对强调任何临床细节，甚至连真性神经症与精神性神经症的区分都不予承认。我觉得他们做的有点太过了，他们并没有选择一条通往进步的道路。我们所提到的神经症类型有时会以纯粹的形式出现；更多时候则显示为相互混合的形式，或是兼有患精神性神经症的条件。但这并不是要打消我们在它们之间进行区分的念头。想想矿物质研究与矿物学中矿石研究之间的区别。矿物质可被分门别类地描述；当然，这是因为它们常常以晶体的形式出现，与其所处的环境大不相同。矿石则由多种矿物质组成，它们不是偶然聚结，而是由它们的来源条件所致。我们对神经症的发展过程知之甚少，不能像研究矿石那样得出类似的结论。但我们可将已知的临床因素抽离出来，就像把单个矿物质从它们庞大的整体中分离出来一样，这种研究方向肯定错不了。

真性神经症的症状与精神性神经症的症状之间有一种值得关注的关系，它对后者的症状形成的知识做出了宝贵的贡献。真性神经症的症状时常是精神性神经症症状的核心和初始发展阶段。这种关系在神经衰弱和被称为转换性癔症的移情神经症之间，以及焦虑性神经症与焦虑性癔症之间都很常见。就算在疑病症和我们以后要讨论的一种神经症——妄想痴呆（paraphrenia）［包括早发性痴呆（dementia praecox）和妄想症（paranoia）］之间，这种关系也同样很常见。让我们先以癔症的头痛和背痛为例。分析显示，这些疼痛通过凝缩作用和转移作用已成为力比多的整个一系列幻想或记忆的替代满足。但这种疼痛之前的确是真正的疼痛，是性的毒性的直接症状，也是力比多兴奋的躯体表现。我们无论如何都不希望断言所有的癔症症状都能追溯到这样一个核心，但实际情况往往如此，力比多兴奋对身体产生的全部影响，不论是正常的还是病态的，都对癔症的症状形成尤为重要。它们所起的作用，一如软体动物被包裹在珍珠母中时沙砾所发挥的作用。同样，伴随性行为的发生而产生的性兴奋的暂时表现，也被精神性神经症作为症状形成的最方便、最合适的材料。

还有一个相似的过程，于诊断和治疗都尤为有趣。有些人尽管有患神经症的倾向，但并不会真的患上神经症，可若是他们的身体出现了异常变化——通常是发炎或受伤，便时常会启动导致神经症症状出现的活动。这种发展迅速出现由潜意识幻想的代表所给出的症状，这些幻想一直伺机想要有所表现。在这种情形之下，医生通常会尝试好几种不同的治疗方法。他要么尽力消除该症状所依赖的机体基础，而不过问其纷扰嘈杂的神经症细节；要么努力治疗借机形成的神经症，而忽视其机体病因。这两种治疗手段有时是这种有效，有时是另一种有效；对于这种混合的病症，还没有通用的治疗原则可遵循。

第二十五讲　焦虑与恐惧

可能你们会认为我在上一讲中所讲的关于一般的神经症状态，都是些最不完整、最不令人满意的信息。这我是知道的，不过在我看来，最令你们感到惊讶的或许就是我竟然一直未提及恐惧这个问题，要知道这是绝大多数神经症患者都会抱怨的，还会把这说成是他们痛苦的最大根源。恐惧还可以变本加厉，使人做出最疯狂的冒险。但我可不希望在这个问题上令你们失望，相反，我打算尽可能准确地讲述神经症患者的恐惧问题，并与你们详细探讨。

恐惧本身无需介绍；每个人都会在某些时候体会到这个感觉，或更确切地说，是体会到这种感受。在我看来，我们似乎从未严肃地问过这个问题，即神经症患者为什么会比他人更多、更强烈地体会到呢？或许我们将这一问题视为是理所当然的事。我们常混淆“神经过敏”和“焦虑”这两个词，就好似它们的意思是一样的。这其实是不对的；有些焦虑的人并不神经过敏，而那些有很多神经过敏症状的患者却并没有焦虑的倾向。

不管怎么说，恐惧问题肯定是许多重要问题的交汇点，一旦解开这个谜团，就可理解我们的心理生活了。我虽不认为我能给你们提供一个完满的解决方案，但你们定会期望精神分析能采取一种有别于学院派医学的方法来研究这个论题。学院派医学似乎对引起恐惧状态的解剖学原因最感兴趣。若他们说延髓受了刺激，患者就会知道他患了模糊神经的一种神经症。延髓确是一个好对象，我还记得我曾花了不少时间和精力来研究它。但今天我不得不说，若从心理学角度来理解恐惧，那么最无足轻重的事情就是了解这些刺激所经过的神经通路方面的知识了。

人们可以花很长时间谈论恐惧，却一点也不会想到它竟是一种神经症的状态。当我把这种恐惧称为真正的恐惧(real fear)，并与神经症的恐惧(neurotic fear)对比时，你们便会立即明白我的用意了。真正的恐惧对我们来说，似乎是一种相当合理又好懂的东西。我们可证明它是对于外部危险，即可预计或可预料的危害做出的一种知觉反应。它与惊吓反射有关，或许被视为自我保护的一种本能表现。至于恐惧所出现的场合，即那些引起恐惧的对象和情境，很大程度上取决于我们对外界的了解以及对外界的掌控。野蛮人惧怕大炮和日食，而既能操纵大炮又能预测天象的白人就不害怕这些东西。这两种人截然不同的反应，在我们看来是理所当然的。但有时引起恐惧的却是超常的知识本身，因为它让人提早预料到了危险。比如，野蛮人看见丛林里的脚印就会赶紧后退，而对没受过这方面训练的人来说，他们是无动于衷的，他们并不知道这意味着猛兽近在咫尺；又比如富有经验的水手看到一小片乌云，便知飓风将至，因而感到惊恐；但这片云对乘客而言，却似乎无关紧要。

经过进一步思考，我们认识到，无论认为真正的恐惧是合理的，还是有意义的，这样的看法都必须进行一番彻底修正。因为当危险迫近时，唯一有用的做法就是先冷静评估自身的力量，并与迫近的危险程度相比较，然后再定下最佳策略——是逃跑、防守还是主动出击。在这种情形下，恐惧毫无用处；没有恐惧，结果反而更圆满。你们都知道，过度恐惧会导致人们做出无用之举，行动也会陷入瘫痪，甚至连逃跑都实施不了。对危险的反应通常混合着恐惧和抵抗两种成分。受惊的动物会害怕并逃跑。但在这个例子中，最有用的成分是“逃跑”而不是“害怕”。

因此，我们想说恐惧从来都是无用的。或许只有更进一步地研究恐惧的情境，才会对它有更深入的了解。这里，第一要素是对危险有所预期，其表现就是提高自己的感官注意力，让肌肉有一定程度的紧张。这个预期无疑是有利的；没有它的话，可能会造成严重后果。一方面，它可以发动肌肉，主要用来逃跑，再高点的层面就是主动防御；另一方面，它引起了我们的恐惧情绪。只要恐惧才开始，仅仅是个信号，那么这种害怕的准备状态就越容易转换为行动，从而整个事态发展对个体也就越有利。害怕的准备似乎是个有益的成分；而恐惧的发展则是令人挫败的不利成分。

焦虑、恐惧或惊吓这几个词的意思到底相不相同，我并不想多作讨论。我认为焦虑与情境有关，而无关对象；恐惧实际上有直接对应的对象；至于惊吓，似乎具有一种特殊的意思，它强调的是在没有任何恐惧的准备或预期的情况下，由突如其来的危险造成的效果。因此，我们可以说焦虑使人免受惊吓。

你们可能会觉得“焦虑”一词的用法有些模棱两可、含糊不清。其实，它通常是指由察觉到“恐惧的发展”已完成而引起的一种主观状态。这一状态或许可以称为情绪。那什么是动态的情绪呢？当然，它很复杂。情绪首先包含某种不确定的运动神经的支配或发泄；其次，它还包含一些确定的感觉，分为两种：已发生的肌肉活动的知觉，以及直接产生的愉悦与痛苦，后者就产生了我们所说的情绪的效果。但我不认为通过列举出这些就能触及情绪的本质。我们已对某些情绪有了较为深入的了解，并意识到像我们描述的那样将如此复杂的事物结合在一起的线程是某种重要经历的重演。而这一经历可能是一种很普通的性质的早期印象，它属于物种史，而不是个体史。更确切地说，情绪状态的结构与癔症发作的结构相似，都是回忆的结果。癔症的发作就好比新形成的个体情绪，正常的情绪对癔症而言是一种普遍的遗传物。

不要觉得我在这里所讲的关于情绪的话都源于普通心理学的观点。相反，这些观念都生长在精神分析这块土壤上，只有在精神分析这块田地里才能看到。心理学对于情绪的观点，比如詹姆斯-朗格学说，在我们精神分析学家看来，完全无法理解，也不能加以讨论。当然，我们并不认为我们所获得的有关情绪的知识是确凿无疑的；这只是精神分析为适应这个模糊领域所做的初步尝试。接着，还要讲的一点是：我们相信我们知道在恐惧性情绪中一再出现的那个早期印象是什么。我们认为这一印象指的是出生，它集合了各种复杂的痛苦情绪、冲动的发泄以及身体的感觉，这些足以成为危及生命的效果的原型，并从此作为恐惧在状态重现于我们的生活之中。由于循环（内部呼吸系统）的中断而导致的急剧增加的刺激便是当时产生恐惧感受的原因。因此，最初的恐惧是有毒的。“焦虑”一词，强调呼吸急促这一特点，它是当时的实际情况导致的结果，此后便几乎总是重现于情绪之中。我们应该意识到恐惧的初始状态是由于与母体分离而出现的，这一点非常重要。当然，我们相信经过了无数代人之后，这种恐惧的初始状态一再出现的倾向已深植于机体之中，谁都逃脱不了这种恐惧的情绪；甚至连神话中的麦克达夫（Macduff）也不能幸免。他早就脱离了母亲的子宫，因而没有体验过出生。由于我们不清楚在其他哺乳动物身上，这种恐惧状态的原型是什么，所以我们也不知道它们的各种复杂情绪中究竟哪个才相当于我们的恐惧。

我是如何想到出生是恐惧情绪的起源和原型的呢？你们对此或许会感兴趣。这个观点并非由我推测出来，而是借鉴了当地人的淳朴想法。多年前，我和一群年轻医生围坐在餐桌旁，这时一名产科的门诊助理给我们讲了一桩发生在助产士毕业考试中的趣事。一位考生被问到如果在接生时发现新生儿的羊水里有粪便，这意味着什么。她立刻答道："意味着孩子受惊了。"她因此而被众人嘲笑，考试也"没及格"。我却暗自赞同她的观点，并开始怀疑众人眼里的这位可怜的考生以其良好的直觉揭示出了一种至关重要的关系。

现在来继续讨论神经症患者的恐惧，其表现形式和状态是怎样的呢？这里要讲的东西可不少。首先，我们发现这里存在一种普遍状态的焦虑，一种飘忽不定的焦虑，它随时准备附着于任何合适的想法上，以影响判断力，引发预期，事实上，它会抓住一切机会使自己有所感受。我们把这种状态称作"预期性恐惧"（expectant fear）或"焦虑性预期"（anxious expectation）。遭受这种恐惧折磨之人总会预言种种可能的最坏结果，将每一巧合之事都解释为不祥之兆，并赋予每一不确定之事以可怕的意义。有这种灾难预测倾向的人并不是都得了病，我们也只会埋怨他们太过于焦虑或悲观。不过，这种过度的预期性恐惧表现出某种神经症的特征，我称之为"焦虑性神经症"（anxiety neurosis），并把它归入真性神经症。

第二种形式的恐惧与我们刚才描述的那种恰恰相反，它在心理上更受限制，并与特定的对象或情境紧密相关。这是对多方面的恐惧，而且经常是非常特殊的病态的恐惧症。美国杰出心理学家斯坦利·霍尔，最近不辞辛苦地采用了一系列冠冕堂皇的希腊术语来命名这一堆病态的恐惧症。它们听上去就像埃及十大灾难，只不过到目前为止，它们的数量可不止十个。听一听下面这些或许会成为恐惧症的对象或内容的东西吧：黑暗、户外、广场、猫、蜘蛛、毛毛虫、蛇、老鼠、暴风雨、尖的东西、血液、封闭的空间、人群、孤独、过桥、陆地及海上的旅行，等等。要理清这一堆乱七八糟的现象，不妨先把它们分为三组。第一组的对象和情境就连我们正常人看来也会有些害怕，它们和危险有关；因此，虽然它们的强度被夸大了，但还不算难以理解。比如，我们中大多数人看见蛇都会生出强烈的反感。可以说，厌蛇恐惧症是人类共有的。查尔斯·达尔文就曾令人印象极其深刻地描述过，当他看见蛇朝他扑来时，不禁感到一种抑制不住的恐惧感，虽然他知道自己与蛇之间隔着一层厚厚的玻璃。第二组仍与危险有关，不过我们常常倾向于将危险淡化，而不是夸大。大多数因情境而产生的恐惧症便属于此类。我们知道，乘火车旅行比待在家里容易碰到危险，比如有可能发生火车相撞的事故；又如乘船时，若碰到沉船事故，我们通常都会被淹死。然而，我们并不去想这些危险，还是无忧无虑地乘火车或乘船。我们无法否认在过桥时或许会出现桥塌的情况，这样我们便会落入河中，但这类危险的发生概率很小，以致我们经常不会放在心上。独居也有危险，所以在某种情形下，我们要避免独居；但这并不意味着连独处一会儿都不行。人群、封闭的空间和暴风雨等也都是如此。让我们感觉怪异的并不是这些神经症患者的恐惧症的内容，而是它们的强度。这种恐惧症的恐惧焦虑之处甚至难以形容。有时，我们差不多会有这种印象，觉得神经症患者真正害怕的并不是我们也会产生恐惧的东西或情境，虽然他们也将这些东西或情境称为是可怕的。

第三组在我们看来简直是莫名其妙，无法理解。比如，一个强壮的成年男子竟然会害怕穿过他家乡的街道或广场；一位身体健康、发育成熟的女性竟会因为一只猫擦过她的裙角或看见一只老鼠在房中穿过，就会吓得差点不省人事。我们该怎样将这些明显存在的恐惧症与危险联系起来呢？就这些动物恐惧症而言，这肯定不是普通人的恐惧程度增加了的问题。因为与之相反，很多人在遇到一只猫时都会忍不住喊喊它、摸摸它。老鼠虽是大多数女性都害怕的动物，但它同时也是最受欢迎的昵称。很多女孩一方面很乐意恋人唤自己为“小老鼠”，另一方面一看到这种狡猾的小生物时又会大呼小叫。对于那位害怕穿过街道或广场的男子，我们只能说他的行为像个孩子。一个小孩子只有在被教导后，才知道这种情境是危险的。对于我们的广场恐惧症患者而言，如果有人跟他一起穿过广场或街道，那么他的恐惧感会减轻不少。

我所描述的这两种形式的恐惧——飘忽不定的预期性恐惧和与恐惧症相关的恐惧，它们彼此独立、互不相干。其中一种绝不是另一种的更高发展阶段；只有在特殊情况下，差不多是意外，它们才会同时发生。就算是最强烈的一般性焦虑也未必会造成恐惧症；而那些终身陷入广场恐惧症的人可能会完全不受悲观的预期性恐惧的影响。有些恐惧症，比如害怕广场或火车，都是长大后才得的；而有些，比如害怕黑暗、暴风雨和动物，则是与生俱来的。前者意味着严重的疾病，后者更像是个人的怪癖或情绪。不过，若谁有这后一种情形的恐惧，也就可能会有其他或类似的恐惧症。我还必须多说一句，我们把所有这些恐惧症都归入焦虑性癔症，也就因此把它们视为与著名的转换性癔症密切相关的病症。

第三种形式的神经症性恐惧弄得我们云山雾绕；我们完全看不到恐惧与迫近的危险之间有何关联。比如，发生于癔症之中的这种焦虑或伴随癔症症状出现，或由某种兴奋状态引起，我们由此会预感到某种情绪的表现，却没想到会是恐惧性情绪；抑或是与任何已知的情形无关，只是一种无缘无故生出的恐惧，搞得我们和患者都觉得莫名其妙。无论怎么研究，我们都找不出被夸大到如此重要的危险或原因究竟何在。由这些自发性病症可知，我们称为焦虑状态的复杂情况可分为多种成分。整个病症的发作也可通过单个急剧发展的症状——如颤抖、眩晕、心悸或呼吸困难等——表现出来；而我们通常所能意识到的恐惧的一般潜在特性反而消失不见或变得难以辨认了。然而，这些我们称为“焦虑的同等物”的症状，在所有临床和病理方面都与焦虑相当。

这就导致了两个问题：在神经症性恐惧中危险不怎么起作用或根本没发挥作用，而真正的恐惧却始终是对危险的一种反应；我们能把这两者联系起来吗？我们该如何了解神经症性恐惧的基本原理呢？目前，我们想坚持自己的预期：“凡有恐惧，必有原因。”

临床观察为我们提供了理解神经症性恐惧的一些线索，下面我将跟你们探讨它的重要性。

1. 不难断定，预期性恐惧或一般性焦虑与性生活中的某些过程——与某种类型的力比多——有密切关系。就此而言，那些所谓性兴奋受挫之人是最简单、最具启发性的例子，假如他们的性兴奋得不到充分发泄，无法获得最终的满足。譬如，订婚后、结婚前这段时间的男人；丈夫的性能力不强或其出于谨慎避孕的缘故而草草结束性行为的女人，就会出现上述情况。在这种情形下，力比多的兴奋消失不见以及焦虑的取而代之，都会形成预期性焦虑，出现与焦虑的相等物类似的症状。当出于谨慎的中断性交成为习惯时，往往会导致男性产生焦虑性神经症，女性更会如此。所以，明智的医生碰到这种情况就会先检查是否存在这种病因。我们由无数病例得知，人们一旦摒弃这种性方面的陋习，焦虑性神经症就会荡然无存。

据我所知，性的节制与焦虑状态的关系已被人们承认，即便是与精神分析无关的医生也不再质疑。但我能想象到，他们仍会设法推翻这种关系，认为这些人天生就有焦虑倾向，因此才会在性方面畏首畏尾。但女性的行为却与他们的这种推测相抵触。女性的性行为是被动的，即全由男性来决定。越易兴奋的女性，越会对性交感兴趣，也越有获得性满足的能力，那么就越会因男人的性无能或不尽兴的性交而产生焦虑。对那些感觉麻木或性欲不强的女性来说，不举或不尽兴就不会造成这种后果。

性的节制，如今备受医生的大力推崇。可是，若没法得到满足的力比多变得足够强大，并且绝大部分又无法得到升华，那么这种节欲便会导致焦虑状态的产生。至于是否会致病，往往取决于其数量因素。先不论疾病，单就性格形成这一方面来说，我们就不难看出性的节制与焦虑、谨慎形影不离，而勇敢无畏的精神就源于性需求的自由放纵。不过，这些关系大多会随着多种多样的文化影响而改变。不过对普通人来讲，焦虑与性的节制的确是密不可分的。

关于力比多与恐惧之间的亲缘关系，证据很多，我无法逐一列举。在生命的某些阶段，如青春期和更年期，力比多的分量急剧攀升对神经症性恐惧产生的影响便算其中之一。在一些兴奋状态之中，我们可观察到力比多与焦虑的混合，以及焦虑最终被力比多所取代。这些事实给我们造成双重印象：第一，我们关注的是偏离了正常发泄渠道的力比多的积累；第二，我们所研究的是身体过程这个领域。焦虑是如何从力比多中产生的，我们不清楚；我们只能确定，力比多一旦消失，焦虑便会取而代之。

2. 我们由对精神性神经症的分析，尤其是对癔症的分析，得到了第二条线索。我们知道恐惧时常会伴随症状出现；但这种飘忽不定的恐惧要么会在疾病发作时显现出来，要么会长期存在。患者说不出他们到底在怕什么，便常通过明显的润饰作用，把他们的害怕和近在咫尺的恐怖——如死亡、发疯和瘫痪联系起来。若是对焦虑或是伴随焦虑的症状所产生的情境进行分析，我们通常就会知道是哪种正常的心理过程被忽略了，并被可怕的现象取而代之。换言之，我们可以重构潜意识的过程，就好像它从未经历过压抑作用，能不受阻拦地进入意识一样。在这种情形下，该过程本应有一种情绪相伴，但如今我们吃惊地发现，这种伴随着正常过程的情绪在压抑作用发生后就会被恐惧所取代，不论它最初的特性如何。在癔症的恐惧状态中，其潜意识的相关物要么是性质相似的冲动，如恐惧、羞愧、尴尬或积极的力比多兴奋；要么是敌对的攻击性情绪，如气愤、暴怒。所以，当与恐惧相关的观念受到压抑作用时，就随时可转换成各种情感冲动。

3. 有强迫性举动的患者明显不会受恐惧的困扰。他们给我们提供了第三条线索的信息。如果我们阻止他们进行这些强迫性举动，如洗手或某种仪式等，或若是他们自己胆敢放弃这种强迫性举动，他们就会被一种可怕的恐惧感攫住，再度屈服于这种强迫性。我们明白他们的恐惧隐藏在强迫性举动之下，只有执行这些动作，才能避免恐惧的产生。在强迫性神经症中，原本应存在的恐惧却被症状的形成所取代。同样的结果也可见于癔症。而在压抑过程中，我们发现这一过程要么会产生出一种单纯的焦虑，要么产生出一种伴有症状形成的焦虑，要么最终产生出一种没有焦虑并更为完满的症状。其实，照这么说就对了，即从抽象的意义来说，症状的形成只是为了避免除此之外无法避免的恐惧的产生。由此可以说，恐惧看起来是神经症问题的核心。

从对焦虑性神经症的观察中，我们可以得出这样的结论：当力比多偏离了正常的发泄渠道，焦虑便会产生，并且是基于身体过程发生。由癔症和强迫性神经症的分析来看，还可得出另一相关结论，即抑制心理力量也可导致力比多的非正常使用，从而引发焦虑。这就是我们所了解的神经症性焦虑的起源知识，虽然听起来仍不甚明了，但我们目前别无他法获得进一步的认知。而我们设置的第二项任务，即寻找神经症性焦虑（被滥用的力比多）和真正的恐惧（对危险的反应）之间的关系，似乎更难完成。你们或许会认为这两种东西截然不同，可我们还没找到办法来区分真正的恐惧和神经症性恐惧各自的感觉。

我们欲寻求的这种关系，可由我们时常宣称的自我与力比多之间的对立为先决条件来获得。我们知道恐惧的形成是自我对危险的反应，是准备逃跑的信号，由此导致我们认为在神经症性焦虑中，自我试图逃避力比多的要求；并且在对付这种内在危险时就好比在对付外在危险似的。这样，我们的想法便可得到证实，即凡有忧虑，必有所惧。但这个类比的用处还不止如此，一如避开外界危险的尝试可以通过站稳脚跟、采取合适的防御措施来缓和，神经症性恐惧的发展会随着症状的形成而迅速停止，因为通过它，恐惧会受到控制。

现在看来，我们难以理解的地方并不在这里。恐惧作为自我对力比多的逃避，本应源于力比多本身。这一点虽难以领会，但它也是在告诫我们不要忘了一个人的力比多本质上是属于他自己的，而不能将它视为身外之物。恐惧发展的局部动力目前仍是不可理解的——我们不知道它释放出了怎样的心理能量，这些心理能量又源于何种心理系统。不过，我虽不能保证解决这些问题，但手头却有两条线索，可引领我们通过直接的观察和分析调查帮助我们加以推测。接下来，我们将讨论儿童恐惧的起源，以及附着于恐惧症的神经症性焦虑的源头。

儿童出现恐惧是很常见的，很难说这到底是神经性的还是真正的恐惧。实际上，儿童的行为使得这种区分的价值受到质疑。一方面，儿童会害怕所有的陌生人、新的情境和新的东西，我们对此并不惊讶，并且我们很容易将这种反应解释成是他的弱小无知所致。于是，我们把儿童的强烈性情归因于真正的恐惧，并认为如果这种恐惧实际上是一种遗传，那它便是有目的的。在此，儿童只是在重复史前人类和现今原始民族的行为。这些人由于无知和无助，会对所有新事物和许多现在已被我们熟悉、不再使我们害怕的东西深怀恐惧。如果儿童的恐惧症至少有一部分归因于人类发展的原始时期，那将完全符合我们的预期。

另一方面，我们不能忽视这一事实，即并非所有儿童的害怕都是同样的，而且那些对各种对象和情境都异常胆怯的儿童，长大后通常都是神经质的。所以，神经质的性格通过一种对真正的恐惧的决定性倾向来展示它自己；而焦虑似乎比神经质还要原始。我们因此得出结论：儿童（即后来的成人）之所以害怕自己的力比多力量，是因为他面对任何事都感到焦虑。由此，焦虑源于力比多的说法可以搁在一旁不予考虑了。对真正的恐惧状态的任何研究都能得出这样的结论：一个人自身软弱无助的意识——A.阿德勒命名的术语“自卑感”(inferiority)——一旦从童年持续到成年，就会成为神经症的根源。

这听起来是如此简单和有说服力，以至于引起了我们的注意。确实，它会导致我们改变研究神经症的基本观点。这种持久的自卑感，以及焦虑的先决条件及其症状的后续发展，就这么被牢固地确立了起来，可这种情况却出现了一个健康的特例，这便需要对此作出解释。那么通过对儿童的恐惧的细致观察，会有什么发现呢？小孩子主要是怕陌生人，这种情境之所以重要，因为它涉及人，后来才涉及物；但小孩子害怕陌生人，倒不是因为觉得他们不怀好意，而是因为他将自己的弱小与他们的实力进行了对比，或是意识到他们对他的存在、安全和快乐是种威胁。这样的小孩——多疑且害怕主宰着这个世界的攻击性冲动——会被证明是一个可悲的理论建构。其实，小孩害怕陌生人是因为他早已习惯看到自己至亲至爱之人的面孔，尤其是母亲。他的失望和渴望会转变为恐惧，而他那尚未使用而且不能久存不用的力比多就会以恐惧的形式宣泄出来。我们不能将这一情况定义为偶然事件，它是儿童恐惧的典型事例，是出生时——与母体分离时——产生的首次恐惧状态的重现。

最先令儿童感到恐惧的情境就是黑暗与独处；前者能持续终生；通常当他亲爱的保姆或母亲不在时，他便会生出这种恐惧。我听说，有个怕黑的小孩朝隔壁房间喊："阿姨，跟我说说话，我害怕。""那又有什么用呢，你又看不见我！"但这孩子回答："有人说话，我就会觉得亮一点。"于是，在黑暗中感受到的渴望就转变成了对黑暗的恐惧。我们还远未发现神经性恐惧只是真正的恐惧的一个次要的特例，却从小孩身上观察到他们的行为既与真正的恐惧有些相似，又与神经性恐惧有共同特征，此特征便是来源于未被利用的力比多。儿童似乎生来就没什么真正的恐惧感，在后来成了恐惧症先决条件的所有情境中，如腾空、过水上的窄桥、乘火车和乘船等，小孩都未表现出害怕。知道得越少，怕的就越少。如能遗传到更多这种保护生命的本能，自然是求之不得，那么我们保护他免受种种危险的监护重担也会减轻不少。但实际上，儿童一开始都会高估自己的能力，表现得无所畏惧，因为他意识不到危险。他会沿着岸边跑，爬上窗台，玩火或利器，总而言之，他会尝试一切可能伤害他的东西，并让监护人心中警铃大作。是教育唤醒了他们真正的恐惧，因为我们也许不会让从自己得到的教训中学习。

如果有孩子在接受这种教育的过程中感到害怕，并发现了他们没有受到警告的危险，那么这足以令我们假设他们的体质内含有更大量的力比多需求，或者他们事先已被力比多的满足宠坏了。想来那些后来神经紧张的人，当他们还是小孩时，定然属于此类。我们知道，神经症很容易由无法暂时容忍大量受压抑的力比多而引起。你们会看到，这里也有一种体质因素在发挥作用，我们一直都公正对待它，对它的合理性也从未提出过异议。我们想要避免的只是在观察和分析的结果已表明体质因素是无关紧要的，或完全不值得考虑的情况下，仍然忽略其他因素而仅仅倚重这一体质因素。

让我们来总结一下观察儿童的焦虑所了解到的情况：婴幼儿的恐惧与真正的恐惧没有多大关系，但与成人的神经性恐惧密切相关。它源于未被利用的力比多，并通过外界的对象或情境来取代儿童所缺少的爱的对象。

现在你们会很高兴地听到，由恐惧症的分析所得到的知识并不是什么新知识。恐惧症是如此，儿童的恐惧也是如此；未被利用的力比多会不断转变为真正的恐惧，而外界的一种微不足道的危险会取代力比多的需求。婴幼儿特有的恐惧症不仅是原型，而且是长大后的恐惧症的直接先决条件和序曲，这种巧合不足为奇，它与焦虑性癔症有关。每一种癔症的恐惧症即便内容不同，并因此名称不同，但都可追溯到童年时期的焦虑，它是这种恐惧的延续；而这两者的不同在于它们的机制。对成人来说，虽然他们的力比多在这种渴望的形式中暂时无法得以发泄，但也不足以转变成恐惧。他早已学会了如何保存这种力比多，或以其他方式发泄。但是当力比多成了受压抑的部分心理冲动时，相似的情形便会在那些还不能区别意识和潜意识的儿童身上再度发生。退化为婴幼儿特有的恐惧症便成了让力比多便捷地转变为恐惧的途径。正如你们所知，我们前面已详细讨论过压抑作用，但我们那时总是注意被压抑的概念的命运，因为它比较易于识别和呈现。我们一直忽略了附着于被压抑的想法上的情绪的命运；到现在才知道，无论这个情绪在正常条件下呈现出何种性质，它的命运最终都是转变为恐惧。这种情绪转变是压抑过程中更为重要的部分。要说明这一点并不容易，因为我们还无法像断言潜意识想法的存在那样来断言潜意识情绪的存在。它们之间的一个不同之处在于，无论一个想法是有意识的还是潜意识的，它都可以维持原样；我们还可以解释与潜意识想法相当的东西是什么。但情绪是一种发泄，我们必须以有别于想法的评判方式来评判它。若我们对心理过程的假设不进行更深入的反思和澄清，就说不出与潜意识情感相当的东西为何物。我们目前还解决不了这个问题。但我们想保留我们已得到的印象，即焦虑的形成与潜意识系统密切关联。

我说过，转变成恐惧，最好通过恐惧的形式发泄出来，这是受压抑的力比多的直接命运。但我还得补充一句，这并不是它唯一的或最终的命运。伴随这些过程而产生的神经症会努力抑制恐惧的形成，并以各种方式获得成功。譬如，在恐惧症中，神经症过程可清楚地分为两个阶段。第一阶段实现了力比多的压抑作用，并使力比多转变为恐惧，这种恐惧与外界危险有关。第二阶段包括构建各种预防措施和安全装置，以避免与外部危险接触。压抑作用与自我逃避力比多是相对应的，这被视为是危险的。恐惧症就相当于一座抵御外部危险的堡垒，可怕的力比多就相当于外部危险。而恐惧症的防御体系的弱点在于，外表看似坚固，其实内部却很脆弱。把来自力比多的危险投射于外部，是永远不可能成功的。因此，在其他神经症中，其他防御体系便被用来阻止恐惧形成的可能。这是神经症心理学中的一个很有意思的部分。遗憾的是，这个研究会导致我们离题太远，并需要事先具备更深入彻底的专业知识。我只补充一点，我已给你们讲过反包围，自我在限制压抑作用时就会用到它，它必须永久维持下去以使压抑作用得以存在。反包围的任务就是运用各种防御方式来阻止压抑作用之后恐惧的发展。

再回到恐惧症的话题上来，我现在可以说，你们已意识到仅仅解释恐惧症的内容，只对导致恐惧症的这个对象或那个情境感兴趣，都是远远不够的。恐惧症的内容和梦的表面内容——显梦同等重要。在一些必要的限制条件下，我们承认在恐惧症的内容中有一些因物种遗传的关系尤为适合作恐惧的对象，就如斯坦利·霍尔强调的那样。与之一致的事实是，恐惧的许多对象只有通过象征关系才能建立起与危险的关系。

于是，我们确信恐惧问题在神经症心理学问题中占据核心地位，并对恐惧的发展与力比多的命运和潜意识体系紧密交织的事实印象深刻。只是还有一个缺点，那便是下述无可指摘的事实与我们的假设并不一致，即真正的恐惧应被视为自我的自卫本能的一种表现。

第二十六讲　力比多理论和自恋

我们无论在以前还是最近，都多次提到过自我本能与性本能之间的区别。首先，压抑作用告诉我们这两种本能是相互对抗的，性本能显然在对抗中受挫，不得不退而求其次通过其他方法得到满足，并以无懈可击的方式获得对挫败的补偿。其次，我们得知这两种本能从一开始就与它们的老师——必要性之间的关系各不相同，这样它们就不会以相同的方式发展，它们对待务实原则的态度也各不相同。最后，我们开始意识到，性本能与恐惧的情绪状态的关系比跟自我本能的关系要紧密得多。这一结论似乎仅在某个方面尚欠完善，只不过它是最重要的方面。因为我们若要进一步证明，就会提出下面这一重要事实：饥和渴，这两个自我保护本能的最基本成分从未转变为焦虑；反倒是未被满足的力比多转变为恐惧，正如我们听说的，是最熟悉和最常见的现象之一。

我们将自我本能从性本能中分离出来的完美判断，是无可置疑的。性欲望作为个体的一种非常特殊的活动，就能证实这一点。因此，唯一的问题是，这种区别有何意义，如何看待这种区别的重要性？答案将取决于我们对以下问题的观察结果：一是性本能在心理和身体上的表现与反对它的那些因素相比，究竟有何种程度的不同；二是这些差异所导致的结果有何重要性。当然，我们无意坚持这两种本能在本质上存在难以明辨的差异。它们都只是个体能量来源的名称而已。要讨论它们在本质上属于同一种还是不同的两种；若属于同一种，它们又是何时彼此分离的。这些问题不能由这些名称来判定的，而要以其背后的生物学事实为依据。但我们目前对此知之甚少，即便我们知道得再多，也与精神分析工作无关。

显然，假如我们效仿荣格的做法，强调所有的本能都是同一来源，它们所显示出的能量均被我们称为“力比多”，其实也起不了多大作用。因为我们没办法将性机能从心理生活中剔除，因此不得不转而去探讨性的和非性的力比多。但力比多这个名称仍需保留，依旧专指性生活的本能。

因此，我认为性的本能和自我保护的本能之间存在正当合理的区分，但这种区分究竟应该到哪种程度，对精神分析而言都不重要；再者，也轮不上精神分析来解决这个问题。从生物学角度来看，显然有各种理由相信这一区分很重要。性乃是生物体所能行使的超越个体自身，并能与其所属物种有关联的唯一机能。不可否认的是，使用这一机能并不像其他机能那样总是对个体有利。因为为了追求那极致的欢愉，常会令个体身陷危险甚至付出死亡的代价。而且为了使个体生命还能留下一部分传给后代，这一机能或许还含有某种不同于其他机能的特殊的新陈代谢过程。虽然个体通常将自身看得很重，并将性行为视为获得自身满足的一种手段，但从生物学角度来看，个体只是一系列物种繁衍过程中的一个片断。与不朽的种质（germ-plasm）相比，个体只是个短暂的附属物，就好比公司的一名临时合伙人，他死后，公司还在。

不过，以精神分析来解释神经症，无需达到这么深远的意涵。通过分别观察性本能和自我本能，我们知晓了理解移情神经症的关键。我们已经可以追溯到它们的某一基本情境，在这一情境中性本能与自我本能是相冲突的，若用生物学术语来表述（虽然不够准确）就是，自我一方面作为独立的个体，与其本身在另一方面作为物种繁衍过程中的某一环节，是互相冲突的。也只有人类才具有发生这种冲突的能力，因此，总之，神经症是人类特有的，动物就没有。人类过度发展的力比多和各种各样复杂的心理生活（这或许就是由于力比多的发展而造成的），似乎构建出了这种冲突的先决条件。而人类之所以能够远远超越与自己有血缘关系的动物，取得如此大的进步，就明显与这些条件有关。患神经症的能力只不过是人类的天赋和才能的反面。当然，这些都不过是推测而已，偏离了我们研究的主题。

迄今为止，我们的研究工作仍基于这样一个前提：我们可根据其表现将自我本能和性本能区别出来。在移情神经症中，要作这种区别很简单。自我将积聚的能量直接导向其性欲对象的就是“力比多”；而其他的一切，即自我保护的本能所释放的能量，就是“兴趣”。通过观察力比多的积聚、变化及最终的命运，我们便能初步了解心理能量的工作机制。移情神经症为这一目的提供了最佳材料。但我们对构成自我的各种组织以及它们的构建和运作机制仍不了解。于是，我们不得不认为，只有对其他神经症进行分析才能揭示这个问题。

我们很早就开始将这些精神分析的概念延伸到其他疾病的情况之中了。早在 1908 年，亚伯拉罕(K. Abraham)在同我讨论后，就断言早发性痴呆症(被认为是一种精神病)的主要特征就是对象的力比多积聚的缺乏(癔症与早发性痴呆症之间的心理一性差异)。但这样一来问题就出现了，痴呆症患者的力比多从其对象转移出来后，又会发生怎样的情况呢？亚伯拉罕毫不迟疑地给出了答案：“它又会返回到自我身上，该情况反映出这种折返正是早发性痴呆症中夸大幻想(megalomania)的源泉。”这种夸大幻想正如我们所熟悉的恋人间习惯性地高估对方的现象一样。就这样，我们通过与正常恋爱过程相比较，首次了解到精神病的相关情况。

亚伯拉罕的这些初步见解在精神分析中被保留了下来，并成为我们对精神症(psychoses)看法的基础。我们又慢慢熟悉了以下这个关于力比多的观点：力比多虽然附着于某些对象之上，表现出想努力在这些对象上获得满足的愿望，但它也可以舍弃这些对象，转而附着于人的自我之上。慢慢地，这种观念变得越来越完善。内克(P. Naecke)曾用“自恋”来形容一种性倒错现象，即成年个体常将倾注于外界性对象的全部感情滥用于自己身上的现象。我们现在则借用这个词来形容力比多的这种分配方式。

我们反思认为，如果真出现了力比多对某人自己的身体与人格而不是外界对象的固着情况，这不算是例外或毫无价值的。这种自恋很可能是一种普遍的原始的现象，这种现象到后来才发展成为对外界对象的爱，不过，这也不会必然导致自恋现象因此消失。从对象力比多(object-libido)的发展进化史中，我们须记得，很多性本能从一开始就在务实原则是一致的。于是，自淫成了力比多分配的自恋阶段的性活动。

简而言之，从某种程度上说，我们可通过动物学的类比关系来解释自我力比多(ego-libido)与对象力比多之间的关系。想想最简单的生命形式，那些由一小块原生质所组成的未分化的生物体。它们向外伸展出一些突出物，即我们所知道的伪足，一直伸展到流动的细胞质中。不过它们也可以收回这些伪足，复原为最初的样子。现在我们可将这些伪足的伸展比作力比多向对象的投射，而力比多的主要部分仍留在自我之中；我们假设在正常情况下，自我力比多可转变为对象力比多，而对象力比多也能轻易被纳入自我之中。

借助于这种表述，我们现在就可以解释诸多心理状态了，或者更谦虚一点说，用力比多理论的语言来描述它们；描述那些必须归为正常生活——如恋爱、生病和睡眠等——状态中的心理态度等。我们假设睡眠要依靠退出外部世界、集中精力睡觉的愿望来实现，发现夜间的梦所表现出来的心理活动也是为睡觉这一愿望服务的，并完全受利己主义动机的控制。继续从力比多理论的意义上说：在睡眠状态中，对象的——无论是力比多的，还是自我的——所有贯注均被放弃，而撤回自我之中。这难道不是一个关于睡眠期间体力得以恢复以及通常所说的疲惫感的新观点吗？这种无忧无虑的与外界相隔绝的子宫内的生活画面，既是睡眠者夜夜浮现出的画面，也是从心理意义上完善出来的画面。在睡眠者身上，力比多分配的原始状态再次恢复到完整的自恋状态，在这个自恋状态中，力比多与自我兴趣依旧合为一体，难以区分，并同处于自给自足的自我之中。

我们须注意两件事：第一，自恋和利己主义的概念应如何区分？我认为自恋是对利己主义的力比多的补充。当我们谈论利己主义时，仅指对个体的好处；而当我们谈及自恋时，则会考虑到个体的力比多满足。至于实际的动机，二者的差异很大。一个人可以是绝对利己主义的，并仍然对对象有强烈的力比多贯注，只要通过对象的力比多满足服务于自我的需要。接下来，利己主义便会保护自我在对对象的追逐中免受伤害。一个人既可以是利己主义的，同时又可以是过度自恋的，比如几乎不需要对象。而自恋要么表现为直接的性满足，要么表现为由性需求而来的更高层次的愿望，对于这种愿望，我们习惯性地称为与好色截然相反的爱情。就所有这些方面来说，利己主义都是亘古不变、不言而喻的，而自恋则是多变的。利己主义的对立面就是利他主义，它与力比多的对象贯注是不同的两个概念。利他主义不同于力比多的地方就在于它没有获得性满足的欲望。当个体完全处于恋爱状态时，利他主义就会和力比多的贯注在对象问题上发生冲突。一般来说，性对象会吸收部分自我的自恋于自身，这便是我们通常所称的对象的“性高估”。如果除此以外，利己主义还能向性对象转移利他主义的话，那么性对象就无所不能了；它实际上把自我吸收了。

如果在这些枯燥无味的科学玄想之后，我以一段诗歌来说明自恋与恋爱之间的经济区别，或可提振一点你们的兴味吧。下面这一段引自歌德的《西东合集》中苏莱卡和她的恋人哈台姆之间的对话：

苏莱卡：平民、奴隶和统治者，
他们随时都可以承认：
生而为人的最大幸福，
只在于人人都有个性。
任何生活都可以度过，
只要你不把自我失落，
一切一切都可以丢失，
只要你能把本性保持。
哈台姆：可能如此！有此一说；
不过我有另外的看法：
世间所有一切的幸福，

对我来说全在苏莱卡。
当她全心全意爱着我，
我便感到自身的价值，
当她转过身不再理我，
我立刻便把自我丢失。
这一来哈台姆完了蛋；
然而我马上改弦更张，
我会敏捷地摇身一变，
成为被她爱抚的情郎。①

第二个观察是对梦的理论的补充。我们无法解释梦的起源，除非我们假设被压抑的潜意识从某种程度来说已独立于自我。即便是为了睡眠的缘故，所有依赖于自我的对象贯注都被撤回，这种潜意识仍不会服从睡眠的愿望，还会保持着已获得的能量。只有这样，我们才能理解潜意识是如何利用夜间审查作用的中断或解除的便利来获取并操控白天的余念的，而且用它们塑造出一种被本人所禁止的梦来。另外，这些白天的余念和被压抑的潜意识之间本就存在一种联系，在这种联系中，白天的余念起到了直接阻止由睡眠愿望所支配的东西以及力比多撤回的部分作用。因此，我们希望这个具有动态重要性的特点

① 此处译文采用杨武能译《歌德抒情诗选》，漓江出版社 2012 版，第 224—225 页。——译注

能补充进有关梦的形成的概念中来。

机体的疾病、痛苦的刺激或器官的炎症，显然造就了一种可导致力比多从其对象上撤回的条件。被撤回的力比多再次回到自我之中，并贯注于身体的得病部位。我们甚至敢断言，在这些情况下，力比多从其对象上的撤回比自我兴趣从外部世界的撤回要更明显。这似乎打开了了解疑病症的大门，据我们来看，在此症中，看起来没有得病的器官也以类似方式占据了自我的注意力。但我应该抵制顺着这一方向研究的诱惑，或者说，不再讨论其他情境了，即那些可以理解或通过假设而呈现出来的对象力比多退回到自我的情境。因为我知道，自己会不可避免地碰到吸引你们注意力的两种反对意见。首先，你们想让我解释，我为什么一定要坚持在睡眠、生病和相似的情境中将力比多与兴趣这两者，同性本能与自我本能这两者区分开来。其实，要解释这些情况只需通过假设每个人都有一种一致的、可自由流动的能量，时而可以贯注对象，时而可以贯注自我，还可服务于这个或那个冲动。其次，你们想知道，我为何居然敢认为力比多从其对象的撤回就是疾病的起源？毕竟由对象力比多向自我力比多或更普通的自我能量的这种转变，属于日夜重复发生的正常的心理动力机制。

我的回答是：你们的第一项异议提得不错。对睡眠、生病和恋爱状态的探讨或许永远都不会导致我们发现自我力比多和对象力比多之间以及力比多与兴趣之间的区别。但是，你们忘记了我们起初研究的是什么，我们现在所讨论的心理情境正是以这种研究为依据的。我们是在弄清楚了移情神经症所暴露的冲突后，才不得不辨别力比多与兴趣，即性本能与自我保护本能之间的区别的。自此以后，我们就再也放不下这种区别了。我们只有假设对象力比多能转变为自我力比多，换言之，我们必须重视自我力比多，对我们来说，这似乎是唯一可用来解决所谓的自恋神经症之谜，如早发性痴呆，或证明它们与癔症及强迫症之间的异同的方法。我们现在是把我们在其他地方所证实的不可否认的方法应用于生病、睡眠和恋爱中，只要这些方法行得通，我们就会一直使用。唯一不是直接得自我们的分析经验的主张是，力比多不论是附着于对象，还是附着于自我，它仍然是力比多，永远不会变成自我的兴趣，反之亦然。但这一主张只相当于性本能与自我本能之间的区别，我们对此已进行过批判性考量。从方法论角度出发，我们依旧会坚持这一区别，直到它被证明是错误的。

你们的第二项异议也提出了一个合理的问题，但它的方向错了。诚然，对象力比多退回到自我未必致病；我们也知道该情况每次都发生在入睡之前，醒来后又复原，正如小小的原生质动物收回伪足后，只要一有机会又会伸出去一样。但当一种特殊的、很有力量的过程强迫力比多从其对象上撤回时，情况又大不相同了。成为自恋的力比多找不到返回对象的路，于是，力比多的流动性受阻肯定就会致病。而且似乎自恋的力比多的积聚不能超过一定量，否则便无法忍受。我们可以想象，正是这个原因，力比多向对象的贯注才得以发生，自我才必须释放力比多，以免力比多积聚过多而致病。如果我们计划深入研究早发性痴呆，那我就会向你们表明，使力比多脱离其对象并不能复返的过程与压抑作用密切相关，并且这一过程须被认为是压抑作用的复本。不过最重要的是，你们要能意识到这些熟悉的原因。因为产生这些过程的条件据我们现在所知，几乎都与压抑作用相同。所谓冲突似乎也是相同的，并在相同的力量之间产生。其结果却不同于癔症，这只是由于先天倾向的不同所致。这些患者的力比多发展的弱点处于另一阶段。你们应该还记得，起控制作用的力比多的固着允许改变位置而导致症状形成，它存在于别处，或许就位于初期的自恋阶段，也就是早发性痴呆症最后会返回的阶段。值得注意的是，对所有的自恋性神经症来说，我们不得不假设力比多的固着点可以追溯的发展时期远远早于癔症或强迫性神经症。但你们已听说过，由研究移情神经症所获得的相关概念已足以帮助我们了解自恋性神经症，虽然研究后者的实际困难要更大些。二者的相似性还是相当多的；它们在本质上属于同一领域的现象。不过，你们很容易就能想象到，如果一个人事先没有储备关于移情神经症的分析知识，那么要他去阐释这些属于精神病学的病症，他会感到有多无望。

此外，早发性痴呆症所呈现出来的症状表现极易变化，这些症状并非完全由于力比多被迫离开对象，以自恋的力比多形式聚集于自我之中的过程所造成；其症状呈现的大多是另一种表现，它是由于力比多的冲动要重返对象而力求恢复和复原的结果。事实上，这种症状表现才更明显，更强烈；它们无疑类似于癔症症状，偶有少部分还与强迫性神经症症状相似，不过在每一方面都存在不同之处。似乎在早发性痴呆症中，力比多奋力返回对象(即对象的代表)的努力也确有所得，但只得到了原物的影子，即只是属于原物的言语表象。这里尚不宜讨论这个问题。但我相信，力比多想要逆转回去的冲动将有助于我们了解真正决定意识与潜意识的观念之间的区别。

我现在带你们进入这片领域，在这里我们的分析工作可望取得进一步的推进。自从我们可以运用力比多概念，研究自恋性神经症已成为可能。我们所面临的问题，就是找出这些疾病的动态解释，同时通过对自我的理解，扩大我们在心理生活方面的知识。我们力求理解的自我心理学不能建立于内省的素材之上，而是要像力比多的情况那样，根据对自我的干扰和分解的分析来了解。当我们完成了这一重大任务后，或许就会对我们之前研究移情神经症所获得的关于力比多的命运的知识不屑一顾了。但我们目前所取得的进步还不够，我们将研究移情神经症的方法应用于自恋性神经症是行不通的。你们很快就会明白原因。每当我们在研究自恋性神经症中稍微有所进展时，就会碰到阻碍，不得不停下来。你们知道我们在研究移情神经症时也会遇到这种抵抗的壁垒，但我们是能够冲破其一层层阻碍的。在自恋性神经症中，这种障碍则是不可逾越的；我们至多可以好奇地瞟一眼墙外，刺探一下外面发生了什么。因此，我们不得不采取别的方法；只是还不知道能否找得到。当然，即便是这些患者也给我们提供了不少材料。尽管他们没有回答我们的问题，但还是告诉了我们不少。目前，我们不得不根据对移情神经症症状的理解来解释他们所说的。这两种病症的一致之处，已足以确保我们的研究有一个良好的开端。至于这种技术方法能应用多久，还有待观察。

还有些困难也阻碍了我们的研究进展。只有分析研究过移情神经症的观察者，才能解决自恋性神经症和与之相关的精神疾病问题。但我们的精神病学家并不研究精神分析，而我们这些精神分析家又极少研究精神病案例。所以现在必须开始培养一批精神病学家，让他们先接受精神分析这门预备科学的训练。美国已经开始这方面的培训了，许多杰出的精神病学家在向他们的学生讲解精神分析学说，疗养院和精神病院的院长也根据精神分析理论对他们的患者进行尽心尽力地观察。不过，我们偶尔也能成功地窥探到自恋性神经症的墙外发生的事，下面将告诉你们一些我们所认为的已取得的发现。

妄想症是一种慢性精神错乱，在当今对精神病学的尝试性分类中，它的位置非常不确定。无疑，它与早发性痴呆症有着密切的关系。我以前曾大胆提议，妄想症与早发性痴呆症都应归入“妄想痴呆”这一常用名下。根据其幻想内容的不同，妄想症可分为夸大妄想、受迫害妄想、被爱妄想和嫉妒妄想等。我们并没有期望从精神病角度尝试解释。不过，这里有一个关于这种尝试的例子，当然只是个过时的、不太有根据的例子。我可能会提及这个尝试，即通过理智的合理作用试图由一个症状派生出另一个症状：患者深信自己遭人迫害，进而推定自己是个了不起的重要人物，由此发展成夸大妄想。而据我们对夸大妄想的概念分析可知，这是由于力比多从其占据的对象上撤回所致的自我立即膨胀的后果，它是继发性自恋，是早期婴儿初始自恋的一种再现。不过，我们在受迫害妄想的例子中注意到的一些事，却让我们的思路明确起来。首先，我们在很多病例中观察到，迫害者和受迫害者都是同一性别。对此现象仍可从无害的角度来解释。不过，一些仔细研究过的病例明确显示出患者在正常状态时非常喜欢这位同性之人，一旦犯起病来则会将其视为迫害者。此病又可因这一事实而造成进一步发展的可能，即根据患者所熟悉的亲近关系，将其所爱之人替换为他人，如将父亲替换成老师或上级。我们根据对这种病症日益增加的经验得出如下结论：迫害妄想是一种用于抵御过分强烈的同性恋倾向的疾病形式。众所周知，由爱成恨的转变或许会严重威胁既爱又恨之人的生命。它表现出的是力比多冲动向恐惧的转变，是经常性压抑作用的结果。关于此话题，我以一个最近观察到的例子来加以说明。一位年轻的医生不得不离开自己的家乡，因为他曾威胁过一位大学教授的儿子的性命。这位教授此前一直是他的好友，现在他却认为这位昔日好友不但不怀好意，还具有魔鬼般的力量。他把自己这几年来遭遇的家庭不幸以及自己在公私两方面的霉运都归咎为这位朋友捣的鬼。但这还不够。这位邪恶之人和他的教授父亲还挑起了战争，引来了俄国人，弄得他无数次差点丧命。我们的患者深信唯有处死这一罪魁祸首，才能终结一切不幸。可他是如此深爱他的老朋友，以至于当他有机会近距离射杀他时，却始终下不了手。我与患者有过一次短暂的交谈，发现他俩的友谊可追溯至早年的学生时代。并且他们至少有过一次超越友谊的行为；他们曾在一起过夜，有过一次完整的性交。就其年纪和迷人的个性而言，我们的患者理应会对女性倾心，可他却完全不感兴趣。他曾与一位年轻貌美、才华出众的女孩订婚，后来却解除了婚约，因为那女孩发现她的未婚夫对自己并无感情。几年后，就在他第一次成功地满足一个女人的性需求时，他的受迫害妄想却发作了。当这个女人满怀感激、充分诚挚地拥抱他时，他突然感到一种莫名的疼痛，犹如利刃切开头骨似的。后来他解释说，这种感觉就像有人当他的面切开了他的脑袋。因为他那位朋友已成为病理解剖学家，他便越来越认为只有此人才会派这个女人来诱惑他。此后，他开始留意这位朋友对他的其他迫害，深信自己就是他的这个朋友的阴谋的受害者。

但对于迫害者和受迫害者非同性的情况，如果我们解释说这种病是针对同性恋力比多的防范，岂不明显自相矛盾吗？不久前，我曾有机会调查过这样一个病例，并通过这种表面的矛盾为我们的解释收集到了确凿的证据。一个年轻女孩觉得自己被人跟踪了，而此人正是与她发生过两次亲密关系的人。事实上，她最初是将这个疯狂的罪名安在了门口的一位女性身上，我们或可认为后者在这名患者的心理生活中扮演了替代母亲的角色。仅在第二次见面之后，她就将这个疯狂的念头由女人移到了男人身上。所以在这个例子中，最初的迫害者与受迫害者仍是同一性别。只不过患者在对律师和医生诉说时，并未提及她的第一个妄想片段，由此才造成该病例在表面上与我们关于妄想症的理论相矛盾。

比起异性恋的对象选择，同性恋的对象选择对于自恋来说本就更自然。如果强烈的同性恋冲动一旦受阻，它便很容易返回到自恋上。直到现在，我还没什么机会给你们讲讲我们所知道的性爱生活的基础，现在补充为时已晚。我只想指出这几点：对象的选择，也就是力比多经历自恋期以后的发展，可依照两种不同的类型发生：要么是自恋型，以非常相似的个体取代自我本身；要么是依赖型，以满足生活的需求而不是满足力比多的对象的需求为依据来挑选那些有用之人。我们还认为，当个体出现明显的同性恋倾向时，力比多就会强烈地固着于对象选择的自恋型。

你们应该还记得，我在这学期第一讲上提到过一个备受嫉妒妄想折磨的女人。既然我们的演讲已接近尾声，你们定会乐意听到我用精神分析来解释妄想的念头。但我能告诉你们的要低于你们的期望值。妄想的念头同强迫性的想法一样无法通过逻辑要求或实际经验来着手解决。我们可用它们与潜意识的关系加以解释，这些潜意识要么通过妄想念头或强迫性想法表现出来，要么被它们中更有效的想法所抑制。二者之间的差异基于它们各自的分区化和动态关系而定。

至于抑郁症，也与妄想症一样，可描述为多种不同的临床形式。我们已发现了某种能让我们了解此病内部构造的角度。我们意识到，自我谴责乃是抑郁症患者折磨自己的最冷酷无情的方式，但这种谴责所针对的其实另有其人，即自己所失去的性对象，或是那些因犯了错而对自己不再有价值的人。我们由此可知，抑郁症患者已将自己的力比多从对象上撤回，且通过一种被我们称为“自恋性认同”的过程，将对象建立于自我，即投射到了自我之上。我只能给你们一种描述性的叙述，而不能参考分区化和动态关系来说明。于是，患者的自我就以这样的方式被当成那个已遭遗弃的对象，并遭到了原本要加诸那个对象的一切报复与攻击。当我们了解到抑郁症患者对自身的痛恨程度，与对那个既爱又恨的对象的痛恨程度一样时，就不难理解为什么他甚而会出现自杀倾向了。对抑郁症和其他自恋性神经症而言，患者的情绪生活明显存在这样一种特性，自布洛伊勒以后，我们都习惯性将此特征称为“矛盾心理”。我们用这个词来表示针对同一个人的两种相反的情感，即既爱又恨。遗憾的是，对这一现象，我在这次演讲中无法进一步介绍了。

除了自恋性认同，还有一种癔症认同，我们很早以前就知道它了。我希望可以用一些明确的区分向你们阐明这两者间的差别，但事实上这很难做到。我可以给你们讲一些关于抑郁症的周期形式和循环形式的东西，我相信你们会感兴趣。因为在某些有利的情况下（我曾经历过两次），在患者的发作间隙神志清醒时，借助分析治疗有可能防止患者病情复发，即阻止这些相同或相反的情绪状态再现。于是我们知道了，在抑郁症和躁狂症中，这是一种解决冲突的特殊方法，它在先决条件上与其他神经症是完全一致的。你们可以想象，这一领域还有多少现象需要精神分析去探究啊！

我还告诉过你们，我们希望借助自恋性神经症的分析来了解自我的构造，并构建自我的种种不同因素。我们此前已对这方面做过初步的尝试，由观察到的躁狂妄想症得知，自我中确实存在一种对自我的另一部分不断监视、批判和比较的机能，并由此使得这两部分形成相互对抗。我们认为，在患者抱怨自己的一切举动都受到监视，自己所有的想法都被人记录并遭到批判时，他其实是向我们透露了一个鲜为人知的真理。他犯的唯一的错就是将这种令人痛苦的力量转移到了与己无关的身外事物上。他觉得在自我中存在一种主导性因素，它能在自身的发展过程中创造出一种理想自我（ideal ego）来审视他的现实自我（actual ego）及一切活动。我们还认为，这种理想自我的产生带有再次建立自我满足的目的，这种自我满足与婴幼儿的初始自恋密切相关，但自那时起，这种自恋便屡遭妨碍和贬抑。我们意识到，这种自我观察的机能就是自我稽查员——意识；在夜晚的梦里发挥审查作用的也是它，它对被禁止的愿望冲动实施压制。通过分析躁狂妄想症的被监视妄想可知，这种自我审视的机能源于父母师长和社会环境的影响，并处于对这些模范人物中的某些人的自我认同之中。

这是将精神分析应用于自恋神经症所获得的一些结论。不过，数量确实太少了，概念也不够准确，只有对新领域达到相当熟悉的程度，才能获得这种准确性。我们之所以能得出这些结论，全在于利用了自我力比多或自恋力比多的概念，借助于这些概念，我们将已被移情神经症证实的观察结果推及自恋性神经症中。但你们会问，我们是否可以用这种方式将自恋性神经症和精神病的一切错乱都归入力比多理论的解释范围，并认为在每个病例里造成疾病的原因都是心理生活的力比多因素，而与自我保护本能的功能异常毫无瓜葛呢？女士们先生们，在我看来，对这个问题的回答似乎并不那么急迫，尤其是现在还未到作定论的时候。我们最好冷静地留待科学进步后再行解决。具有致病能力确实是力比多冲动的一个特性，所以力比多理论无论对最简单的真性神经症，还是最复杂的精神错乱而言，都是适用的，我对此毫不怀疑。因为我们知道力比多的一个特征就是它从不屈从于现实世界的支配。但我认为最有可能的是，自我本能也会间接受到力比多的致病刺激的影响，以致出现机能紊乱。除此以外，纵使我们承认自我冲动在深奥的精神病中从根本上讲被引入了歧途，我也看不到我们在研究方向上的任何失败。不过，这都留待以后再说吧。我们现在再折回恐惧的话题，以期消除我们所留下的最后一点模糊之处。我们说过恐惧与力比多的关系，在其他方面看起来似乎相当明确，却不符合以下这个假设，即面临危险时，真正的恐惧应属于自我保护本能的体现。不管怎样，这一点是无可怀疑的。但若是恐惧的情绪不由利己的自我本能引起，而是由自我力比多引起呢？在任何情况下恐惧都是没用的，其程度越严重，无用性也越明显。它会阻碍针对目标对象唯一有效的、服务于自我保护目的的行动，无论是逃跑，还是抵抗。如果我们把真正的恐惧情绪的成分归为自我力比多，而将这种伴生行动归为利己性的自我保护本能，那么我们就克服了理论上的所有困难。另外，你们不会真以为我们逃跑是因为感到恐惧吧？相反，我们先害怕，后逃跑，都是由被唤醒的能意识到危险的知觉引起的。遇到过生命危险而得以幸存的人们告诉我们，他们根本就不害怕，只是择机行动而已。举起武器瞄准野兽，这才是实际上最行之有效的做法。

第二十七讲　移情作用

我们的讨论已接近尾声了，或许你们心中已产生了某种期待，而且不想使这种期待落空。我假设你们会认为我在引领你们进行了有关精神分析主题的各类讨论之后，绝不至于提都不提治疗方面的话题就打发你们走人，毕竟治疗才是精神分析得以进行下去的唯一支撑。当然，我是绝不会略过这一话题的。接下来，有关治疗的某些方面的观察结果会告诉你们一个新的事实，如果不加上这一事实，对于我们前面已经研究过的疾病的认识就会很不完整。

我知道你们并不指望我向你们传授如何实际运用精神分析技术来治病，只希望了解精神分析治疗的大体方式以及在治疗上取得的大致成就。无可否认，你们有权知道这一切。然而，实际上我是不会告诉你们的，并坚持最好让你们自己去发现。

好好想想吧！从引起疾病的条件到所有对患者的病情起作用的因素，该了解到的所有重要情况你们均已知晓，那么，能够使治疗起效的用武之地又在哪里呢？首先，让我们来看看遗传倾向。我们并不常提及它，是因为它已被其他领域特别强调，而我们对此也提不出什么新看法。但不要认为我们会低估它的作用。就是因为我们是从事治疗的专业人士，才会非常清楚地感受到它的威力。我们无论如何都不能使遗传发生改变；这是一个既定事实，可用来限定我们努力的范围。其次，便是幼年的经验影响。在分析时，我们已习惯于将它们看得尤为重要；它们属于过去，我们抹杀不了它们的存在。于是，我们把生活中的一切不幸都括进“实际约束”（actual forbearance）术语，比如由爱情受挫、贫穷、家庭不和、选错婚姻伴侣、不利的社会处境以及道德准则的过度逼迫性等。这些情况确实大有被治愈的可能；但其治疗方法须根据维也纳的民间传说，采用奥地利皇帝约瑟夫的那种方法：让人们所臣服的君主进行善意的干预，这样困难方可消失。然而我们又是谁呢，能够以这样的善意干预作为治疗的方法吗？我们在社会上既无权又无势，只能靠行医为生，甚至不能像用其他方法治病的那些医生一样免费为无钱看病的患者治疗，因为我们的治疗耗时耗力。然而，你们或许仍会揪住我提过的某一因素不放，并觉得你们已经找到了一个行之有效的办法。如果社会施加的道德限制也对患者起到强行剥夺的作用，那么治疗就要给他勇气，甚至把命令当作处方，让他去克服这些障碍，也许可以告诉他如何在放弃社会一直支持我们、但经常被忽视的理想的过程中获得满足和健康。这样，一个人可通过自由支配自己性行为的方式而逐渐健康起来。不过，这样的分析治疗会沾上一个污点，为我们的社会道德所不容。个人得利而贻害社会。

但女士们先生们，谁会误导你们到这种程度呢？很难想象让人的性行为完全受自主支配这样的建议会在分析治疗中占一席之地。如果此建议仅出自我们曾描述过的这种情形，即患者在力比多冲动与性压抑之间，在性欲趋势与禁欲趋势之间，存在一种激烈冲突，那么这种冲突是不可能用助长某种趋势而打压另一种趋势的方法来解决的。我们由神经症的病例可知，禁欲主义在这里是占上风的，结果被压抑的性欲便利用症状形成的方式获得喘息空间。若反之，我们让性欲占上风，那么症状就会取代性压抑，后者就会被置之一旁。这两种解决方法都不能终止内在冲突，总有一方得不到满足。只有在极少数情况下，冲突是非常不稳定的，以致医生的干预可以起到决定性的治疗作用。不过，这样的病例是不需要精神分析治疗的。能被医生影响如此之深的患者，在没有医生的情况下，自己也会找到解决之道。你们知道，当一个禁欲的年轻人决定进行不正当的性交，或当一个欲求不满的妻子想从另一个男人身上获得满足时，他们通常是不会等到获得医生或分析师的准许后才去行动的。

人们研究这种情况时，常会忽略一个要点，即一定不能混淆神经症的致病冲突与心理冲动之间的正常斗争，尽管这两者都根植于同一片心理学土壤之上。神经症的斗争表现为两种力量的抗衡，其中一种力量已进入前意识和意识阶段，另一种则被阻滞于潜意识阶段。这就是为什么冲突没有结果；冲突双方根本见不着面，这就好比那个著名的北极熊与鲸鱼的例子。只有双方在同一场所碰到，才能真正解决问题。我觉得，实现这一点是我们分析治疗的唯一任务。

此外，我向你们保证，假如你们以为整个分析作用就是针对生活事务进行建议和指导，那你们就误会了。恰恰相反，我们应尽可能避免充当导师的角色，更希望患者自己独立做决定。带着这一目的，我们还要求他在治疗结束前延迟做出所有重要决定，如职业的选择、结婚或是离婚等。你们必须承认，这并不是你们想象的那样。只有在那些非常年轻或完全不能自立的人面前，我们才不坚持这种合理的限制。在他们面前，我们不得不肩负起医生和教育者的双重职责；我们已充分意识到自己的责任，因而行事总是慎之又慎。

我虽充满热忱地力辩分析治疗绝不会怂恿神经症患者自由支配自己的性行为，但你们不能因此以为我们要以传统道德观念来影响他。对这种观点，我们照样退避三舍。诚然，我们不是改革者，仅是观察者，但我们免不了会以批判的眼光观察问题，因此，我们既不会袒护传统的性道德，也不会过高地评价社会尝试控制性生活的做法。我们可以证明，世间的道德规范所要求的牺牲无疑超过了其本身的价值，实施道德规范的行为既不是基于诚实，也未必明智。我们不会在患者面前隐瞒这些批判意见。在对待性的问题上，我们让他们也像对待其他问题那样不带任何偏见地考虑和权衡；治疗结束后，他们便会成为独立之人，能在放纵的性行为和禁欲主义之间做出适当的选择，这样我们的良心就不会不安了。我们告诉自己，无论何人，但凡接受了良好的教育且忠实于自己的内心，就能永远抵制不道德的危险，即便他的道德标准与其他人全然不同。另外，关于受禁欲影响的神经症问题，我们还应小心，不可高估了禁欲问题的重要性。只有极少数因挫折作用及其造成的被压抑的力比多而致病的情况，才能立即被这样的性交治愈。

所以，你们不能说单凭建议患者自由支配自己的性行为，就能解释精神分析的治疗作用。你们须得另找其他解释。在反驳你们的这个假设时，我想起自己说过的一句话，或许它能引导你们进入正轨。我们的方法的有效之处，就在于用有意识的想法取代潜意识的想法，或把潜意识的想法转变为有意识的想法。你们说得对，就是这样。通过把潜意识的想法投射到有意识的想法上，我们就可以摆脱压抑作用的束缚，再消除症状形成的条件，把致病冲突转变为正常冲突，那么这种冲突肯定能通过这种或那种方式得以解决。我们对患者的影响只是让他的心理发生变化；其变化的程度就是我们所能提供的疗效的程度。无论在何种情况下，只要压抑和类似的心理过程一旦相互抵消，就无需我们治疗了。

我们可以通过各种不同的公式来表达我们的奋斗目标，即将潜意识转变为有意识，消除压抑作用，填补记忆的空白——所有这些统统指向同一件事。不过，你们或许对这种解释并不满意。你们会猜测神经症患者的治愈效果大不一样，在经历了劳心又劳神的精神分析治疗之后，患者会变成全然不同的一个人。我现在要告诉你们，整个治疗结果仅仅是他的潜意识想法会少一点，而有意识的想法会多一点而已。你们或许会小瞧这种内心变化的重要性。被治愈的神经症患者虽然在本质上还是原来的他，但确实成了另一个人。也就是说，他只是变成了当他处于良好环境下会成为的那个人。这已是一件十分了不起的事了。假如你们知道了所有我们要做的事，并意识到要使一个人的心理发生如此轻微的变化需得付出多大的努力，那么你们就会认可这种心理领域的差异变化到底有多重要了。

我稍微跑一下题，问问你们是否知道“病因疗法”（causal therapy）的意义。之所以叫病因疗法，就是由于它不以疾病的症状为出发点，而是去寻求一种根除病因的方法。那我们的精神分析是否属于病因疗法呢？要回答这个问题可不容易，不过我们或许有机会证明问这个问题其实没什么意义。只要精神分析治疗不以根除症状为直接目的，那么它就很像病因疗法。但从另一方面来看，你们或许又会说精神分析不属于病因疗法。因为我们对病因的追溯已远远超过了压抑作用，到达了本能倾向以及由患者体质引起的它们的相对强度，最终分析了它在异常发展过程中背离本质的性质。现在先暂时假设我们或许可以用化学方法来影响这些机制，增减目前出现的力比多数量，并牺牲某一种冲动来增强另一种冲动。由此，这种治疗就成了真正意义上的病因疗法，我们的精神分析也就成了探寻病因所需的必不可少的预备工作了。但你们知道，到目前为止还没有哪种方法能对力比多的过程产生如此大的影响。我们的精神分析治疗是从其他地方而不是从我们清楚的现象根源来着手干预的，不过这离病症相当远，只有在特殊情况下，我们才有可能接近病症结构的豁口。

我们究竟该做些什么，才能使患者的潜意识想法被有意识的想法取代呢。我们一度以为这很简单，只需再现这种潜意识的想法并告诉患者就行了。但我们已明白自己犯了一个肤浅的错误。我们所知道的潜意识与他所知道的潜意识并不是一码事；如果我们将自己知道的告诉他，他并不会接受，也不会用它来取代自己的潜意识想法，而是会将它搁置一旁，这样我们根本无法对他造成什么影响。我们反倒应该从患者的角度来看待潜意识的想法，并深入他的记忆中，去因压抑作用而形成潜意识的地方寻找它们。必须先消除这种压抑作用，以有意识的想法代替潜意识的想法才会奏效。那么该怎样消除这种压抑作用呢？由此，我们的任务进入了第二阶段。首先要找到压抑作用，然后是消除维持压抑作用的抵抗。

我们该如何去除这种抵抗呢？还是用同样的方法——先重现这种抵抗，再告诉患者。因为这种抵抗就源于我们正想清除的压抑作用或更早期的压抑作用，它是被煽动起来压抑攻击性冲动的反击所建立的。于是，现在我们要做的就是一开始就打算做的事：解释，重现，再告诉患者；不过现在我们做的是对的。这种反发作或抵抗都不属于潜意识，它属于自我，而自我是我们的合作者。即便抵抗不属于有意识也无妨，我们知道，理解有歧义的“潜意识”一词的困难在于：要么视之为一种现象，要么视之为一个系统。这似乎仍然晦涩难懂，但这不过是一种重复，不是吗？很早以前我们就对此有所准备了。我们期望当我们的解释能使自我识别出这种抵抗的时候，抵抗就能得到清除，反包围则会瓦解。在这种情况下，我们究竟能与哪种冲动合作呢？一是患者对恢复健康的渴望，它会令患者愿意配合我们的治疗；二是患者的智力，我们的解释会为它提供支持。毫无疑问，若我们能给他他所期望的那种清楚的提示，那他就能识别出抵抗，也更容易将此抵抗视为压抑作用。就好比我对你们说“快看天上，那儿有个气球”，这要比我只是叫你们抬头看天空是否有什么东西更容易看到气球。同理，初次使用显微镜的学生如果老师不告诉他要看什么，那他什么都看不到，即便显微镜下有物可见且相当清晰。

现在来谈谈事实吧！就神经症的诸多形式而言，譬如在癔症、焦虑状态及强迫性神经症中，有一条假设对它们均可适用。通过寻找压抑作用，揭示抵抗和解释被压抑的东西，我们就可以真正做到成功地解决问题、克服抵抗、消除压抑，并将潜意识想法转变为有意识的想法。在做这些事的过程中，我们非常清楚地意识到，每抑制一种抵抗，患者的内心就会进行一番激烈的斗争，这是一种建立在同一心理领域的正常心理斗争，它发生于希望维持反包围和想要放弃反包围的两种动机之间。前者是以前就有的动机，一度还引起过压抑作用；后者是最近才进入冲突的动机，我们支持并相信它能解决冲突。我们已成功地恢复了之前导致压抑作用产生的旧冲突，让那时就已解决的情况重新发生了。我们所贡献的新材料包括：第一，先告诫患者，解决冲突的旧方法会致病，再承诺他新方法可以恢复健康；第二，告诉他自从那些冲动第一次被拒以来，所有情形就大为不同了。那个时候，自我还很弱小和幼稚，或许有理由将力比多的要求视为危险而加以排斥；如今的自我已变得强大而富有经验，再加上还有医生的帮助，因此，我们期望引导重新产生的冲突获得比压抑作用更好的结果；正如我之前说过的，我们在癔症、恐惧和强迫性神经症中取得的成功可以证实我们是对的。

另外，还有些其他形式的神经症，我们的治疗方法对它们不起作用，即使它们的病因情况也很相似。在这些病症中，自我与力比多之间有一种原始冲突，会导致压抑作用产生，尽管这一冲突可以用另一种方式描述。并且，当患者的生活中出现压抑作用时也可能发现这些时机。于是，我们运用同样的方法，准备做出同样的承诺，给予同样的帮助，再次告诉患者我们希望他发现的事实；再加上对我们有利的相同时距——压抑作用发生的时间与现在的治疗之间的时距，也有利于冲突的解决；然而，尽管我们具备这些条件，还是无法战胜抵抗，或者无法消除压抑作用。这些患有妄想症、抑郁症或早发性痴呆症的人，大体来说，都不受精神分析的影响，同时这也成了反对精神分析法的证据。那么，到底是什么原因呢？这并不是因为他们缺乏智力，我们当然需要患者具备一定的智力；但就拿妄想症患者来说，他能推理演绎十分微妙的事实组合，肯定不缺乏智力。更不消说，他也不会缺乏其他推动力。抑郁症患者则与妄想症患者形成对比，他们深知自己生病了，且病情严重，却更不容易治疗。于是在这里，我们又遇到了一个难以理解的事实，令我们不得不怀疑自己是否真正理解了成功治愈其他神经症的所有条件。

现在若进一步考虑我们治疗癔症和强迫性神经症的方式，很快又会遇到第二个事实，完全出乎我们的意料。一段时间过后，我们就会注意到这些患者在我们面前表现得相当奇怪。我们以为自己已考虑到了所有影响治疗的动机，也合理地说明了患者与我们之间的关系，直到这种关系如算术题一样容易测验，但仍出现了某些不在我们考虑之内的东西。这种出人意料的东西形式异常多变，我先给你们描述一些较常见和易于理解的形式。

我们发现，本应只关注如何解决自己的心理冲突以摆脱痛苦的患者，突然变得对医生大为感兴趣。凡是与医生有关的事都变得比他自己的事还重要，同时也分散了他对疾病的关注。因此，在与这样的患者打交道时，医生会甚感愉悦。患者表现得特别诚恳，尽可能地表露自己的感激之情，并且还会展现出优雅高尚及种种我们料想不到的美德。医生也会对他甚有好感，同时还很珍视自己能为这样一位拥有如此令人钦佩的品格之人提供帮助的机会。如果医生有机会同患者的家属聊天，便会听到患者对他的赞誉，并深感高兴。患者在家里会不厌其烦地赞美医生，而且十分欣赏自己常在医生身上找到的闪光点。

他的亲属会说“他很崇拜您，他全心全意地信赖您，您的每一句话对他来说都是真理”。在这片溢美之词的附和声中，不时也会有目光犀利之人的评价：“他只会说起你，你就是他说话的唯一主题，听他说话实在令人生厌。”

我们希望医生会非常谦逊，能把患者对他的高度评价归因于他能给予患者种种鼓励，拓宽患者的视野，能令患者在精神分析治疗时能获得醍醐灌顶的启示，并能让他们摆脱病痛的折磨这种种效果。在这种情况下，分析治疗也进展得非常顺利。患者能理解医生的每项建议，并把注意力集中在治疗需要解决的问题上，回忆和联想如潮水般不断涌入他的脑海。患者做出的解释既正确又有深度，连医生都感到惊讶；并且医生还会大为满意地注意到，患者极愿意接受这些新的心理学观念，本来这些观念是为外界的正常人激烈批判的。随着医患关系如此和谐地进行，患者的病情也取得了客观、公认的改善效果。

但好景不长，暴风雨总有来临的时候。治疗开始出现难题。患者会声称自己再也想不起任何事情。我们便会形成这样的印象，认为他对分析治疗不再感兴趣了，他对医生的嘱咐——说出自己所能想到的一切，不用顾及是否会受到批判——也置若罔闻了。他表现得就好像治疗不关他的事，仿佛他与医生之间的合作从未达成过一致似的。很明显，他的脑子里充斥的是某个他不愿透露的东西。这便是危及治疗成功的情境。我们显然遭遇了一种强大的阻力。这到底是怎么回事呢?

倘若我们能再次阐明这种情境，那么这种干扰的原因就在于患者将强烈的爱慕情感转移到了医生身上。当然，这种情感既不是医生的行为，也不是治疗关系所能解释的。这种情感的表现方式和力求达到的目的均取决于双方的私人关系。假设双方一方是年轻女子，另一方是青年男子，那么我们便会形成这是正常恋爱关系的印象。一位女子经常单独同一位男子相处，并常和他聊一些私事，而该男子又似乎好心地扮演了她的咨询顾问的角色，那么她会爱上这名男子也是自然而然的事。在这里，我们可能漏掉了这样一个事实，我们应该假定患有神经症的女孩难免会存在爱的能力的障碍。这一事实暂且不论。医生与患者间的私人关系与上述的假设例子越是不同，我们就越是会对这种爱慕之情何以会不断涌现而深感困惑。如果有位婚姻不幸的年轻女人深深地爱上了一位还是自由之身的医生，并为了嫁给他已打算离婚，或万一传统阻力太大离不成婚，她甚至会毫不犹豫地与他私通，对这种情况我们还是可以理解的。就是在精神分析之外，类似的事情也很常见。然而，在精神分析治疗的情境下，已婚妇女和女孩子所说的话常令我们感到吃惊，她们的话显示出她们对治疗问题持有某种特殊态度。她们一直都知道，唯有爱才能治愈她们，因此从治疗一开始就期望从这种治疗关系中获得她们在生活中得不到的东西。单凭这种愿望，就能鞭策她们在治疗过程中克服种种困难，透露自己的隐私。我们还要加上一句——“所以才会很容易就接受那些通常令人难以置信的事”。然而，这样的坦白却让我们诧异；它完全颠覆了我们的估计。莫非是因为我们的假设漏掉了这一最重要的因素吗?

的确，我们的经验越丰富，就越无法否认这种修正，尽管这样做会将我们的见解蒙羞。开头几次出现这种状况，我们还以为精神分析治疗之所以被打断，是因为碰到了某种偶发事件，并非治疗引起的有意的事件。可当患者对医生的这种情感依恋常出现于新的病例之中，出现在最不适宜的甚至是滑稽可笑的情境下时——比如年老的女性患者与白胡子医生之间，或是出现在在我们看来根本不存在引诱可能的人的身上，我们就必须摒弃将它视为偶发事件的观点，而必须意识到我们所处理的这种现象与疾病的本质密切相关。

这种我们十分不情愿承认的新事实就叫“移情作用”(transference)。我们的意思是患者将情感转移到医生身上，因为我们不认为治疗的情境能解释这种情感的起源。我们倒是更乐意猜测这种情感源于其他地方，它早就存在于患者心中，借助于分析治疗所创造的机会转移到了医生身上。移情作用或以轰轰烈烈的求爱出现，或以更温和的形式出现；比如一位年轻女孩或许会希望成为一个老头的爱女，而不是他的情人；在此，力比多的欲望稍稍降低，变成了一种形影不离的却是理想的柏拉图式的友情。有些女人知道如何使移情得以升华、改变，直到它获得某种适于存在的理由；还有些人只能以原始的、粗陋的，而且多半是不可能的形式将它表示出来。不过，从根本上讲，它们都是一回事，无法掩盖其起因都来自同一起源的事实。

在我们自问该如何适应这一新事实之前，必须先完成对它的描述。如果患者是男性，那又会发生怎样的情况呢？在这里，我们希望不会出现由性别差异和性吸引导致的令人烦恼的移情。但这种情况仍会与女性患者的情况大致一样。男性患者同样也会依恋医生，同样会过高评价医生的品格，对他的事情很感兴趣，嫉妒所有与医生关系密切的人。移情升华后的形式在男人身上也很常见，在他们身上直接的性需求十分罕见，以致患者的同性恋倾向转而以其他非本能冲动的方式体现。医生还会发现，比起女性患者来，男性患者更经常地表现出另一种移情方式，这种方式乍一看似乎与之前所述的相矛盾——一种敌意或负移情(negative transference)。

首先，我们必须意识到从治疗一开始，移情作用就存在于患者身上，在一段时间内它都是最强大的动力。只要它利于我们的分析治疗，我们就感觉不到它，也无需留意它。然而，当它转变为抵抗时，我们就必须予以注意了。到那时我们就会发现，是这样两种截然不同的情境改变了患者对治疗的态度：一是如果在治疗过程中，爱慕倾向明确显示出其源自性欲的迹象，并且已变得非常强烈，那么就会不可避免地引起内心对它的抵抗；二是爱慕之情冲动被敌意冲动所取代，敌意一般发生于爱慕之情以后或接替爱慕之情的位置。当二者同时出现时，它们就可作为矛盾情绪的典型例子，这种矛盾支配着人与人之间大部分的亲密关系。敌意和爱慕一样都意味着依恋之情，就好比反抗和服从，虽然作用相反，但都意味着对他人的依赖。

毋庸置疑，患者对医生的敌意也应称为移情，因为治疗情境肯定没有为它们的起源提供足够的理由，所以，对负移情的必要分析使我们确信，我们没弄错关于正移情或爱慕之情这样的类似称呼。

移情源于哪里？它给我们造成了什么困难？我们该怎么克服？最终又能从中获得些什么？它们都是精神分析的技术指导所要梳理的问题，在此仅作略谈。答应患者基于移情作用所提出的要求显然不可取，但生硬的甚至是愤慨的拒绝也不妥当。只有向患者证明他们的情感并不产生于现在的情境，也不是针对医生的，仅仅是对他们之前某段生活经历的重复，才能克服移情。我们以这种方式强迫患者把这种重复转变为回忆。于是，似乎对每一病例都构成最大威胁的移情，不论是敌意的，还是友好的，都真正成了最有用的治疗工具，可以帮助我们打开患者心理生活中上锁的房间。但我还要再说几句，以缓解你们对这一出乎意料的现象的惊异。要记住，我们所分析的患者的疾病还没有根除，并且它也不是某种僵化凝固的东西，而是还在继续发展。治疗在一开始就没有终止这种发展。然而，当患者接受治疗后，其整个疾病的新变化就只集中于一个方面：医患关系。因此，移情作用可比作树的木质层和皮质层之间的形成层，新组织的形成以及树干的生长也都有赖于这一形成层实现。一旦移情作用达到这种重要程度，那么患者的回忆工作便会退居幕后。此时，若说我们不再关注患者以前的疾病，而是关注那种业已取而代之的、新创造出来的、被转换过的神经症，这是没错的。我们从一开始就沿着这种旧疾的新版进行过研究，观察过它的起源和发展；因此，我们特别了解它，因为我们自己就处于其中心位置，也就是它的目标对象。患者所有的症状均已失去原先的意义，而适应了新的意义，这一事实由症状与移情作用的关系来决定。或者换句话说，只有那些能承受住这种转换的症状才可得以保留。假如我们能控制住这种新的、人为的神经症，就等于去除了我们原本要治疗的疾病，即解决了我们的治疗问题。患者若能凭借自己与医生的关系摆脱受压抑的冲动的影响，那么在消除了医生的影响后，他就能保持这种正常的个人生活了。

在癔症、焦虑性神经症和强迫性神经症中，移情作用非常重要，乃是治疗这类疾病的重点。因此，它们都被归入移情神经症。无论是谁，在他的分析经验中接触到移情作用的存在，都不会再怀疑那些表现于病症之中的被压抑的冲动的特性，也不再需要有关这些冲动的力比多特性的更强有力的证据了。可以说，通过研究移情作用，我们终于可以确信症状的意义就是力比多的替代满足了。

我们现在完全有理由修正我们之前有关治疗过程的动力概念了，以使其与我们的新认识相协调。如果患者要解决正常的冲突，即由我们的分析所显示的与压抑作用相对立的正常冲突，那么他就需要一种强大的动力去影响能使他恢复健康的理想决策。否则，他就可能重蹈覆辙，让这些已被意识所承认的观念再次退回到压抑之中。决定这场冲突的结果并不取决于他的洞察力——它并不强大，也不够自由，还达不到这种效果——只取决于他与医生的关系。如果他的移情作用是“正的”，那他就会把医生视为权威，对医生的话和观点深信不疑。如果没有这种移情作用，或出现的是“负的”移情，那他就会对医生的建议及观点充耳不闻。在这种情况下，他的信任只是在重复他的个人经历；它源于爱，一开始是不需要理由的。当这些理由是由其所爱之人提出时，他会先认可这些理由，到后来才进行批判性反思。若没有爱作支撑，理由便毫无价值，对大多数人都构不成什么影响。只有当患者能够将力比多贯注于对象时，他的理解力才容易受影响；由此，我们有很好的理由相信并担心，患者的自恋倾向达到一定程度时，纵使有最好的分析方法，恐怕也难以施展。

直接将力比多贯注指向他人的能力必定适合于所有正常人。神经症患者所表现出的移情倾向，只不过是这一共性的超级加强版。如此普遍且重要的人类共性，若是从未被人注意并加以利用，岂不是令人匪夷所思吗？其实，早已有人注意到并对其加以利用了。伯恩海姆以其准确的洞察力发现，所有人都容易通过这种或那种方式受到暗示的影响，这一发现也是他的“催眠说”的依据。他所说的“暗示性”（suggestibility）其实就是移情倾向，只不过他设定的范围太窄，以致容不下负移情。但伯恩海姆从未定义过暗示，也没解释过它的起源。对他来说，这是一个不证自明的基本事实，而且他也解释不出暗示的起源。他没有意识到“暗示性”有赖于性行为及力比多的活动。但我们必须意识到，之所以把催眠法从我们治疗神经症的方法中排除，就是为了重新发现移情形式的暗示。

不过，现在我要暂停片刻，好让你们有插话的机会。我看得出你们对此强烈反对，如果不让你们发表自己看法的话，你们就不会再听我讲了。“所以你终于承认自己像一个催眠师了，借助于暗示进行治疗。我们一直就是这么认为的。不过你为什么还要七拐八拐地去寻找什么过去的回忆，揭示潜意识的东西，阐释和重新解读那些被歪曲的东西，耗费了如此多的时间和金钱，其结果不过是证明最有效的方法还是暗示呢？你为什么不能像其他人——那些诚实的催眠师——一样，直接利用暗示来治病呢？当然，你也会据理力争，说只有通过这种迂回方式才能使大量的心理学事实显露出来，通过直接的暗示是揭示不出来的。可谁又能担保这些‘事实’是可信的呢？难道它们不也是暗示的结果，也就是说，无意的暗示的结果吗？你难道不也是将这一领域凡是自己希望的、认为是对的东西都强加于患者身上吗？”

你们的反对意见都非比寻常地有意思，我一定会予以回答。不过时间紧迫，我现在还回答不了。下次你们就知道了，我会解释给你们听的。今天，我只是把我开头讲的话题讲完。我曾向你们承诺，要解释为什么我们借助移情作用治疗自恋性神经症会无效。

我在这里仅说几句话，你们就会明白这个谜团有多容易破解，所有这一切在逻辑上又是多么自洽。根据观察，自恋性神经症患者没有移情的能力，或移情能力不够。他们拒绝医生的帮助不是出于敌意，而是由于不感兴趣。这就是医生为什么无法影响他们。他们对医生所说的话反应冷淡，毫无印象，所以，在其他地方能起作用的治疗机制——恢复致病的冲突，克服压抑带来的抵抗——对他们都不起作用，他们还是老样子。他们经常试图靠自己的力量治病，结果又导致种种病态的结果。我们对此无能为力。

基于对这些患者所形成的临床印象，我们认为他们肯定是抛弃了力比多的对象贯注，对象力比多已转变为自我力比多。根据这种特征，我们将他们与第一组神经症患者（癔症患者、焦虑性神经症患者和强迫性神经症患者）分离开来。他们在治疗时的行为也证实了上述假设。因为他们没有表现出移情作用，所以他们不受我们治疗的影响，我们也就对他们束手无策了。

第二十八讲　精神分析治疗

今天要讲什么，想必你们都知道了。当我承认精神分析治疗作用的实质是依赖于移情作用（如暗示）时，你们曾质问我为什么不直接在精神分析治疗中使用暗示疗法，接着你们又抛出这样的疑惑：既然暗示治疗占据如此重要的地位，那还能否保证我们的心理学发现都是客观的呢？我承诺过要向你们详细解释。

直接暗示就是针对症状表现的暗示，它是你们的权威性与发病动机之间的争斗。在这场争斗中，你们并不关注发病动机，只要求患者压制住它们在症状中的表现。所以，无论你们是否催眠患者，都没什么区别。伯恩海姆以其一贯的敏锐洞察力断定暗示是潜在的催眠现象，催眠本身就是暗示的结果，也是一种暗示状态。他尤其喜欢对处于清醒状态的患者施加暗示，可取得与催眠暗示一样的效果。

那么我该先讲什么呢，是相关的经验证据，还是理论上的见解？

我们还是先从经验说起吧。我曾做过伯恩海姆的学生，1889年曾专程去南锡拜访他，还把他写的一本关于暗示的书译成了德文。我曾实行催眠疗法长达数年，起初只是使用“抑制性暗示法”（prohibitory suggestion），后来又把它与布洛伊勒式的询问患者法结合起来使用。所以，我可以从经验方面来谈谈催眠或暗示疗法的效果。从传统医学观念来看，一种理想的疗法须见效快、疗效可靠，且不令患者感到难受；我们认为伯恩海姆的疗法至少符合上述两点。比起精神分析疗法来，他的疗效很快，且莫名快很多，也不会给患者带来麻烦或不适。但对医生来说，这种疗法从长远看未免太单调了些，因为无论针对哪个病例，疗法都是相同的，运用相同的步骤阻止各式各样的症状出现，却不理解病症的意义或抓不住病症的要点。这只是一种机械性重复，而非科学研究，并且还带有那么一点忽悠哄骗的意味；不过从患者的角度想，机械性重复倒也无需计较。但这种疗法不具备第三个必不可少的特性，即疗效并不可靠。有些病可用此法，有些病却不适用；有些病运用此法效果不错，有些病却收效甚微，原因则不甚明了。比起这种或有效或无效的治疗情况来，更糟的是疗效不能持久。刚治好没多久，你就会听说旧病复发了，或出现了新症状。我们便再次采取催眠疗法，但同时也会收到反复接受催眠治疗之人的警告，说我们会剥夺患者自我的独立性，让他们对催眠疗法上瘾，如同吸毒成瘾一般。我们偶尔也能符合预期地治好患者，以最少的代价获得圆满而持久的结果，但对取得这一疗效的原因依然茫然。我曾用催眠疗法在短时间内迅速治好了一位病情严重的女患者，她却突然对我愤恨不已，并对我随意泄恨，结果疾病复发。在同她和解之后，我又治好了她的病，这次医治得更为彻底，但她再次对我充满敌意，疾病又复发了。还有一次，也是一位女性患者，我曾多次运用催眠疗法帮她摆脱神经症的困扰，就在治疗这种尤为顽固的病症时，她突然伸出手臂搂住了我的脖子。不管你们是否愿意，这样的事已令我不得不去研究实施暗示者的权威的性质和来源了。

关于经验就讲这么多。可见放弃直接暗示，我们并未损失什么无可取代的法子。现在让我就此再补充说明几句吧。实施催眠疗法于患者和医生均要求不多，它完全符合大多数医生对神经症的判断。医生们多半会对神经症患者说："你没什么大问题，只是神经出了点毛病，所以只需花几分钟跟你聊上几句，我就可以把你治好了。"但不付诸努力、不直击要害、不采取合适的方法就能治好某个重症，这与我们的心理能量观念截然相反。只要情况是有可比较性的，经验会告诉我们，这种疗法不可能治好神经症。但我知道，这样说并非无懈可击；此疗法仍有"可取之处"，毕竟偶然治好的情况也是有的。

根据我们的精神分析知识，可将催眠暗示和精神分析的暗示之间的区别描述如下：催眠疗法旨在隐藏心理生活中的某种东西，并设法一带而过、蒙混过关；精神分析疗法则旨在揭露一切，并加以清除。前者似在掩饰，后者就像动手术。前者运用暗示是为了防止症状出现，它强化了压抑作用，却不改变导致症状形成的所有其他过程；后者则主动引发病症冲突以暴露病源，然后利用暗示改变其冲突因素。催眠疗法使患者处于不活跃、无变化的状态，因此一遇到致病的新诱因便束手无策了；精神分析治疗则让医生和患者承担艰巨的责任，患者内心的抵抗必须被消除。通过克服这些抵抗，患者的心理生活就会发生永久性改变，会上升到一个较高的发展层次，并具有持续抵抗疾病复发的能力。克服抵抗就是精神分析治疗的主要任务。不过，患者必须自己来完成，医生则通过暗示进行辅助，即创造让患者完成任务的条件。此暗示具有教育性质。因此，我们可以说，精神分析疗法乃是一种后教育(after-education)。

但愿我已经向你们讲明了精神分析的暗示做法与催眠疗法的暗示用法的区别。通过对暗示与移情之间关系的了解，你们将很容易明白，吸引我们眼球的催眠疗法的结果是极不稳定的，同时你们也能明白，为什么说精神分析的暗示由于其辅助性反而是值得信赖的。在催眠治疗中，我们依靠的是患者移情能力的状况，却无法影响这一能力本身。患者的移情作用可能是负移情，通常也可能是模棱两可的，他还可能通过极特殊的调节作用而抵抗暗示，对此我们均一无所知。但在精神分析疗法中，我们直接利用移情作用本身来消除抵抗移情作用的力量，并备好我们要用的暗示这一辅助手段，这样就有可能从暗示的力量中获得全新的用处，再对它加以控制，由此患者便不能不受控制地改变自己的心境了。只要我们能通过暗示对他施加影响，就能支配暗示的作用。

现在你们或许又会说，不论我们将精神分析的动力称为移情还是暗示，都存在一种危险，即我们对患者的影响使我们的发现在客观确定性上难免令人心存疑虑。治疗的益处倒成了研究的害处。这是反对精神分析的人通常会提出的异议，我们必须承认它虽然没有切中要害，但不能对它不屑一顾，并视为蠢话。可是，如果它说的有道理，那么精神分析就不过是一种伪装得特别好且行之有效的暗示疗法了，这样精神分析的所有有关过去生活的影响、心理动力和潜意识主张就都无需重视了。事实上，反对我们的人正是这么认为的；他们尤其认为，所有支撑性经验的重要性的说法，通常还要加上经验本身，都被我们一股脑地灌输给了患者，而将这两者结合之后的说法则出自我们堕落的想象。我们驳斥这些借助经验证据的攻击，要比驳斥诉诸理论的攻击容易得多。凡是用过精神分析的人均无数次令自己相信，要是这么认为的话，就根本不可能以这种方式给患者暗示。当然，要患者信服医生的某一说法并不难，但这样会造成患者与医生犯同样的错误。就这方面而言，患者表现得同其他人一样，像个学生似的；可这种做法只能影响他的理解力而非他的疾病。只有当我们在患者身上激起的预期与他的实际情形相符时，他的冲突才能获得解决，抵抗才能得以克服。在精神分析的过程中，医生的错误推测会被逐步摒弃，被较正确的理解取代。我们通过使用一种很谨慎的技术来防止由暗示引发的一时的成功，不过即便是这样的结果出现了也没关系，因为我们从不满足于过早出现的成功结果。直到清除了所有障碍，填补完患者所有的记忆缺失，并找到了引起压抑的初始缘由，我们的精神分析治疗才算完成。过早取得的成功结果在我们看来其实也是一种障碍，而不是精神分析工作的助力，我们要通过有意地破坏这些结果所依赖的移情作用来不断清除这些结果。这一根本特点将精神分析治疗同纯粹的暗示治疗区分开来，也将精神分析治疗的结果与暗示治疗所引起的疑虑分开。在其他暗示治疗中，移情作用都被极其小心地维护着，其作用也是无可争议的；然而在精神分析治疗中，移情作用成了接受治疗的主体，无论以什么形式出现都要受到研究和剖析。在精神分析治疗的最终阶段，移情作用本身必须被消除；因此，疗效无论好坏，都不基于暗示作用，而必定基于患者内心的抵抗已被克服的情况，还基于患者心境已发生变化的情况，并且这两种情况都可借助暗示来实现。

在治疗中，从我们不断与那些有能力将自身转变为负移情的抵抗进行斗争这一事实，就可推断，将治疗的成功仅归因于单独的暗示的假设是站不住脚的。另外，请你们注意这一事实，精神分析的多个发现或许在某些方面会被怀疑为暗示的产物，却能被另一些无可非议的来源所证实。在我们看来，这方面的权威见证者当属痴呆症患者和妄想症患者，他们自然不会有受暗示影响的嫌疑。对这些患者所诉说的那些强行进入他们意识里的幻想和象征的转化等，与我们对移情神经症患者潜意识的研究结果有着高度一致，这就给我们备受争议的解释的客观准确性增加了分量。我相信，假如你们对这方面的分析有信心，你们就不会步入歧途。

现在，我们通过将治疗机制置于力比多理论公式的方式来完善对它的描述。神经症患者既没能力享受，也没能力工作；前者是因为他的力比多没有指向任何现实的对象，后者是因为他必须消耗一大部分之前所拥有的能量以维持压抑力比多的状态，并武装自己，以阻止力比多的攻击。如果他的自我与力比多之间的冲突能停止，且他的自我能重新掌控力比多的话，那他就康复了。因此，治疗的任务包含使力比多摆脱目前的这些远离自我的固着物，并使其再次为自我服务的目的。那么神经症患者的力比多在哪呢？这很容易找；它附着于那时唯一能给它提供替代满足的症状之上。我们必须控制症状并消灭它们，这也正是患者要求我们做的。要消灭症状，必须回溯到它的源头，重新激活使之产生的冲突，不过这次要借助于原先还不可用的动力，把冲突引向一个新的解决之道。要修正压抑过程，就得利用导致压抑作用的记忆痕迹，这样才能获得部分效果。这种治疗的关键是要通过医患关系——移情作用，以及重建过去冲突的新版本来完成。在这种情形下，患者喜欢做出与以前一样的行为，我们则通过激起他所有可用的心理力量，迫使他做出一个不同的决定。这样，移情作用就成为所有相对抗的力量交手的战场。

力比多的全部力量以及所有反抗力比多的力量，全都集中在与医生的关系上；所以力比多的症状无可避免地会被剥夺。患者原来的疾病被人为引起的移情疾病所取代，而他的力比多也以医生这个单独的、想象中的对象取代了其他各种各样非真实的对象。然而，关于这个对象的新斗争，借助于医生的暗示上升到了心理水平的顶峰，然后就转化为一种正常的心理冲突。由于新的压抑作用被避免了，自我与力比多之间也就没了隔阂，患者的心理便恢复了统一。当力比多再次脱离医生这一短暂对象时，它就再也不能返回原先的对象，而是被自我控制。总之，我们在治疗任务中需攻克的力量，一方面是由于自我对力比多某些倾向的厌恶，从而表现为压抑的倾向；另一方面是由于力比多的顽固，不愿离开曾经占据的对象。

因此，治疗工作可分为两个阶段：第一，所有的力比多均被迫离开症状转向移情作用，并集中在那儿；第二，斗争都围绕这个新对象——移情作用而展开，力比多则恢复了自由。要使重新被激活的冲突能得以较好的解决，其关键变化就在于压抑作用必须被清除，这样力比多就再也不能通过进入潜意识而逃离自我了。这就需要患者的自我在医生的影响下发生变化才能完成。在解释工作进行的过程中，潜意识的观念被读取为有意识的观念，自我则以耗费潜意识的代价而逐渐变强；再加上自我由于学会了原谅力比多，便倾向于让力比多获得某种满足。自我对于力比多的要求的畏惧，也因它能通过升华作用对部分力比多进行贯注这个前景而减轻。治疗的过程与这一理论的描述越相似，精神分析治疗就越容易取得成功。限制该疗法取得成功的因素：一是力比多缺乏流动性，阻碍力比多脱离其对象；二是自恋的顽固性造成对象的移情不能超过某一限度。

或许我们可通过如下评述来深入了解治疗过程的动力观点，即在移情过程中，我们吸引了一部分力比多到自己身上，以使脱离自我控制的力比多聚集起来。

应记住的是，我们不能直接根据治疗引起的力比多的分配而判断力比多在患病期间的倾向性。假设我们先建立再破坏患者对医生产生的强烈的父亲移情(the father transference)，以此方式治好了他的病症，但我们要是以为患者之前患病是因为他对父亲有一种类似的潜意识的力比多的依恋，那就错了。父亲移情只是我们克服力比多的战场；患者的力比多是由其他地方被带来而聚集于此的。这个战场不一定就是敌人最重要的堡垒。敌方保卫首都之战也无需在自己的城门下展开。只有当我们再次清除了移情作用，才能重绘患者的力比多在患病期间的分配方式。

最后，我们还可从力比多理论的角度就梦的问题再多说几句。神经症患者的梦，就像他们的过失和自由联想一样，能帮助我们找到症状的意义并发现他的力比多倾向。它们以愿望满足的形式向我们显示受压抑的是何种愿望冲动，脱离了自我的力比多又附着于何种对象。这就是为什么释梦会在精神分析治疗中占据重要地位。在不少病例中，它一直都是我们最重要的分析工具。睡眠状态本身就带有减轻压抑作用的功能。因为压抑作用在梦中的程度有所降低，所以产生于梦里的被压抑的冲动的表现，要比在白天的症状里的表现更为清晰。这我们都是知道的。因此，梦的研究就成了我们了解力比多受压抑的潜意识的最便捷途径，而该潜意识是脱离了自我控制的。

神经症患者的梦实质上与正常人的梦没什么不同；你们或可说它们很难区分。要说对神经症患者的梦的解释不适用于正常人的梦，这是不合逻辑的。所以，我们只能说神经症患者与正常人之间的区别仅表现在白天，而不会延续到梦里。我们发现将出自神经症患者的梦与症状之间的联系的多种假定运用于正常人身上是很有必要的。无法否认，甚至连正常人的心理生活也具有那些形成梦和症状的因素。因此，我们必须承认，正常人也实施过压抑作用，他们也要耗费一定的精力保证这些冲动可控；他们的潜意识系统仍隐藏着有能量贯注其上的被压抑的冲动，而且他们的力比多也有部分脱离了自我的控制。所以，正常人实际上也是神经症患者，只不过他所能表现出来的唯一症状就只有梦而已。可如果我们对他清醒时的生活加以更深入的研究，就会发现他们的表现与这一结论是相矛盾的，因为这种看似健康的生活也充斥着许多琐碎的、实际上微不足道的症状。

神经的健康与病态之间的区别只是实用层面的问题，它由个体具有的实际可用的享乐能力和行事能力来决定。假定它随着可自由支配的能量与被压抑束缚的能量之间的相对比例而变化，那么该区别其实就是一种量的差异，而不是质的差异。我无需提醒你们这一观念就是一理论基础，因为它确定神经症是可治愈的，尽管神经症建立在体质倾向的基础之上。

因此，我们由健康人与神经症患者的梦的一致性而了解了健康的特性。就梦本身来说，要进一步注意的是，我们不能将梦与神经症症状分离开来。我们必须意识到，“将意识转化为古老的表现方式”这一公式无法完整地定义梦，必须假设梦揭示了力比多的倾向以及实际发生的力比多的对象贯注。

我们的演讲已接近尾声了。或许你们会对我在这一讲只谈精神分析治疗的理论，却不提治疗时的情形和已取得的疗效而大失所望。但我应该忽略这两点。我忽略第一点，是因为我无意向你们提供精神分析的实践指导，忽略第二点则是基于种种原因。在演讲之初，我就强调过这一事实，在有利的情况下我们就会获得成功，且绝不亚于在内科领域所收获的最令人满意的成功，另外我还要再补充一句，这些成绩用其他方法都是无法获得的。如果我再说下去，有人会怀疑我借自吹自擂掩盖震耳欲聋的责难。我们这些精神分析家一再受到医学界同仁的威胁，甚至在公开集会时也不可避免。他们声称如果将精神分析的失败和有害的结果收集起来，统计并公之于众，就能让受害的公众看清这种治疗方法一文不值。但这种收集和统计，撇开其偏见和贬损的目的不谈，也不会正确体现精神分析治疗的价值。精神分析治疗，你们是知道的，还处于起步阶段，仍需经过很长的时间才能确立其技术，这只能依靠分析工作的进展和不断累积的经验来实现。由于传授这种疗法十分困难，因此，比起其他一般的专家，刚开始进行精神分析治疗的医生更需依靠自己的探索来发展这方面的能力，而其早年所获的结果绝不能用来彰显精神分析疗法的可能性。

早年实施的精神分析治疗的尝试有不少是错的，因为有一些根本不适合该疗法的病例，以及一些如今被我们排除在相关分类之外的疾病也接受了分析治疗。不过，这一分类只有在实施治疗后才能获得。我们起初并不知道妄想症和早发性痴呆症在它们发展的鼎盛阶段是不能采用精神分析治疗的，何况我们也应该尽量把我们的疗法试用于所有的神经症病症。此外，早年的大部分失败并不是医生的错，也不是选择了不合适的治疗对象，而是由于外界的不利情形所致。到目前为止，我们只讨论过患者避无可避却可以克服的内心的抵抗，但还需讨论一下反对精神分析的外界抵抗，由于患者及其所处的环境，这种抵抗虽激不起半点理论兴趣，实际上却很重要。精神分析治疗犹如外科手术，同样有权要求在适宜的条件下进行，这样才能成功。你们都知道，做手术之前惯常采取的预防措施是合适的房间、充分的光线、助手、患者亲属的回避等。试想，若手术当着患者的全家进行，他们便会对手术指手画脚，每下一刀便大喊大叫，那么还有多少手术能成功呢？家属对精神分析治疗的干扰非常危险，危险到让人不知该怎么应对的地步。患者内心的抵抗，我们认为不可避免，但我们又该如何抵御外界的抵抗呢？任何解释对患者的亲属来说都是无用的，我们也不可能做到让他们置身事外，更不可能同他们沆瀣一气，因为这样做会失去患者对我们的信任——从患者的角度来说，他完全有权要求我们值得他交心。另外，若是知道患者家庭纠纷内幕的人，同时还是一位精神分析者，那么便不太会惊讶于患者家属其实不大愿意他被治愈，更希望让他维持现状。通常情况下，若患者的神经症与其家庭成员之间的冲突有关，那么健康的家庭成员在面临自己的利益与患者的康复这两者的选择时，并不会犹豫太久。如果丈夫合乎情理地怀疑妻子在接受治疗时会令自己的罪行暴露无遗，那就不奇怪他会反对妻子的治疗了；当我们的努力变得徒劳，当我们的治疗因丈夫施加于病妻的抵抗而夭折时，既不必惊讶，也无需自责。我们只是做了一件在当时情况下不可能实现的事情。

我不想举很多例子，只想告诉你们一个，在此例中，出于职业道德的考虑，我注定在其中是个悲剧角色。多年前，我治疗过一个女孩，她在很长一段时间内既害怕上街，又害怕独自在家。她吞吞吐吐地承认自己之所以产生幻觉，是因为她曾偶然看见自己的母亲和她家一位富有的朋友发生了亲密的不正当关系。但她过于笨拙地——或可说过于巧妙地将分析治疗时所讨论的情况对她母亲进行了暗示，即对待母亲在举止上有所改变；坚称除母亲之外，无人能使她摆脱独处时的恐惧；当母亲想出门时，她会焦急地加以阻拦，不让其出去。她母亲以前也患过神经症，不过多年前已在一家水疗院被治愈了。姑且说，就是在这家水疗院她结识了一个男人，此后与之交往甚密，并且这段关系令她在各方面都获得了满足。渐渐地，她对女儿的强烈要求产生了怀疑，而后猛然意识到她女儿为何恐惧。那就是她必须让自己生病，从而将母亲软禁起来，剥夺母亲与情人碰面的自由。于是，她母亲立即决定结束这种对自己不利的治疗，把她送到了一座神经症疗养院，并且多年来一直宣称女儿是“精神分析的可怜的受害者”。我也因此长期被人诟病。而我之所以保持沉默，是因为我认为自己要遵守职业道德。数年后，我从一个拜访过该疗养院并见过那个患广场恐惧症的女孩的同事处得知，她母亲与她家的富人朋友的风流韵事已人尽皆知，显然她的丈夫，也就是那女孩的父亲对此是默许和纵容的。正因为这一“秘密”，使得对她女儿的治疗沦为牺牲品。

在战争爆发的前几年，各地患者蜂拥而至，使我无暇顾及我自己城市的人对我的毁誉，我遂定下如下规则：凡是未达法定成年、不具备自主权的人，凡是未在生活上独立的人，均不在我的施治范围。然而，任何一位精神分析学家都无法做到这一点。你们由我对患者家属的警告可能会以为，要达到精神分析的目的，就应该让患者离开其家庭，并且仅限于施治神经症疗养院的患者。但在这一点上，我不赞同你们的观点；如果患者没有精疲力竭的话，让他们仍处于日常的生活情境之中，且要求他们必须完成治疗期间的任务，这样做无疑对患者的康复更有利。但其亲属不应以自己的行为来阻碍这些有利的治疗条件，尤其是不应竭力反对医生付出的努力。不过，我们该怎样与这些非我们力所能及的因素相抗争呢？由此，你们也可看出，社会环境和家庭成员的教养程度将在多大程度上决定治疗的前景。

这事实上展现给精神分析的疗效一个令人沮丧的前景，即便我们能将自己的大多数失败都归咎于外界因素的干扰。于是，精神分析界的朋友就建议我们，借助我们所累积的成功病例的统计数据来抵消外界收集的失败病例。但我不会这么做，理由是：如果收集的病例不具有可比性，这样的统计就毫无意义。实际上，我们所治疗的神经症在同一基础上很难具有可比性，因为有很多的主要方面都不同。此外，我们所记录的治疗时间太短，无法断定疗效能否持久；而且还有某些病例我们无法给出相关信息，因为涉及一些不愿公开自己的病情、治疗情况以及康复信息的患者。不过，最强大的阻碍莫过于人们对治疗问题表现得很不理性，所以我们不能指望他们能以理性的方式促进精神分析的发展。治疗的创新要么受到狂热地追捧，比如科赫（Koch）首次公布治疗肺结核的结核菌素的情形；要么备受怀疑，比如詹纳（Jenner）的种痘术，其实是人类的福音，然而即使到了今天，仍存在难以达成和解的反对者。人们对精神分析也存在明显的偏见。当我们好不容易治愈了一位病情复杂的患者时，就会听到有人说："这并不能证明什么，都过了这么久了，他自己也会好起来的。"然而，当一位经历了抑郁症和躁狂症四轮交替的患者在抑郁症之后的暂停间隙来我这里看病，三周后便发现自己的躁狂症开始发作，她所有的亲友连同曾经为她诊治过的一位医学权威均一致认为，她的躁狂症发作是由于尝试了我的精神分析治疗。面对偏见，我们无能为力；你们不是又看到了发起战争的国家联盟对其他国家形成的偏见吗？对我们来说，最明智的做法便是等待，让时间来消除偏见。总有一天，这些人会以不同的眼光来看待同一件事，而不像以前那般。至于他们以前为什么会那样想，这仍是一个无人知晓的秘密。

或许针对精神分析的偏见正在逐渐变少。精神分析学说的不断传播，以及不少国家从事精神分析治疗的医生人数的不断攀升，似乎都证明了这一点。当我还是一名年轻医生时，就遇上了医学界对借助暗示法的催眠治疗的怒潮，正好与今天“头脑清醒的”人们对精神分析的排斥形成对比。催眠术并未实现其作为治疗手段的诺言；不过我们这些精神分析学家可以自称为催眠术的合法继承人，我们不会忘记将自己所得的这么多鼓励和理论阐释都归功于催眠术。人们责怪精神分析会对人造成伤害主要源于患者的冲突加剧后的暂时病象，当精神分析笨拙地进行或被突然打断时，就会出现这种冲突加剧的情况。你们既已听过我们对自己的治疗方式的辩解，便可自行判断我们的努力是否会对患者造成永久性伤害。精神分析被滥用的情况有很多种；尤其是在不靠谱的医生手里，移情作用就是一种很危险的治疗方法。但是，没有哪一种医学治疗方法能保证不被滥用；如果刀不锋利，那么它就不能在治疗中起作用。

女士们先生们，讲到这里，我的演讲就结束了。我承认，我为演讲中犯的不少错误深感沮丧，并且这绝不是我的客套之辞。我尤为抱歉的是，对自己稍稍涉及的问题经常承诺要在以后详细说明，结果却没找到合适的内容来履行自己的诺言。我告诉你们的东西，目前还未完结，仍在发展之中，因此我的概述也欠全面。还有些地方，我经常罗列出证据，却未给出结论。不过，我并不是想让你们精通这一学科，我只是试着引起你们对精神分析的兴趣，并让你们对它有所了解罢了。

图书在版编目(CIP)数据

精神分析引论/(奥)西格蒙德·弗洛伊德
(Sigmund Freud)著;黄珊译.—上海:上海译文出
版社,2019.12(2024.4 重印)
(Loft)
书名原文:A General Introduction to
Psychoanalysis
ISBN 978-7-5327-8200-0

Ⅰ.①精… Ⅱ.①西… ②黄… Ⅲ.①精神分析
Ⅳ.①B84-065

中国版本图书馆 CIP 数据核字(2019)第 239388 号

Sigmund Freud
A General Introduction to Psychoanalysis

精神分析引论
[奥]西格蒙德·弗洛伊德/著 黄 珊/译
责任编辑/钟 瑾 特约编辑/陆晨辰 装帧设计/观止堂_未氓

上海译文出版社有限公司出版、发行
网址:www.yiwen.com.cn
201101 上海市闵行区号景路 159 弄 B 座
苏州市越洋印刷有限公司印刷

开本 787×1092 1/32 印张 15.25 插页 5 字数 268,000
2019 年 12 月第 1 版 2024 年 4 月第 3 次印刷
印数:5,001—6,000 册

ISBN 978-7-5327-8200-0/B·471
定价:58.00 元